明理厚德　传承育新

——新时代高校思想政治工作研究与实践

《明理厚德　传承育新》编写组　编

北京理工大学出版社
BEIJING INSTITUTE OF TECHNOLOGY PRESS

版权专有 侵权必究

图书在版编目（CIP）数据

明理厚德 传承育新：新时代高校思想政治工作研究与实践/《明理厚德 传承育新》编写组编. — 北京：北京理工大学出版社, 2022.4

ISBN 978-7-5763-1260-7

Ⅰ.①明… Ⅱ.①明… Ⅲ.①高等学校—思想政治教育—研究—中国 Ⅳ.① G641

中国版本图书馆 CIP 数据核字 (2022) 第 066226 号

出版发行 / 北京理工大学出版社有限责任公司	
社　　址 / 北京市海淀区中关村南大街 5 号	
邮　　编 / 100081	
电　　话 /（010）68914775（总编室）	
（010）82562903（教材售后服务热线）	
（010）68944723（其他图书服务热线）	
网　　址 / http://www.bitpress.com.cn	
经　　销 / 全国各地新华书店	
印　　刷 / 保定市中画美凯印刷有限公司	
开　　本 / 787 毫米 × 1092 毫米　1/16	
印　　张 / 19.75	责任编辑 / 徐艳君
字　　数 / 333 千字	文案编辑 / 徐艳君
版　　次 / 2022 年 4 月第 1 版　2022 年 4 月第 1 次印刷	责任校对 / 周瑞红
定　　价 / 98.00 元	责任印刷 / 李志强

图书出现印装质量问题，请拨打售后服务热线，本社负责调换

本书编写组

主　审：包丽颖

主　编：蔺　伟　季伟峰　纪惠文

副主编：王　征　刘晓俏　姜　曼　杨青萌

　　　　吴思婷　赵　方

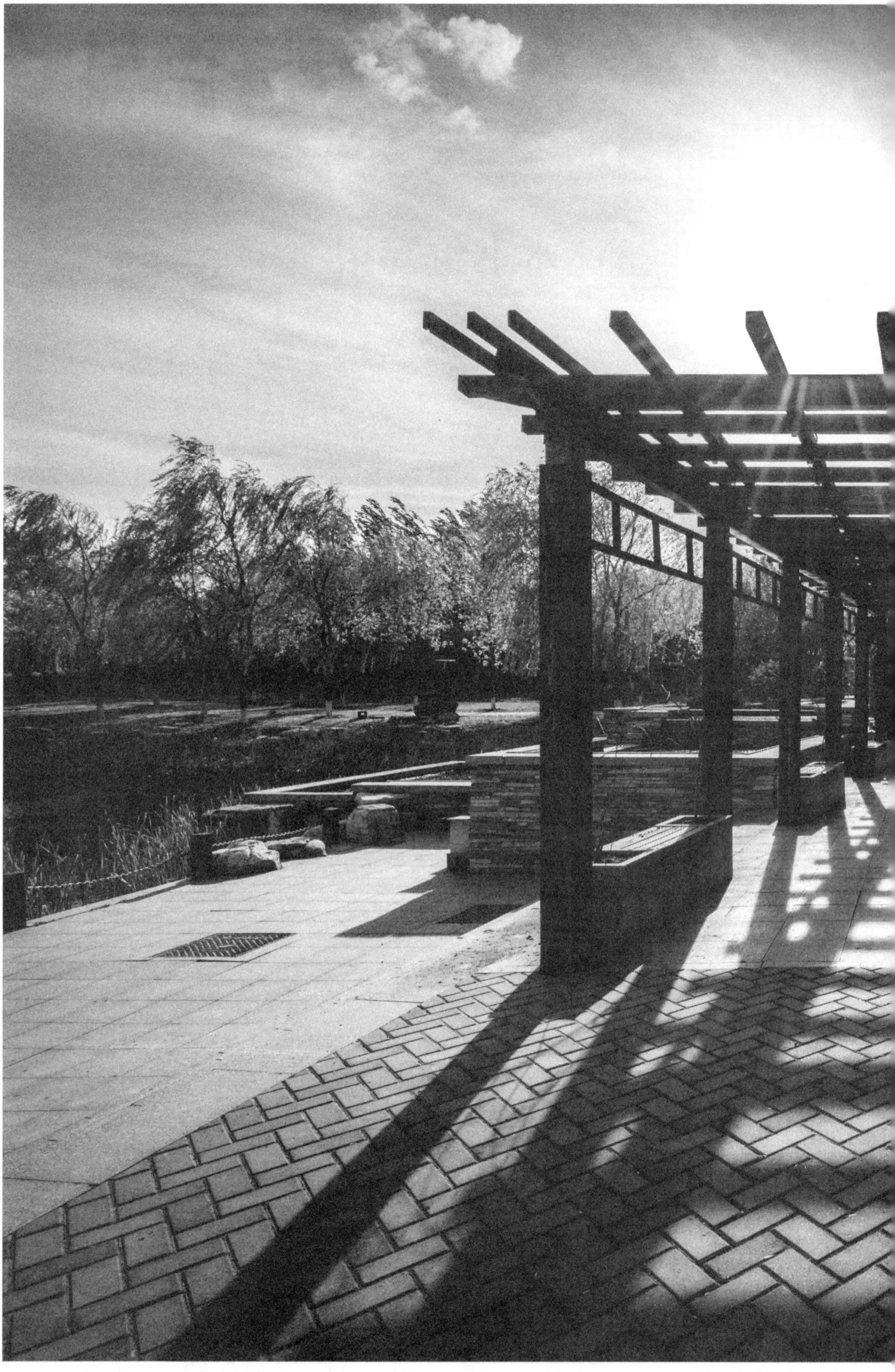

序　言

育才造士，为国之本。高校立身之本在于立德树人。加强和改进高校思想政治工作，事关党对高校的领导，事关全面贯彻党的教育方针，事关中国特色社会主义事业后继有人，是一项重大政治任务和战略工程。

党的十八大以来，以习近平同志为核心的党中央高度重视高校思想政治工作，作出一系列重大决策部署，采取一系列重大举措，推动高校思想政治工作守正创新，取得显著成效。习近平总书记围绕培养什么人、怎样培养人、为谁培养人这个根本问题，先后发表一系列重要讲话，作出一系列重要指示批示，多次到高校考察指导，与师生座谈交流，特别是出席全国高校思想政治工作会议、全国教育大会、学校思想政治理论课教师座谈会等重要会议并发表重要讲话，为加强改进高校思想政治工作指明了前进方向、提供了根本遵循。

作为中国共产党创办的第一所理工科大学、新中国第一所国防工业院校，北京理工大学始终有重视抓好思想政治工作的优良传统。从徐特立老校长提出的"德育为首、全面培养""革命通人、业务专家"，到"以智养德、以德养才、德育为首、全面发展"，从"学术为基、育人为本、德育为先"，到"价值塑造、知识养成、实践能力"三位一体，着力培养"胸怀壮志、明德精工、创新包容、时代担当"的领军领导人才，学校始终把开展好思想政治工作摆在突出重要位置，走出了一条彰显党的领导优势、凸显思想政治工作生命线作用、服务党和国家亟需必需的"红色育人路"。

全国高校思想政治工作会议召开五年多来，学校党委坚持传承"延安根、军工魂"红色基因，聚焦建立健全新时代立德树人落实机制，召开思想政治工作会议，全面部署加强和改进思想政治工作，出台系列文件，将思想政治工作体系贯通学科体系、教学体系、教材体系、管理体系等各方面，促进思想政治工作与人才培养全过程深度融合、与学生成长成才紧密结合、与教师教书育人实践全面契合，探索构建具有北理工特色的系统性、一体化、全贯通的思想政治工作体系。学校党委深入实施以"育人"为中心的"三全育人"综合改革，召开"三全育人"工作推进会，建立思想政治工作改革试验区，选树工作品牌和创新项目，建设"三全导师"工作队伍，评选表彰"三全育人"先进典型，探索建立微观层面可转化、有操作性的一体化育人模式，打造红色基因铸魂育人的全员全过程全方位育人格局，形成了立德树人的"北理工模式"和推动新时代高校思想政治工作守正创新发展的"北理工方案"。

在有序推进思想政治工作实践探索的同时，学校还十分注重聚焦思想政治工作领域重要或热点问题开展理论层面的研究思考，强化理论与实践的深度对接、互动转化。成立了以党建研究中心、延安精神与中国青年研究中心等为代表的高水平研究智库，举办"红色育人路"高等教育论坛、"党的建设百年历程与国家治理现代化"学术研讨会等有关领域学术交流活动；党员干部教师围绕走好中国特色高等教育"红色育人路"、将思想政治工作体系贯通高水平人才培养体系、"十育人"机制建构、推动"三全育人"综合改革落实落细等方面积极撰文，涌现出了一批有代表性的研究成果。

近年来，高质量的党建和思想政治工作引领学校事业高质量发展，2020年，学校获评"全国文明校园"。2021年，学校获评"北京市党的建设和思想政治工作先进普通高等学校"；"坚持走红色育人之路，涵育又红又专一流人才"项目入选第一批北京高校党建和思想政治工作特色项目。

为深入总结全国高校思想政治工作会议召开五年来，学校各个方面围绕坚持育人导向、突出价值引领，坚持遵循规律、勇于改革创新，坚持问题导向、注重精准施策，坚持协同联动、强化责任落实，破解思想政治工作不平衡不充分问题，建立健全系统化育人长效机制，激活学校思想政治工作内生动力等形成的理论与实践经验，我们编写了《明理厚德，传承育新——新时代高校思想政治工作研究与实践》一书。全书收录了学校党员干部教师紧紧围绕育人中心工作开展的理论研究、实践探索等方面的研究文章、特色成果、工作案例以及社会媒体深度报道，综合呈现了学校近年来创造性推进思想政治工作的一个个瞬间，期待能为高校思想政治工作同仁提供有益借鉴。本书在编撰过程中得到了学校各部门、各单位的大力支持与帮助，在此致以诚挚的感谢，书中不足之处，盼大方之家斧正。

本书编写组
2022 年 3 月

目 录

五周年！在"红色育人路"上精彩作答
——北京理工大学思想政治工作综述 ·· 1

第一篇章　谋篇布局　理念先导

在新时代大力弘扬延安精神　坚定走好中国特色高等教育"红色育人路"
·· 北京理工大学党委 / 10
坚定走好中国特色高等教育"红色育人路" ························· 赵长禄 / 15
面向世界一流大学目标　建设高水平人才培养体系 ············· 赵长禄 / 19
高校党委把握思想政治工作主导权的认识与实践 ················· 赵长禄 / 25
突出政治建设，对标国家事业发展育新人 ···························· 赵长禄 / 31
论如何善用"大思政课" ··· 赵长禄 / 34
建构中国特色世界一流大学人才培养新范式 ························ 张　军 / 37
内涵发展，世界一流大学建设关键 ······································· 张　军 / 42
红色基因育英才，战略服务创一流 ······································· 张　军 / 46
高校如何写好科技自立自强的人才答卷 ································ 张　军 / 48
保障好新就业形态下的大学生就业 ······································· 张　军 / 51
提升新时代高校思政工作质量应处理好四个关系 ················ 王晓锋 / 54
面向一流大学之道的大学素质教育担当 ······························· 李和章 / 59
信息技术与高校思政课教学深度融合的实践探索 ················ 包丽颖 / 65
时代新人的责任教育论析 ··· 包丽颖 / 70
高校新闻舆论工作应理性探索和价值追求辩证统一 ·········· 包丽颖　刘新刚 / 77
高校"三全育人"的逻辑诠释与实践 ···································· 蔺　伟 / 81
研究生思想政治教育协同机制构建论析 ················ 蔺　伟　王军政　纪惠文 / 87
让高校党的组织生活"活"起来 ·· 李德煌 / 96
书院制模式下大学生思想政治教育工作体系研究
——以北京理工大学书院制人才培养为例 ·········· 王泰鹏　季伟峰　张舰月 / 99

高校思想政治理论课建设、改革和创新的规律性认识和成功经验
………………………………………………………… 刘新刚　裴振磊 / 107
课程思政的基本内核与生成逻辑 ……………………… 张晨宇　刘唯贤 / 114
"四个正确认识"融入大学生红色实践的路径探索 ……………… 郭惠芝 / 118
积极心理学视域下大学生心理危机预防策略探究 ……… 潘　欣　范文辉 / 124
高校学生社区服务育人工作途径探析
　　——基于高校立德树人根本任务视域 ……………… 陆宝萍　张　京 / 130
基于社会生态系统理论的新时代高校研究生党支部建设研究 …… 刘晓俏 / 136
"立德树人"视域下高校红色文化育人路径探索 ………………… 和霄雯 / 142
新时代高校海归青年教师思想政治工作的现实路径与思考
　　——以北京理工大学教师思想政治工作为例 ……… 胡雪娜　李华师 / 147

第二篇章　潜心实践　涵育新人

■ 特色成果篇 ……………………………………………………………… 154

建立新时代高校立德树人落实机制，走好中国特色高等教育"红色育人路"
………………………………………………………………… 北京理工大学党委 / 154
实施"党建扎根"工程，构建强根铸魂的高校党员发展与教育管理实践路径
………………………………………………………………… 党委组织部/党校 / 158
坚持"四个逻辑"相统一　推动"三全育人"综合改革 ……… 党委宣传部 / 164
大学文化建设如何与办学发展高度"黏合" ……………………… 党委宣传部 / 167
将思政优势转化为师资队伍建设成效的理论与实践
　　——"四融"促进与"四度"提升 ………… 党委教师工作部/人力资源部 / 170
构建爱国主义教育长效机制　培养堪当大任的时代新人 ………… 学生工作部 / 176
建立"四维一体"管理体系，建强辅导员工作队伍 ……………… 学生工作部 / 179
"六位一体"心理育人路径探索与实践 ………… 心理健康教育与咨询中心 / 182
"红色铸魂、传承初心"
　　——北京理工大学将课程思政建设深度融入一流专业建设和人才培养格局
………………………………………………………………………… 教务部 / 185
科教融合强化协同育人　青创报国激发使命担当 ……… 学生创新创业实践中心 / 188

"建党百年，强国有我"
——在服务保障建党百年实践中提升思政育人效果 …………………… 校团委 / 192
"社团进社区"强化学生社团的政治引领和育人功能 …………………… 校团委 / 195
"五维一体"科技领军人才培养长效机制建构 …………………… 宇航学院 / 197
艺心向党，同向育人：北京理工大学推进美育思政创新实践
 …………………………………………………………… 人文与社会科学学院 / 201
创设"知、情、意、信、行"数字课堂，打造虚拟仿真思政教育教学新模式
 ……………………………………………………………………… 马克思主义学院 / 203

■ 工作案例篇……………………………………………………………………… 209

健全"师生纵横支部+"合力育人长效机制 ……………… 党委组织部/党校 / 209
"五微一体"网络思想政治教育创新实践 ………………… 党委宣传部 / 212
创新"三全育人"导师制度 深化书院制育人模式改革 ……… 学生工作部 / 215
依托大数据推进面向学生的"精准思政""精准服务"
 …………………………………………………………… 学生工作部、学生事务中心 / 217
"四心"抓好劳动教育 "四自"促进健康成长 ………………… 后勤基建处 / 219
青老共话 情蕴北理 …………………………………………… 离退休教职工党委 / 222
精准定位、实践育人 培养具有时代担当的北理工青年 ……… 校团委 / 224
体教并重，育人为先 …………………………………………………… 体育部 / 227
"京工飞鸿"一站式服务育人 ………………………………… 学生事务中心 / 229
"经济资助、成才辅助"
 ——为困难学生成长发展保驾护航 ………………………… 学生事务中心 / 231
以"职话·心声"品牌活动为依托，加强大学生就业指导与服务
 ……………………………………………………………………… 学生就业指导中心 / 233
以志愿公益类社团为载体，筑牢建强实践育人特色平台 ………… 机电学院 / 234
突出师德规范与育人实绩 打造吸引教师潜心育人长效机制 …… 机械与车辆学院 / 237
"旋转的陀螺"大学生科创育人体系探索实践 ………………… 自动化学院 / 240
强筋健骨，数学育人
 ——新时代"红数林"基础学科育人实践 …………………… 数学与统计学院 / 243
"博约底蕴，思政贯穿"
 ——博约育人体系的构建与实施 ………………………………… 物理学院 / 245

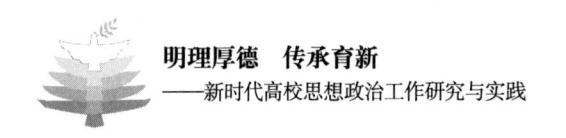

培根铸魂　启智润心

　　——在就业指导中加强大学生思政教育 …………………… 化学与化工学院 / 248

将科研优势转化为一流经管人才创新能力培养优势的实践探索

　　…………………………………………………………………… 管理与经济学院 / 250

通以立德

　　——通识课"课程思政"示范项目建设 ………………… 人文与社会科学学院 / 253

思想政治教育融入高校外语类复合型人才培养模式创新实践

　　——以北京理工大学外国语学院"三三制"为例 ……………… 外国语学院 / 256

以精工素养计划培育时代新人

　　——北京理工大学精工书院综合素质评价体系探索与实践 ………… 精工书院 / 259

第三篇章　奋楫扬帆　接续奋进

构建特色思政工作体系，坚定走好"红色育人路"打造立德树人的"北理工模式"

　　…………………………………………………………………………… 中国教育报 / 262

学史明志，走好"红色育人路" ………………………………………… 光明日报 / 269

北京理工大学：红色基因淬炼"精工之心" ……………………………… 光明日报 / 274

传承红色基因　续写强国梦想

　　——写在北京理工大学建校80周年之际 ………………………… 光明日报 / 279

扎根中国大地　培养强国栋梁

　　——北京理工大学始终不忘立德树人初心，牢记为党育人、为国育才使命

　　…………………………………………………………………………… 人民日报 / 288

传承红色基因，彰显青春价值

　　——北京理工大学探索建设新时代思想政治工作体系纪实

　　…………………………………………………………………………… 中国教育报 / 293

"延安根、军工魂"传承育人红色基因 …………………………………… 光明日报 / 296

带给学生有思想有温度有品质的思政教育

　　——北京理工大学暑期学生骨干培训侧记 ……………………… 中国青年报 / 300

90后的人生选择题找到了答案 …………………………………………… 中国青年报 / 303

五周年！在"红色育人路"上精彩作答

——北京理工大学思想政治工作综述

育才造士，为国之本。"培养什么样的人、怎样培养人、为谁培养人"是教育的根本问题。党的十八大特别是全国高校思想政治工作会议召开以来，北京理工大学党委聚焦建立健全新时代立德树人落实机制，推动新时代高校思想政治工作守正创新，坚持举旗定向谋篇布局、引领思想培根铸魂、改革创新贯通融入、旗帜鲜明守好阵地、多措并举强基固本，为学校思想政治工作蓄足源头活水、注入不竭动力。2020年，学校获评第二届"全国文明校园"。2021年，学校获评"北京市党的建设和思想政治工作先进高等学校"，"坚持走红色育人之路，涵育又红又专一流人才"项目入选第一批北京高校党建和思想政治工作特色项目。

北理工传承红色基因、涵育时代新人的特色实践发出了高校"请党放心、强国有我"的时代强音！

谋篇布局，筑牢思想政治工作生命线

2020年9月18日，北京理工大学中心教学楼报告厅，会场氛围热烈浓厚——来自中国高等教育学会、中国社会科学院以及"延河联盟"的30余名专家、学者，围绕"如何传承红色基因、扎根中国大地办好世界一流大学"这一高等教育的核心命题开展了热烈讨论。

作为中国共产党创办的第一所理工科大学，五年来，北理工抓住学校办学发展是马克思主义中国化在中国高等教育领域的生动实践这一理论关键，持续深化中国共产党创办和领导中国特色高等教育的"红色育人路"专项研究，并于建校80周年之际举办高端论坛，从理论和实践上充分论证思想政治工作这一党的优良传统和政治优势在落实立德树人根本任务中的重要作用。

在长期探索中，学校党委深刻认识到，以立德树人为核心的人才培养是大学的本体功能、第一使命。要牢固树立人才培养的中心地位，强化科学研究、社会

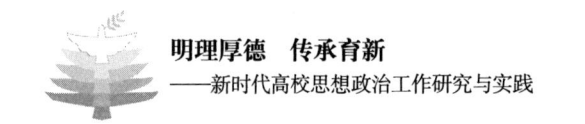

服务、文化传承创新、国际交流合作等高校其他职能对人才培养的反哺作用，形成牵一发而动全身的联动效应。

一切工作为了育人——

所有工作都要为人才培养服务！在北理工，"全员、全程、全方位"育人的理念愈发深入人心。深入实施以"育人"为中心的"三全育人"综合改革，建立思想政治工作改革试验区，培育"教师思政工作室"，选树工作品牌和创新项目，建设"三全导师"工作队伍，探索建立微观层面可转化、有操作性的一体化育人模式……

从课上课下到网上网下，从校内到校外，目标围绕育人汇，资源围绕育人配，北理工党委从围绕学生、关照学生、服务学生成长成才出发，推进校内外、多维度育人资源深度融汇，"育人"合力充分汇聚。

系统谋划、全面部署——

成立全面贯彻落实全国高校思想政治工作会议精神领导小组，党委书记和校长一起担任组长；构建"大思政"工作格局，召开学校思想政治工作会议，研究出台《关于加强和改进新形势下学校思想政治工作的实施方案》《思想政治工作质量提升工程推进计划》《关于加快构建学校思想政治工作体系的实施方案》等一系列制度性安排；按照德智体美劳全面发展的要求建立健全"十育人"工作机制；牵头成立延河高校人才培养联盟，推动九所高校携手"育新人"；贯彻落实中共中央、国务院《关于新时代加强和改进思想政治工作的意见》，在建党百年的新征程上全面实施时代新人培育工程……

通过一系列掷地有声、影响深远的政策"组合拳"，学校党委着力打造思想政治工作"北理工升级版"，在助力师生成长成才的"新长征"路上，充分发挥"大思政"工作格局下的协同育人效应，推动立德树人更好地形成全校"一盘棋"。

培根铸魂，健全理想信念教育长效机制

冬日，新落成的文科教学大楼里，一场由学校党委书记赵长禄主持的"党的十九届六中全会精神进课堂"集体备课会，让北京理工大学马克思主义学院的思政课教师们意犹未尽。

"在思政课中诠释好党的伟大成就和伟大精神，教育青年学生把个人发展的'工

笔画'融入国家战略的'大写意'中去。"马克思主义学院青年教师张虹表示。

第一时间将党的创新理论成果融入思政课、形势与政策课以及课程思政有关内容，寓价值观引导于知识传授和能力培养之中，这是北理工坚持用党的创新理论成果固本培元，巩固师生团结奋斗共同思想基础的生动缩影。

守好一段渠，种好责任田——

学校从用好课堂教学"主渠道"、建强教师队伍"主力军"两方面协同发力，建立思政课程和课程思政同向同行、协同发力的长效机制。

思想政治理论课是落实立德树人根本任务的关键课程！学校大力加强马克思主义理论学科建设，增列马克思主义理论一级学科博士点，青年教师获批国家社科基金重大项目、获评"青年长江学者"高层次人才称号；树立重视教学质量的鲜明导向，持续推动思政课改革创新，出台《关于进一步提升思政课教学质量的若干措施》，两门课程获评国家一流本科课程；形成包括职称单评单列、人才引进优先等在内的多项队伍建设长效机制……2019年，马克思主义学院成功入选北京市重点马克思主义学院。2021年，获批建设全国高校思政课虚拟仿真体验教学中心。

"怎样把课程建设目标与制造强国建设相结合，引导学生在专业学习的过程中树立强国之志，心怀'国之大者'？"2021年度北京市高等学校教学名师奖获得者、机械与车辆学院胡耀光教授在教书育人的实践中一直思考着、实践着。

基于兵器类、材料类、机械类等特色优势学科，充分挖掘和运用相关学科专业课程所承载的思想政治教育功能，将北理工服务党和国家重大战略和支持保障重要任务的典型案例生动融入课堂讲授重点内容；面向全校所有一级学科和主要二级学科点，重点打造100门课程思政示范课，并陆续在新华思政、学堂在线等平台推出……一大批突出"延安根、军工魂"红色基因的课程思政示范课，求真、触情、传神，助力学生在"专业成才"的同时实现"精神成人"。

各门课都上出"思政味儿"，需要全体教师都挑起"育人担"——

"人人热爱育人、时时践行育人、事事落实育人。"2021年9月，5名标兵、59名先进个人和10个先进集体在北京理工大学首届"三全育人"先进典型评选表彰中脱颖而出，他们立足岗位无私奉献、坚守初心育人育才的实际行动，诠释了北理工"四有"好老师的内涵真谛。

成立党委教师工作部、教师发展中心，建立健全教师思想政治工作和师德建设长效机制；设立人才培养最高荣誉"懋恂终身成就奖"，开展"做新时代'四有'

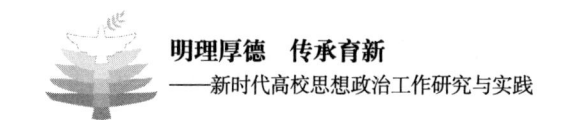

好老师和'四个引路人'"学习实践活动，举办新入职教师"延安寻根"培训……在全面加强新时代教师思想政治工作和师德师风建设的大环境下，广大教师以德立身、以德立学、以德施教、以德育德，致力于培养具有北理工特质、堪当民族复兴重任的领军领导人才。

"思政课不仅应该在课堂上讲，也应该在社会生活中来讲"——

为了落实习近平总书记提出的"大思政课"命题，北理工党委抓住服务保障重大活动和深入开展党史学习教育契机，引导学生上好"大思政课"。

将服务保障新中国成立 70 周年、中国共产党成立 100 周年等重大活动打造为行走的"大思政课"，实现学校"小课堂"与社会"大课堂"同频共振；统筹"百年党史"和"红色校史"，面向全体学生开展线上线下贯通、课内课外结合的"四史"教育；在深入总结连续 3 年开展"担复兴大任，做时代新人"主题教育活动实践经验的基础上，精心组织开展"永远跟党走、奋进新征程"主题教育活动；抓住新生教育、入学教育契机，开展"北理工精神我来讲"优秀学生报告会……

学校还注重把对毕业生的就业教育、创业教育和毕业教育作为思想政治教育的重要内容，建成国内高校首家职涯体验中心，依托"摆渡人工作室""职心工作室""职美工作室"等开展团体辅导、讲座培训，年均服务学生 9000 余人次。2021 年，北理工获评首批全国高校毕业生就业能力培训基地，"摆渡人工作室"获评教育部"全国首批职业生涯咨询特色工作室"。

实践证明，坚持用习近平新时代中国特色社会主义思想教育人，用党的理想信念凝聚人，用社会主义核心价值观培育人，用中华民族伟大复兴历史使命激励人，推动理想信念教育常态化制度化，才能更好地培养德智体美劳全面发展的社会主义建设者和接班人。

改革创新，思想政治工作贯通融入高水平人才培养体系

"院士上讲台啦！"

在一堂别开生面的专业导论课上，北理工未来精工技术学院的本科生在与中国工程院院士张军、樊邦奎，中国科学院院士胡海岩等六位重量级院士面对面畅谈"智能无人 +"领域"卡脖子"关键核心技术的过程中，开启了奋力攀登新时代科研高峰的"求真"路。

"院士们用他们的亲身经历告诉我们，青年只有将个人命运融入国家命运，以

个人梦想推动国家梦想，才能成长为'胸怀壮志、明德精工、创新包容、时代担当'的领军领导人才。"一名精工书院本科生兴奋地说道。

价值塑造、知识养成、实践能力"三位一体"！学校坚持将立德树人作为高水平人才培养体系建设的核心，找准人才培养的定位和特色，以系统思维深化教育教学改革，推进本研一体拔尖创新人才培养，拓展优质育人资源供给，着力把国家重大战略需求和世界科技前沿方向转化为师生坚定的行动指南，转化为重要的研究内容，转化为鲜活的教学资源，不断提升人才培养质量，高水平拔尖创新人才持续涌现。

既要培养"专才"，也要培养"通才"——

"拔尖创新人才的培养，不仅在于传授专业知识和技能，更在于培养他们的家国情怀与强国责任。"中国工程院院士、院士导师代表吴锋说。

"通识化筑基""个性化培养""小班化教学""导师制互动"……近年来，北理工将思想政治工作与高水平拔尖创新人才培养相结合，强化供给侧改革，自2018年起实行书院制，推动大类培养、大类管理，实现通识教育和专业教育的"同频共振"；建设精工、睿信、求是等六大书院社区，打造"一书院一社区、一社区一文化"格局，为学生营造"在书院发现更好的自己、成就更好的自己"的氛围。

科研与育人水乳交融——

北理工"智慧"踏上火星！2021年5月15日，我国首次火星探测任务"天问一号"探测器在火星成功着陆，迈出了中国星际探测征程的重要一步。"'天问一号'顺利着陆的背后有北理工人为它保驾护航！"深空探测研究团队的师生兴奋地说。

宇宙浩瀚，星辰璀璨，砥砺前行，逐梦九天。一代代北理工人以严谨科学的态度和自立自强的勇气勇闯创新"无人区"，走"地信天"集成特色发展路径，迈出了矢志强国、追求卓越的坚实脚步。

急国家之所急，解发展之所需！五年来，学校党委把发展科技第一生产力，培养人才第一资源，增强创新第一动力紧密结合起来，推动思想政治工作优势、学科优势、科研优势持续转化为培养高水平创新创业人才的育人优势。五年来，北理工师生将国家的需要作为奋斗方向，瞄准"卡脖子"难题攻坚克难，牵头获21项国家级科学技术奖励，连续3年一等奖"不断线"，在全国"挑战杯"竞赛、中国国际"互联网+"总决赛等重要大学生科技创新赛事上屡屡夺魁、夺杯、夺金。

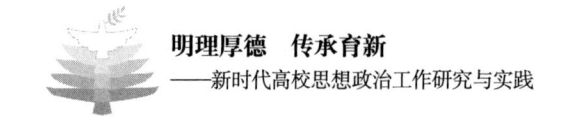

旗帜鲜明，站稳守好校园阵地

"一本经典教材的背后，蕴含着老中青三代人的心血。"

《电路分析基础》——新中国成立后出版的第一部介绍电路分析的工程基础课教材，已经伴随新中国走过了70年历程。它的主编者李瀚荪老先生，带领电路基础课老中青三代团队潜心耕耘教材编纂，与时俱进丰富教材内容，打造了一本权威、厚重的经典教材。自20世纪50年代起，该教材累计发行量达430万册，被110余所高校选作教材或参考书，2021年获评"全国优秀教材二等奖"。

尺寸课本、国之大者！教材，是培根铸魂、启智增慧的重要阵地。打造适应时代要求、有家国山河、有信念追求的精品课堂和精品教材，这是北理工坚持马克思主义在意识形态领域的指导地位，用马克思主义理论创新成果和健康向上的思想文化占领学校宣传思想阵地的一个生动缩影。

延安精神点亮信仰之光——

"负伤算什么，不过是蚊子叮了一口，快告诉同志们那里有鬼子！"在北京理工大学《中国近现代史纲要》的课堂上，71岁的王太和正在生动讲述着自己的父亲、开国少将王耀南亲历过的灵石遭遇战。

"延安精神"特色思政课是"延安精神进校园"中最为师生津津乐道的一项内容。马克思主义理论家、政论家和社会科学家胡乔木之女胡木英，开国少将王耀南之子王太和，中国现代作家、历史学家、考古学家郭沫若之女郭平英等8位主讲嘉宾走进思政课课堂，面对面为学子们讲述"红色故事"，在"情理"交融中推动红色基因入脑入心。

为更好地在全国广大青年中研究、宣传、践行中国共产党在长期奋斗中铸就的伟大精神，着力培养担当民族复兴大任的时代新人，北理工与中国延安精神研究会共同成立延安精神与中国青年研究中心，深入推进延安精神"进马克思主义学院、进校史馆、进学生社团"。

校园空间充盈红色文化——

"到北理工，看坦克！"

2020年9月2日下午，北京理工大学国防文化主题广场正式落成。国产新中国第一辆轮式突击车，苏制T34坦克，在抗美援朝战争中缴获的美制"谢尔曼"坦克、"巴顿"坦克等多型坦克，让参观的师生在现场感受到了奔跑起来的陆战之王的雄风。

坚持以红色初心照亮办学方向，用红色文化滋养大学精神，用红色情怀夯实"四个服务"。五年来，北理工聚焦"延安根 军工魂"红色基因这一学校精神文化体系的固有内核和不变根本，建立健全厚植历史传统、特色鲜明凸显的文化育人体系，营造出以红色文化铸魂育人的浓厚氛围。凝练宣贯"北京理工大学精神"，深入开展大讨论活动，不断深化、完善学校精神文化谱系；聚力打造"一轴两基"红色文化生态圈；设立专项经费支持基层特色文化空间建设；打造思政类、学术类、师德类、科技类、典仪类等十类校园文化品牌，形成校园红色文化品牌矩阵，实现红色文化辐射的规模化和全覆盖……

学校大力推动校园媒体融合发展，不断提高新闻舆论传播力、引导力、影响力、公信力。官方微信公众号自2018年开通以来累计打造38个"10万+"。近年来，北理工传承红色基因、涵育时代新人、建设一流大学的典型经验和特色做法多次被中央广播电视总台新闻联播节目以及人民日报、光明日报、中国教育报等重要媒体报道，汇聚了引领师生团结奋进的强大思想舆论力量，激发了师生团结奋进的不竭动力。

强基固本，打造良好育人生态

"红色学习点亮'东方星'、师德传承点亮'北斗星'、匠心育人点亮'启明星'、创新融合点亮'智慧星'、党员先锋点亮'定盘星'"。在北理工党支部工作法交流展示会上，自动化学院智能信息处理与控制教工党支部总结凝练出的"点亮五颗星"服务型党支部工作法获得师生一致好评。

基层党组织建设是高校思想政治工作的"基"和"本"——

学校党委清醒认识到，做好新时代高校党建和思想政治工作，必须围绕全面贯彻党的教育方针、坚持正确办学方向、落实立德树人根本任务来展开，围绕"培养什么人、怎样培养人、为谁培养人"这个重大问题来谋划推进。高校基层党组织是党在高校全部工作和战斗力的基础。夯实高校党建工作基础，增强基层党组织的创造力凝聚力战斗力，这是高质量开展党建和思想政治工作的关键所在。

为此，学校党委坚持"对标争先"加强师生党支部建设，选取百个党支部，集中展示开展"三会一课"、主题党日、暑期社会实践、"红色1+1"中的优秀做法；组织开展"支部赋能驿站"基层党建实务指导系列活动，集中推出"送党课到基层"专项活动；分类建设具有示范性的基层党委"党建工作室"，重点培育"双

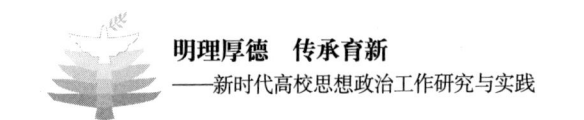

带头人"教师党支部书记工作室,培育建设学校"党建工作样板支部"……党的建设深入党的肌体的"神经末梢",切实打通基层党建"最后一公里"。

党的领导是高校思想政治工作的"根"和"魂"——

参天之木必有其根,怀山之水必有其源。五年来,学校党委将思想政治工作作为坚持党领导高校工作的具体体现和加强高校党的建设的重要抓手,坚持用习近平新时代中国特色社会主义思想培根铸魂、凝心聚力,带动党员干部不断砥砺政治品格、坚定政治信仰、提升政治能力,自觉把坚持和加强党的全面领导落实到办学治校全过程、各方面。

以《中国共产党普通高等学校基层组织工作条例》为根本遵循,健全学校党建工作制度体系;持续完善落实党中央决策部署和上级工作要求的快速响应、扎实部署、督查问责工作机制;扎实开展"三严三实"专题教育、"两学一做"学习教育、"不忘初心、牢记使命"主题教育和党史学习教育;压实脱贫攻坚责任,扎实推进脱贫攻坚工作;围绕落实中央巡视整改,做好"后半篇文章",建立长效机制……在学校党委的坚强领导下,党建思政工作与整体事业发展深度融合,引领保障学校为党育人、为国育才,实现高质量发展。

号角已吹响,击鼓又催征。满怀光荣梦想,肩负使命重任,北京理工大学将全面贯彻落实中共中央、国务院《关于新时代加强和改进思想政治工作的意见》,全面实施时代新人培育工程,进一步筑牢思想政治工作"生命线",加快构建贯通高水平人才培养体系的思想政治工作体系,在新的起点上取得新进展新突破,为实现"两个一百年"奋斗目标、实现中华民族伟大复兴的中国梦提供有力人才支撑!

(来源:北京理工大学官方微信公众号,2021年12月8日)

第一篇章

谋篇布局　理念先导

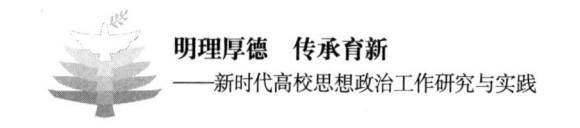

在新时代大力弘扬延安精神
坚定走好中国特色高等教育
"红色育人路"

北京理工大学党委

近年来,习近平总书记围绕用好红色资源,传承好红色基因多次作出重要指示。北京理工大学立足自身的优良办学传统,将弘扬延安精神、传承红色基因融入人才培养各方面、全过程,努力培养堪当民族复兴重任的时代新人,坚定走稳走实党创办和领导中国特色高等教育的"红色育人路"。学校获评第二届"全国文明校园"和"北京市党的建设和思想政治工作先进普通高等学校"。

遵循历史根脉,将延安精神融入办学理念,构筑大学精神及核心价值

作为中国共产党人精神谱系的重要组成部分,延安精神是我们党的性质和宗旨的集中体现、是党的优良传统和作风的集中体现。北京理工大学尤为珍视这笔经过战火洗礼的宝贵财富,主动挖掘、着力发挥延安精神对学校办学育人事业的引领作用,用延安精神的"北理工表达"激发师生的自信和认同。

一是高举旗帜、把牢方向,努力建设党的领导的坚强阵地、培养社会主义建设者和接班人的坚强阵地。长期以来,学校党委坚持不懈用延安精神教育党员领导干部,用以滋养初心、淬炼灵魂,从中汲取信仰力量、查找党性差距、校准前进方向。坚持以党的政治建设为统领,把党的领导、党的建设贯穿办学治校全过程,切实履行管党治党、办学治校主体责任,牢牢把握办学的正确政治方向,持续打造风清气正的政治生态、崇尚真理的学术生态、和谐美丽的宜学生态,以高质量党建引领学校事业高质量发展,不断增强"四个意识",坚定"四个自信",做到"两个维护",努力把学校建设成为党的领导的坚强阵地、培养社会主义建设者和接班

人的坚强阵地。

二是融入实践、推动发展,在中国特色社会主义一流大学建设中探索"北理工方案",沉淀"北理工精神"。2020年,以建校80周年为契机,学校党委深刻认识和把握延安精神"坚定正确的政治方向,解放思想、实事求是的思想路线,全心全意为人民服务的根本宗旨,自力更生、艰苦奋斗的创业精神"的丰富内涵,在广泛调研的基础上,凝练出以延安精神思想内涵为基础的"北理工精神"—包括政治坚定、矢志强国的爱国精神,实事求是、追求卓越的科学精神,艰苦奋斗、开拓进取的创业精神,淡泊名利、坚韧无我的奉献精神,不辱使命、为国铸剑的担当精神。组织开展"红色育人路——中国共产党创办和领导中国特色高等教育之路"专项研究,举办"红色育人路"高等教育论坛,总结提炼"红色育人路"的基本内涵、主要特征、独特优势和实践路径。这些与学校的校训、校风、学风等共同组成了学校的精神文化体系和办学思想体系,形成了社会主义核心价值观和延安精神的"北理工表达",为学校事业凝聚共识、激发动力、汇聚合力,精心打造精神原动力。

传承红色基因,把延安精神作为生动素材,融入立德树人各方面、全过程

延安精神具有超越时空的恒久价值和旺盛生命力。在学校,因其深植学校历史文化传统,深深熔铸于代代师生的红色血脉,更显独树一帜的文化自觉与自信。学校党委把延安精神作为一个不能丢的法宝,充分用好这一铸魂育人的宝贵资源和生动素材,为师生打好成长基础,激发内生动力。

一是汲取延安时期党办高等教育的先进理念,厚培学校立德树人优良传统。学校党委坚持传承延安时期以徐特立老院长为代表的党的革命家、教育家的办学思想,如"教育中心论""群众本位论"和"创造教育观"的教育科学思想体系以及教学、科研、经济"三位一体"的教育科学发展观,将全面贯彻党的教育方针落实在与时俱进、不断完善特色办学道路中。近年来,坚持"学术为基、育人为本、德育为先"的价值追求,总体形成了"价值塑造、知识养成、实践锻炼"三位一体的人才培养模式,明确提出培养"胸怀壮志、明德精工、创新包容、时代担当"的领导领军人才。为进一步推进延安时期的宝贵精神财富向教书育人资源转化,学校与中国延安精神研究会共同设立延安精神与中国青年研究中心,设立党建研

究中心、徐特立教育思想研究会，成立省部级军工文化教育研究中心，积极组织开展传承弘扬延安精神相关学术研究，探索体现党的领导优势、彰显红色基因传统的办学模式——中国特色高等教育"红色育人路"。这些都是延安精神在新时代学校"双一流"建设中的重塑和发展。

二是把延安精神融入思想政治教育各方面，构筑新形势下"三全育人"重要合力。延安精神见证北理工诞生、伴随北理工发展，同时学校校史校情也是延安精神的生动实践载体，铭刻着"活"的延安精神。学校党委把记录着延安精神的校史校情教育作为新生入校、新教工入职的"进校第一课"，纳入思政课程和课程思政教学体系，每年坚持开展"学史明志""延安寻根计划"等师生学习实践活动，构筑师生精神高地。在党史学习教育中，专门设置"知红色校史"板块，在全国高校首家推出"红色育人路"专题纪录片；获评全国高校思政课虚拟仿真体验教学中心，发挥中心资源优势，强化延安精神的情景式、沉浸式表达，提升教育感染力；牵头9所诞生于延安的高校发起成立"延河联盟"，建立红色育人基地，探索协同育人新范式。以延安精神为代表的红色文化育人体系成为学校新时代思想政治工作体系的重要组成部分，有机融入了全员、全过程、全方位育人格局。

三是推进以传承延安精神为重点的校园文化建设，构建师生校友共同情感纽带。在传承弘扬延安精神的过程中，坚持"见人、见物、见细节"，持续建设"浸润式"育人环境。系统实施"三大校史工程"，扎实开展珍贵校史资料数字化、校史"口述史"采集、学科专业史编研及文物修复等工程。推进以"延安根、军工魂"红色基因为内涵的校园文化景观及公共空间建设，完善催人奋进、昂扬向上的特色文化景观群。实施"红色基因传承工程"，建成以"延安根、军工魂"为主题的新校史馆，设立国防科技成就展展厅，建设国防文化主题广场、延安石和徐特立铜像、"新中国第一"系列景观、北湖校史步道等一批物质文化景观，在建校80周年之际推出"光荣与梦想"纪念晚会，构筑起链接师生校友情感共鸣的有效载体和文化地标，鞭策学校师生不忘初心来路，与祖国共进、与时代同行。

延安精神薪火相传、历久弥坚。在学习实践和弘扬延安精神的长期实践中，学校党委始终坚持党的全面领导、始终坚持马克思主义的根本指导、始终坚持立德树人根本任务、始终坚持教育报国价值取向、始终坚持理论联系实际的优良学风、始终坚持艰苦奋斗创新包容的办学风格，在中国特色高等教育"红色育人路"上行稳致远。建校81年来，学校培养了30余万名毕业生，孕育了一大批又红又专的领军领导人才，有李鹏、曾庆红、叶选平等党和国家领导人以及120余位省部级以上党政领导和将军，王小谟、彭士禄、朵英贤等60余位两院院士，毕业生到世界500强企业、国家重点单位就业人数占直接就业人数的60%以上。

持续凝心聚力，用延安精神感召师生，推动办学育人事业高质量发展

彰显延安精神的新时代力量，始于思想、成于行动。学校党委传承弘扬延安精神，还集中体现在充分运用延安精神激活干部师生理想信念的原动力、追求真理的内驱力、依靠群众的凝聚力、艰苦奋斗的意志力，聚焦"四个面向"、落实"四个服务"，办好体现国家意志、人民利益、有使命担当的大学。

一是发扬党管人才优良传统，筑实推动高质量发展的人才队伍保障。对标深入实施人才强国的战略要求，学校党委加强对人才工作的全面领导，着力构建高素质教师队伍和一流人才队伍。健全教育引导、激励约束并举的教师思想政治工作体系，突出师德师风"第一标准"，把教师立德树人成效作为职务职称晋升、岗位聘任、评奖评优的重要依据。2021年，面向全校开展的首届"三全育人"先进典型评选，涌现出一批重育人、善育人的集体和个人，在校园掀起尊师重教、崇德尚学的良好风尚。贯彻落实习近平总书记关于新时代人才工作的新理念新战略新举措，构建引领人才、凝聚人才、成就人才的工作体系，如强化校院协同，落实以学院为责任主体的人才引育模式；探索柔性引进模式，实施"预聘—长聘—专聘"制度，建立面向高层次人才、应用研究型教师等人员类型的灵活聘用机制，吸引和稳定优秀人才队伍；完善以"分类卓越"为目标的人才评价激励机制，通过分类管理、分类评价、分类发展，完善有利于人才潜心研究和创新的服务保障体系。

二是瞄准实现科技自立自强，坚持服务党和国家事业发展大局。将红色基因教育成效转化为自力更生、艰苦奋斗的不竭动力，把发展科技第一生产力与培养人才第一资源、增强创新第一动力结合起来，健全完善以健康学术生态为基础、有效学术治理为保障、产生一流学术成果和培养一流人才为目标的大学创新体系。近年来，持续优化学科专业设置，成立网络空间安全学院、未来精工技术学院、集成电路与电子学院、医学技术学院等专业学院和国家安全与发展研究院、人文社会科学高等研究院等教学科研机构；强化学科整合提质，大力推动一流特色学科群建设，"优势工科强引领、特色理科深融合、精品文科厚底蕴、前沿交叉拓新局"

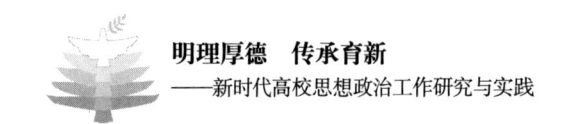

的学科发展体系加速形成。发挥重大科技突破生力军作用，在网络强国、制造强国、平安中国、科技冬奥、京津冀一体化等国家重大战略中，在载人航天、5G+、碳中和、社会治理等重大计划中承担更多任务，以高水平的创新成果和高素质的创新人才服务社会主义现代化建设。

三是深化对党的性质宗旨的认识，不断提升学校治理能力和治理水平。延安时期，党的七大把全心全意为人民服务作为立党根本宗旨写入党章，党的群众观点、群众路线也一以贯之在学校的办学发展中。近年来，学校党委不断深化对党的性质宗旨的学习认识，把践行党的性质宗旨不仅仅体现在为师生解决生活问题，而是更深层次地贯彻到为广大师生发展营造良好环境、打造事业平台的干事创业行动中，努力做到"在一流事业中服务师生、依靠师生干一流事业"。以2021年的党史学习教育为契机，扎实开展"我为群众办实事"实践活动，聚焦师生"急难愁盼"的现实问题和深层次体制机制问题并重，全校形成近260项举措，涵育"宜学北理"生态、推进"智慧北理"建设、构筑"温馨北理"社区、打造"美丽北理"校园，在提高师生的获得感、幸福感、安全感的同时，不断推进学校治理体系、治理能力现代化。

延安时期虽然已经过去大半个世纪，但延安时期的优良传统和作风是我们自强不息、勇往直前的制胜法宝，永不过时、永不褪色，体现中华民族不屈不挠风骨品格的延安精神依然应该得到传续和光大。2021年是中国共产党成立100周年，高校应善于抓住党史学习教育重大契机，深入开展党的百年奋斗的光辉历程、伟大贡献、初心宗旨、伟大精神、宝贵经验以及重大理论成果的学习宣传教育，用以延安精神等为代表的中国共产党的精神谱系感染教育师生，带领师生牢记"国之大者"，振奋前行信心，为建成社会主义现代化国家、实现中华民族伟大复兴的中国梦贡献新的力量！

坚定走好中国特色高等教育
"红色育人路"

赵长禄

在《中国共产党简史》一书中有这样一段文字,"1940 年 9 月创办的延安自然科学院,是党的历史上第一个开展自然科学教学与研究的专门机构"。这里讲到的延安自然科学院,正是今天北京理工大学的前身。1952 年,学校受命建设新中国第一所国防工业院校,担当起培养红色国防工程师的光荣责任,铸就了学校"军工魂"的时代品格。"延安根、军工魂"红色基因代代相传至今,形成了北京理工大学独特的精神气质和文化内核。北京理工大学 80 余年的办学历程,正是传承"延安根、军工魂"红色基因的砥砺奋进历程,见证并记录着党创办和领导中国特色高等教育的生动实践,走出了一条扎根中国大地建设世界一流大学的"红色育人路",在百年党史长河中留下了独特的"北理工"印记。在党史学习教育中,北京理工大学将学百年党史、知红色校史、育时代新人、干一流事业贯通起来,传承并弘扬"红色育人路"的基本经验和优良传统,不断推进教育事业高质量发展。

为党育人、为国育才,努力培养又红又专人才

在中国抗日战争进入"相持阶段"时,为促进陕甘宁边区工业生产和经济建设,直接服务抗战需要,培养自己的科学技术人才,中国共产党高瞻远瞩,在极其困难的条件下决定创办自然科学院。这所中国共产党创办的第一所理工科大学在毛泽东、周恩来、朱德等领导同志的直接关怀下,贯彻党中央的办学方针,瞄准"革命通人、业务专家"的人才培养目标,在延安办学的 5 年间培养了近 500 名毕业生,他们绝大多数成长为新中国各条战线上的专家和领导干部。这一时期是党创办和领导高等教育指导思想的初步形成和实践时期,在党史上留下了浓墨重彩的一笔。

回望伴随党的事业走过的艰苦奋斗历程,为党育人、为国育才始终是学校毫

不动摇的使命责任。北京理工大学传承红色基因,把培养又红又专人才作为第一使命,紧紧围绕立德树人根本任务,努力培养担当民族复兴大任的时代新人。一是坚持育人为本、德育为先,筑牢师生理想信念的思想根基。学校将打好师生思想底色、锤炼过硬思想政治素质摆在首要位置,着力发挥"延安根、军工魂"红色基因的铸魂育人作用,带领师生听党话、跟党走。把红色校史教育作为"进校第一课",深度融入思政课课堂教学,每年坚持组织学生赴办学旧址开展"学史明志"实践活动,组织新入职教师赴延安开展"寻根计划"。本着"见人、见物、见细节",大力建设"浸润式"育人环境,推进以红色基因为内涵的校园文化空间建设,新校史馆、延安石、徐特立铜像、国防文化主题广场、北湖校史步道等一批批文化景观,时时处处展现着从革命圣地走来的高等学府穿越时空、历久弥坚的风骨品格。二是强化能力为重、全面发展,不断完善高水平人才培养体系。学校不断建立健全"价值塑造、知识养成、实践能力"三位一体的人才培养模式,实施以大类培养、大类管理和书院制育人为核心的人才培养改革,着力提升人才培养质量。开展"三全育人"综合改革,推进思政课程与课程思政、课上与课下、校内与校外、网上与网下育人资源的互融互动,完善一体化育人机制,深化全员全过程全方位育人格局。三是注重价值引领、服务奉献,支持学生到祖国最需要的行业领域建功立业。学校把引导学生心怀"国之大者"具体体现在教育引导其树立正确的成才观、就业观上,将个人成长发展与国家富强、民族振兴、人民幸福紧紧联系在一起,让青年梦融入中国梦。自2018年以来,连年面向全校学生组织开展"担复兴大任、做时代新人"主题教育活动;牵头9所诞生于延安的高校成立"延河联盟",建立红色育人基地,探索协同育人新范式。毕业生到国家重点行业、重点领域就业人数占比65%,到基层、西部就业占比连年增长,青春之光闪耀在祖国最需要的地方。

兴学图强、创新驱动,坚持服务党和国家大局

延安时期,在党中央对发展自然科学的大力倡导下,自然科学院迅速壮大,在人才培养、生产科研等方面密切服务抗日战争和边区建设。此后,虽历经战火洗礼,但学校坚持以兴学强国为己任,从建校之初的机械、化工、农业等系科,到新中国成立后迅速发展为覆盖航空、机械、汽车、内燃机、钢铁冶金、采矿等学科专业设置较为齐全的新型社会主义重工业大学。1952年,学校坚决服从党和国家需要,调出精干力量、优势学科支援建设北京航空学院、中南矿冶学院和北

京钢铁学院，为新中国高等教育事业发展作出了贡献。此后各个历史时期，学校紧密对接党和国家亟需必需发展教育事业，"党的旗帜就是奋斗方向""国家最大"，成为学校坚持服务大局的生动写照。

回望与党和国家同呼吸、共命运的发展进程，努力攻克卡脖子关键技术、努力实现科技自立自强始终是学校执着坚守的崇高事业。北京理工大学传承红色基因，把服务党和国家工作大局作为最高追求，以全力服务"四个面向"的实际行动践行中国特色社会主义大学的使命担当。一是着力汇聚人才第一资源，构建高素质师资人才队伍。学校坚持把好师德师风"首要要求""第一标准"，加强改进教师思想政治工作，带动教师做学生为学、为事、为人的示范。积极构建全球人才选聘体系和人才成长良好生态，着力提高教师队伍专业化水平，引导教师研究真问题，致力于解决实际问题，脚踏实地把科技论文写在祖国大地上。二是着力强化学科第一牵引，建立重交叉学科专业体系。学校立足长期以来的办学基础，以服务国家重大战略为导向，推动学科深度融合和传统优势学科创新发展，布局一批新兴学科，逐渐形成了"优势工科强引领、特色理科深融合、精品文科厚底蕴、前沿交叉拓新局"的学科发展体系。学科建设提质增效，学校的办学规模、培养质量、服务能力不断跃升，科研优势转化为服务贡献优势的动力更加强劲。三是着力增强创新第一动力，完善高水平科技创新体系。学校发扬自延安时期以来"想国家之所想、急国家之所急、应国家之所需"的优良传统，瞄准科技前沿和关键领域，努力攻克"卡脖子"技术难题，创造了新中国科技史上多个"第一"，在若干领域代表了国家水平、积累了明显优势。在历次大阅兵中，参与装备研制的数量与深度均居全国高校首位。

不忘初心、勇担使命，加快建设世界一流大学

"办什么样的大学、怎样办好大学"，这是中国共产党从领导和创办中国特色高等教育之初就在不断探索的问题。自然科学院办学按照一流标准建设，汇集了当时边区最高水平的科技精英队伍，也不乏海外归来的专家和各领域佼佼者，培养目标、科系设置、教学计划、课程安排、教育方法等均走在前列，开创了党兴办理工科高等教育的先河。可以说，在北理工办学的各个历史时期，始终瞄准一流目标，坚持一流标准，作出一流贡献，是党创办和领导高等教育坚守中国特色、争创世界一流的生动缩影。

回望与新中国高等教育同向同行的发展历程，无论遭遇什么样的坎坷曲折，不忘初心、矢志一流始终是学校一以贯之的不懈追求。北京理工大学传承红色基因，把加快建设世界一流大学作为时代责任，推动"红色育人路"越走越宽广。一是坚持以党的政治建设为统领，把党的领导、党的建设贯穿办学治校全过程。学校党委切实履行管党治党、办学治校主体责任，持续打造"风清气正的政治生态、崇尚真理的学术生态、和谐美丽的宜学生态"，以高质量党建引领教育事业高质量发展，以建强"两个坚强阵地"的实际行动增强"四个意识"、坚定"四个自信"、做到"两个维护"，牢记"国之大者"，自觉做习近平新时代中国特色社会主义思想的坚定信仰者、忠实实践者。二是总结凝练、丰富拓展"红色育人路"的深刻内涵，深化一流大学建设方案。以建校 80 周年为契机，学校党委组织开展"红色育人路——中国共产党创办和领导中国特色高等教育之路"专项研究，举办"红色育人路"高等教育论坛，深入挖掘学校不同历史时期办学育人基本经验，总结提炼"红色育人路"的基本内涵、主要特征、独特优势，以及实践路径，为新时代推进中国特色世界一流大学建设提供借鉴。三是充分激活干部师生干事创业内生动力，构筑争创一流的普遍共识和强大合力。学校党委坚持尊重师生主体地位，尊重基层首创精神，着力深化校院两级管理体制改革，推动管理重心下移，持续完善现代大学治理体系，努力释放师生创新活力。与此同时，大力推进一流大学文化建设，不断汇聚师生理想信念的源动力、团结一致的凝聚力、艰苦奋斗的意志力、争创一流的内驱力。

（赵长禄：北京理工大学党委书记；原刊载于《学习时报》2021 年 8 月 23 日 A1 版）

面向世界一流大学目标
建设高水平人才培养体系

赵长禄

在全国教育大会上，习近平总书记提出的"要努力构建德智体美劳全面培养的教育体系，形成更高水平的人才培养体系"，形成了对在北京大学师生座谈会上讲到的"三项基础性工作"的深化和发展。习近平总书记关于建设高水平人才培养体系的重要论断，坚持了目标导向与问题导向相统一，是当前我国高校建设世界一流大学必须抓紧解决的关键性、基础性问题。如何面向世界一流大学目标建设高水平人才培养体系？总的来说，既要吸收借鉴国外一流大学的经验，又要扎根中国大地结合中国实际，从"培养人"的根本要求出发，优化办学育人的组织机制和工作模式，以加强党的领导把方向，以构建教育教学体系为核心，以融合科技创新体系为互动支撑，以管理服务体系为保障，建立思想政治工作体系贯通其中的一流人才培养体系。

加强党的领导，建立高水平的党建工作体系

习近平总书记指出，"加强党对高校的领导，加强和改进高校党的建设，是办好中国特色社会主义大学的根本保证"。在全国教育大会上，他还要求各级各类学校党组织要把抓好学校党建工作作为办学治校的基本功，把党的教育方针全面贯彻到学校工作各方面。近年来，我国高等教育取得举世瞩目的成就，逐渐走出了中国特色高等教育发展道路，其鲜明特点就是坚持党的领导。坚持党的领导是扎根中国大地办大学的前提和根本，是最大的中国特色。

建设高水平的党建工作体系，就要按照新时代党的建设总要求加强和改进高校党的领导和党的建设。一是突出抓好政治建设这一根本点。要不断提升政治站位，牢固树立"四个意识"，坚定"四个自信"，做到"两个维护"，全面贯彻党的教育方针，坚持社会主义办学方向，坚持"四个服务"发展面向，把高校努力建

设成为党的领导的坚强阵地，建设成为培养社会主义建设者和接班人的坚强阵地。二是紧紧抓住学校党委领导力建设这一关键点。扎实落实学校党委管党治党、办学治校的政治责任和主体责任，贯彻落实党委领导下的校长负责制，切实把握"集体领导、党政合作、科学决策"三个关键点，建设政治坚定、作风过硬、清正廉洁、师生信赖的领导集体。坚持学校党委领导核心地位不动摇，提升把方向、管大局、作决策、保落实的能力水平，形成对人才培养中心工作的坚强领导和积极带动。三是着力把握加强基层组织建设这一着力点。加强基层组织党的领导和党的建设，重点落实好学院级党组织会议和党政联席会议制度，提升基层事务决策的科学化水平；重视激发学院基层党组织活力，抓好基层学术组织和教学组织建设，推动基层党组织建设与基层治理有机结合，将党的领导深入到基层、体现在基层，打造教书育人事业发展的桥头堡。四是始终坚守落实立德树人根本任务、培养社会主义建设者和接班人这一落脚点。一流大学要将培养社会主义建设者和接班人作为根本政治担当，将一切工作的重心落到育人上，严格落实意识形态工作责任，牢牢把握意识形态工作领导权管理权话语权，建设风清气正的教书育人空间；抓干部队伍作风建设，严明党的纪律，强化党内监督，发展积极健康的党内政治文化，全面净化党内政治生态，以良好的政治生态为基础打造良好的育人生态。

筑牢基础支撑，建立高水平的教育教学体系

习近平总书记指出，大学是立德树人、培养人才的地方，是青年人学习知识、增长才干、放飞梦想的地方。这一重要论断形象概括了高校的根本任务、第一使命和重要职能。高水平的教育教学体系一定是把教育学生学知识与学做人有机结合起来的体系，并能适应学生各个阶段的成长特点和发展需求。

建设高水平的教育教学体系，就要遵循高等教育规律和人才成长规律，既注重"教得好"，更注重"学得好"，激发学生学习兴趣和潜能，带动人才培养能力的全面提升。一是不断强化教育、知识、能力的系统性。深化"价值塑造、知识养成、实践能力"三位一体的人才培养模式，深入推进大类培养大类管理改革，建立健全专业动态调整机制，不断优化专业布局，完善厚基础、宽口径、重特色的培养方案，形成通识教育与专业教育互为补充的素质教育体系。二是有效确保教育教学内容的前瞻性。适应新时代对人才的多样化需求，瞄准学科前沿动态，加强对教育教学内容的超前布局和设计，动态调整课程设置和教学内容，定期更

新教学大纲，适时修订专业教材，科学构建课程体系，努力实现教学内容、课程体系更新与知识技术和经济社会发展同向同行，提升优质教育资源供给质量。三是统筹兼顾高等教育的社会性。高校有条件有资源在服务经济社会发展方面发挥特殊重要作用，提供强有力的智力支持和人才支撑。高校更好地服务经济社会发展，既是使命所在，也是自身发展的源头活水。教育教学体系设计要坚持开放性、国际化的原则，在扎根中国大地的基础上借鉴世界一流办学经验，着重培养学生的创新实践能力和国家社会责任感，培养担当民族复兴大任的时代新人。四是灵活把握教与学的能动性。要深化教师评价考核制度改革，建立健全多种形式的基层教学组织，鼓励常态化开展教育教学研究活动，不断提升教师教育教学能力水平；要围绕激发学生学习兴趣和潜能深化教学改革，深入推进书院制、导师制，引入智慧教室、翻转课堂等新颖教学组织模式，推进研讨式教育、思辨式教育、启发式教育，培养学习主动性，激发学习兴趣与责任，实现教与学的良性互动，达到教学相长、学学相长。

拓展育人潜力，强化科技创新体系与教育教学体系的融合互动

习近平总书记高度重视大学在科技创新成果产出和科技创新人才培养中的特殊功能和作用，提出研究型大学是我国科技发展的主要基础所在，也是科技创新人才的摇篮。强化教育教学体系与科技创新体系的融合互动既是一流学科建设的内在要求，也是有效提升科技创新水平和人才培养质量的必由之路。

"两个体系"的融合互动将学科建设、师资队伍、科学研究、教育教学等融为一体开展综合性建设，有助于从整体上提高人才培养和科技创新的核心竞争力。一是建立健全科教融合机制，将科技创新能力实时转化为人才培养能力。依托科研实力和学科优势，将"大科研"与学生创新实践活动深度融合，建立科教融合、学科交叉的协同创新机制，纵向建立科技创新梯队，强化本硕博不同学历学生的贯通"传帮带"；横向建立跨院系、跨学科创新团队，强化学科交叉融合和协同，促进学生积极参与科研项目、科研活动反哺学生创新素质提升的"大科研"互动。二是将教师的学术水平实时转化为教育教学水平。以教师评价体系改革为抓手，下力气扭转"重科研、轻教学"的倾向，加大教师尤其是学术骨干的教学投入；加强对教师教学技能的培训，持续提升教师教育教学能力，引导教师从科研成果中

提炼学术前沿动态，转化为课堂教学资源，增强课堂教学的知识广度、深度和前瞻性，全面提升课堂教学质量；完善制度和条件保障，鼓励教师指导学生开展课外创新实践活动，对于参与学生课外辅导热情高、成果显著的教师，要结合教师荣誉体系的建立进行表彰。三是把产教融合培养作为重要路径，推动人才培养供给侧改革。以国家战略与社会发展需求为服务面向，创新产学研协同育人机制，与企业联合建设大学生创新创业平台、制定培养方案、设立人才培养专项计划，既突出与学校人才培养主导体系的相辅兼容，又坚持特色培养，提升学生融入社会能力和创新创业能力，培养交叉融合、一专多能型人才。四是建设融合互动的长效机制。加强顶层设计和统筹谋划，确保教育教学与科学研究目标一致、举措共振、平台共享；完善配套机制，整合校内外优势资源，加强与校外行业企业深度合作，深化校校、校企、校地协同育人；将"科研育人"理念贯穿始终，营造尊重学术成就、尊师重教的氛围，引导师生树立正确的政治方向、价值取向、学术导向，培养师生至诚报国的理想追求、敢为人先的科学精神、开拓创新的进取意识和严谨求实的科研作风。

增进组织认同，建立高水平的管理服务体系

习近平总书记强调，"办好我们的高校，必须坚持以马克思主义为指导，全面贯彻党的教育方针"，并具体提出了"四个坚持不懈"的方法论指导。其中，他专门提出，"要坚持不懈培育优良校风和学风，使高校发展做到治理有方、管理到位、风清气正"。一流管理是建设世界一流大学的应有之义，是学校推进科学决策、保证有序运转的需要。

建设高水平的管理服务体系，除了硬件条件保障外，还应对标世界一流大学已有的成熟管理服务标准，努力提升管理效能，更好地服务师生的学习工作和成长发展需要。一是聚焦中心工作，深化学校管理服务体制机制改革。立足"双一流"建设需要，围绕人才培养中心工作，以人才培养改革带动学校管理体制机制改革和资源配置改革，不断解放思想，优化管理体系，注重管理能力再造，形成现代化高效率的管理服务体系。积极构建系统完备、科学规范、运行高效的运行机制，坚持"小机关、大服务"推进机构改革，确保学校管理服务体系更好地服务中心工作、服务师生，促进执行力提升，推进大学治理体系和治理能力现代化。二是聚焦服务师生，不断提升保障教师学生创新学习活动的水平能力。要树立师生为本的意识，

为师生营造良好环境、及时响应师生合理诉求。把握学业、就业、心理、资助和日常事务服务等基本点，开展专业化的规划设计，增强优质服务资源供给质量；面向师生在学习工作中的实际需求，做好"一站式"服务，加强信息化手段和大数据运用，不断优化服务体验，提升服务效率。三是聚焦提升执行力，崇尚一切工作抓落实的文化氛围，进一步深化高效运行机制。将科学管理的思想引入到管理体系建设中，推进扁平化管理，强化块状管理，打破条状约束，减少管理服务环节的冗余环节和层次，提高管理服务质量和效率。四是聚焦长效机制，不断深化机关作风建设。围绕营造一流文化环境、构建科学治理体系、推进管理体制和运行机制改革创新、打造过硬素质干部队伍等重要方面，进一步建立健全深化作风建设长效机制，提升师生的满意度和获得感。

汇聚全员合力，建立高水平的思想政治工作体系

习近平总书记在全国教育大会上指出，思想政治工作是学校各项工作的生命线。习近平总书记反复就学校思想政治工作做出重要指示，表明了党中央在新时代从党和国家生死存亡的战略高度出发，在"培养人"这一根本问题上的极大的忧患意识。高校思想政治工作不是可有可无的，绝不是可管可不管的，这一共识越来越深入人心。

建设高水平的思想政治工作体系，就要从坚持和加强党的领导出发，把立德树人作为检验学校一切工作的根本标准，建立健全全员全过程全方位育人体系。一是深化"大思政"工作格局，系统完善"十育人"工作体系。实施思想政治工作质量提升工程，开展"三全育人"综合改革试点，全面统筹办学治校各领域、教育教学各环节、人才培养各方面的育人资源和育人力量，在课程育人、科研育人、实践育人、文化育人、心理育人、资助育人、网络育人、管理育人、服务育人、组织育人各个方面梳理育人要素，明确育人责任，进行路径设计，一体化系统构建十育人工作体系，促进德智体美劳全面培养，帮助青年学生全面提升素质，全面成长成才。二是强化"细耕作"工作创新，促进思想政治工作由入眼入耳向入脑入心转变。把理想信念教育作为重中之重，着力打造"互联网＋思政"新模式，建强网络学习阵地，增强思想政治教育感召力和实效性。加强青年学生群体和青年教师群体的特征研判分析，把握师生思想特点和发展需求，优化内容供给、改进工作方法、创新工作载体，激活高校思想政治工作内生动力，不断提高师生

的获得感。将解决思想问题与解决实际问题结合起来，把思想政治工作落到实处、做在日常、做到个人。三是坚持"重融入"拓展路径，加强思想政治工作与学校各领域工作的融合贯通。将思想政治工作融入课堂教学、融入课外实践、融入日常教育引导、融入校史校情教育，贯穿教育教学管理服务各方面、全过程。四是推进"长效度"队伍建设，着力提升教师教书育人能力。要建立教师思想政治工作室，积极强化教师思想引领，特别是青年教师、海归教师思想引领，探索教师理论学习全覆盖、实效性和长效机制建设，带动教师教书育人和自我修养相结合，更好地担负起学生健康成长指导者和引路人的责任。要整体推进高校思想政治工作队伍建设，建设学术导师、学育导师、德育导师、朋辈导师、通识导师以及校外导师等六类人员的"三全导师"队伍，加强专业化的教育培训和锻炼，提升整体战斗力。

（赵长禄：北京理工大学党委书记；原刊载于《中国高等教育》2019年第3/4期）

高校党委把握思想政治工作主导权的认识与实践

赵长禄

习近平总书记在全国高校思想政治工作会议上的重要讲话，结合高等教育发展规律和我国高校实际，深刻阐明了中国特色社会主义高校的历史方位和职责使命，明确回答了事关我国高等教育事业发展和高校思想政治工作的一系列重大问题，为如何"培养人"和"办大学"提供了重要遵循和方法论指导。办好我国高等教育，办出中国特色世界一流大学，必须坚持党的领导，牢牢掌握党对高校思想政治工作的主导权。

强化党组织主责主业是把握主导权的重要工作基础

打铁还需自身硬。高校党委要把握思想政治工作的主导权，根本在于抓好高校党组织自身建设，建强党的工作阵地。高校党委对学校工作实行全面领导，党的基层组织是党的全部工作和战斗力的基础，要在学校党委的领导下，强化落实主责主业，加强自身建设，发挥好基础地位和功能作用，通过打造"一个组织一座堡垒、一个党员一面旗帜"，努力实现学校党组织上下联动、协同发力。

一是要着力强化高校党委管党治党、办学治校主体责任。牢固树立"四个意识"，与以习近平同志为核心的党中央保持高度一致；全面贯彻落实党的教育方针，保证高校正确办学方向，保证高校始终成为培养社会主义事业建设者和接班人的坚强阵地。坚定不移地贯彻落实党委领导下的校长负责制，确保高校党委在把方向、管大局、作决策、保落实方面充分发挥作用；切实把握"集体领导、党政合作、科学决策"三个关键点，不断加强高校党委班子建设，增强班子思想政治素质和办学治校能力；坚持领导班子成员自觉履行"一岗双责"，严格规范"三重一大"事项的决策程序，建设政治坚定、作风过硬、清正廉洁、师生信赖的领导集体。重

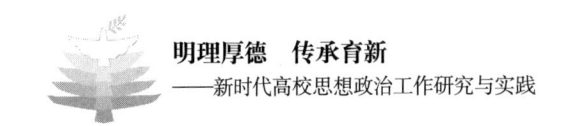

点推进高校党的思想建设、制度建设、组织建设、作风建设和反腐倡廉建设，全面提升高校党建科学化水平。书记、校长还要坚守意识形态工作第一线，以第一责任人的担当，守土有责、守土负责、守土尽责。

二是要着力强化各级党委领导责任，层层抓好部署落实。进一步强化对基层党组织的领导、指导和督导。围绕把关定向、统筹指导、建强班子，在各基层党组织全面深入贯彻落实好党对高校的政治领导、思想领导各项工作，选优配强二级党组织书记。各级基层党组织对本单位基层党建负总责，党组织书记是第一责任人，分管领导是直接责任人，领导班子其他成员要根据分工抓好职责范围内的基层党建工作，主动支持基层党建工作。坚持抓好主责主业，把基层党建工作和中心工作同谋划、同部署、同考核，坚持做到"两手抓""两促进"。重点强化基层党支部建设，充分发挥党支部在组织教育管理党员和宣传引导凝聚师生方面的主体作用，使高校基层党支部成为团结师生的核心、教育党员的学校、攻坚克难的堡垒。

三是要从严要求，把思想政治工作落到实处。善抓思想政治工作是中国共产党的一大政治优势和优良传统。对我国高校而言，思想政治工作更不是可有可无的，绝不是可管可不管的。当前，在高校教育管理工作中，个别干部、个别教师重业务工作、轻思想政治工作，重行政要求、轻思想感化，对于学校思想政治工作的要求部署应付、敷衍甚至是漠视。历史和现实一再告诉我们，时代越是发展、思想越是多元，思想政治工作就越是不能放松。针对学校各级党组织在发挥作用方面不平衡的问题，必须通过全面从严治党，提高贯彻党的教育方针的自觉性和坚定性；站在党规党纪、党风党性的原则立场上，对各级党组织和党员干部从严要求、从严管理，做到有责必问、有责必查、有责必究，以全面从严治党带动学校各级党组织思想政治工作的有效开展。

完善"大思政"格局是实施主导权的有效工作机制

全国高校思想政治工作会议的召开，标志着我国"大思政"工作定位和工作格局的进一步确立。做好高校思想政治工作，不单单是高校党务部门或者思想政治理论课教师的职责，也是高校各个部门、所有高校教师和管理人员的共同责任，是教书育人的要求所在。学校党委要站在全局和战略高度，加强对思想政治工作的领导，形成党委主导、齐抓共管的"大思政"工作格局，健全全员、全过程、全方位育人的有效工作机制。

一是要从工作组织层面着手构建工作运行格局。健全工作机制，首先要形成党委统一领导、党政工团齐抓共管，党委宣传部牵头协调，马克思主义学院和其他部门、学院共同组织参与的"大思政"工作格局。牢固树立全员意识，将思想政治工作融入各部门、各单位业务工作之中。在实施层面，强调党委统一部署下的分工协调、各负其责，实现工作到位、人员齐整、运作协同、各尽职责、齐抓共育，保证思想政治工作的全员性，建立思想政治工作的有效运行机制。

二是要从教育方式着手构建工作内容格局。健全工作机制，要统筹思政课第一课堂和思政教育工作，统筹课堂理论教学和课外社会实践，统筹校内外丰富的教育平台，扎实推进思想政治工作。发挥好课堂主阵地、主渠道作用，以思政课教学为牵引整体推进思政教育体系建设；在组织形式上，统筹课堂理论教学和课外社会实践；在教育内容上，注重理论联系实际，既把握理论体系，又注重文化传承、模范事例教育感染，将本单位优秀传统与文化特色动态融入思想政治教育工作当中。如北京理工大学1940年诞生于革命圣地延安，学校作为新中国第一所国防工业院校，延安精神、军工文化是学校思想政治工作难得的资源。学校遵循延安精神和军工文化的历史根脉，将"延安根、军工魂"的价值诉求融入思政课程、教育管理服务、社会实践等思想政治工作全过程，形成特色。把学校发展中的先进模范典型、重要历史发展成就动态融入课堂，融入教师培训内容，让师生在了解学校事业发展中理解党和国家事业的成就，让师生在了解先进典型的过程中坚定理想信念，坚定发展自信。

三是要从教育对象着手构建工作队伍格局。健全工作机制，要面向学生、教师、干部队伍，建立全员开展立德树人工作、全员接受思想政治教育的格局。如北京理工大学结合学校实际，统筹教师发展中心与党校培训内容，在教师培训、党校培训过程中，加强青年教师和干部队伍的教育。重视青年教师特别是海归教师的思想教育引导，组织开展青年教师社会实践活动，在教师入职培训中专题开展中国特色社会主义理论和校史校情教育。着力加强师德师风建设，通过组织好教师思想理论学习、加强校史校情教育培训等方式让教育者先受教育，促进教师坚持教书和育人相统一，坚持言传和身教相统一，坚持潜心问道和关注社会相统一，坚持学术自由和学术规范相统一，更好担起学生健康成长指导者和引路人的责任。

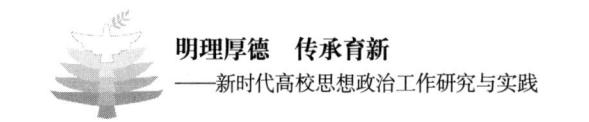

聚焦全过程重点环节是落实主导权的关键工作抓手

把思想政治工作贯穿教育教学全过程，就要围绕立德树人这个中心环节，以学生、青年教师的成长成才为中心开展深入细致的工作。具体体现为，思想政治工作要把握全过程的关键环节，占领工作阵地。要聚焦课程育人环节、实践育人环节、网络育人环节和管理服务育人环节重点发力。

一是要把握理想信念教育这一"总开关"。持续深化习近平总书记系列重要讲话精神学习宣传，加强中国特色社会主义和"中国梦"宣传教育，突出宣传好党中央治国理政新理念新思想新战略，引导全校师生增强"四个自信"。深入推进社会主义核心价值观建设，以爱国主义教育为主线，强化立德树人。建立培育社会主义核心价值观的工作体系、品牌项目和考评机制。加强融入结合，将培育社会主义核心价值观贯穿办学育人全过程。加快推进网络思想政治教育工作，树立网络引领优秀品牌项目，建立理想信念教育的红色网络阵地。

二是要占领课堂教学这一"主渠道"。着力将党中央治国理政新理念新思想新战略（"三新"）有效融入大学生思政教育过程。紧紧围绕坚持和发展中国特色社会主义这条主线，在增强"四个意识"和"四个自信"上下功夫，将中国特色社会主义理论体系、党的理论创新最新成果切实转化为思政课教师的话语体系，把握好"三新""进教材、进课堂、进头脑"的核心内涵和要求，使思政课内容和方法从空中回到地上、从文本进入学生心中。如北京理工大学创新"课内与课外互通、线上与线下互联、现实与虚拟互补"的教学模式，VR技术应用于教学的改革创新成果获多家主流媒体关注。

三是要用好社会实践这一"大舞台"。北京理工大学始终牢记人才培养这一根本任务，给大学生社会实践装上提升人才培养质量的"准星"，抓住思想引领、知识积累和服务社会构建体系，通过"三点一线"精准定位发挥好社会实践这个"大舞台"的育人功能。在社会实践中开展大学生的理想信念教育，用核心价值塑造精神高地，发挥好思想引领功能；组织青年学生走进生产企业一线，提升专业技能，在社会实践中理解如何把论文写在祖国大地上，发挥好知识拓展功能；动员青年学生深入国家和社会最需要的地方，在社会实践中推动大学生身体力行，增强社会责任感，发挥作用，服务社会。

坚持守正创新是发挥主导权的必然要求

习近平总书记强调,"做好高校思想政治工作,要因事而化、因时而进、因势而新。"面对价值多元、思想多变、传播方式多样的时代变化,高校思想政治工作不可能一成不变。要努力探索出一套适应新形势的新方式、新方法、新手段和新机制,不断提高思想政治工作的感召力和影响力。

一是要强化思想政治教育理念创新。高校思想政治教育的理念主要是指在思想政治教育过程中所体现出来的意义、内容、方法等的观念的总和。传统意义上讲,高校思想政治教育过程一般是灌输式的"教"与"被教"的过程,追求的目标通常是使大学生成为特定思想、政治或道德观点的载体,在思想政治教育过程中大学生通常扮演未知者的角色,而教师总是"知者"的角色。随着时代的发展,这些传统的理念受到了大学生主体意识、成长意识的极大挑战,思想政治教育的效果大打折扣。当前,高校思想政治教育要秉承开放、平等、互动和发展的理念开展工作,高校各个部门、全校教职员工都既是思想政治工作的对象,又是思想政治工作的实施者。要围绕学生、关照学生、服务学生,在教育中形成师生的平等有效互动,带动大学生的主动积极参与,满足大学生的成长发展需求,在和谐宽松的环境中通过多种方式、平台和渠道将党的意志、党的主张、党的思想有效传播开来。

二是要强化思想政治教育内容创新。高校思想政治教育内容体系是丰富的、科学的、系统的,更是时代的。国际形势的发展变化与国内社会的深刻变革提出了思想政治教育时代性的要求。因而,高校思想政治教育内容在确保正确政治方向的前提下要不断丰富和创新。教育引导学生正确认识世界和中国发展大势,从世界发展与民族复兴的"大势"中把握思想政治教育的内容,唤起大学生的"中国梦"和"四个自信"。结合高校特点,在课堂教学、科学研究中开展对大学生的思想感召和价值引领,引导学生"求真""求实""向上""向善",培育学生的优良品德、学术道德和健全人格。加强对世界范围内重大热点问题的理论剖析和解读,及时回应、有效解答大学生的理论困惑,激发大学生的历史使命感和时代责任感。

三是要强化思想政治教育方式方法创新。近年来,北京理工大学思想政治理论课教学建立了"课内与课外互通、线上与线下互联、现实与虚拟互补"的教学模式,VR技术应用于思政课教学取得了生动的效果。当前,以新媒体为代表的网

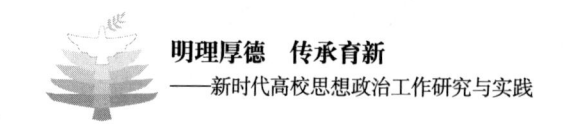

络信息技术给高校思想政治工作带来了诸多机遇；微博、微信等新媒体成为大学生学习、交流、认知的重要途径。开展好网络和新媒体思想政治教育成为完成高校思想政治教育方法手段创新的重要途径。同时，继续开展好扎实有效的管理育人、实践育人、服务育人，将思想政治工作融入学校教学管理和服务的全方位、全过程，也将是增强高校思想政治教育实效的必由之路。

（赵长禄：北京理工大学党委书记；原刊载于《中国高等教育》2017年第8期）

突出政治建设，
对标国家事业发展育新人

赵长禄

北京理工大学紧紧围绕深入学习贯彻习近平新时代中国特色社会主义思想这一主线，对照党中央对高校开展主题教育提出的明确要求，坚持把开展主题教育与推进"两学一做"学习教育常态化制度化相结合，与不断加强党对学校的全面领导、加强和改进学校党的建设相结合，与强化问题导向、直面学校改革发展形势任务相结合，与加快推进"双一流"建设、激发学校事业发展新动能相结合，把深入开展主题教育的过程有效转化为推动一流大学事业发展的过程。

坚持思想建党、理论强党，深入学习贯彻习近平新时代中国特色社会主义思想

开展这次主题教育，根本任务是深入学习贯彻习近平新时代中国特色社会主义思想，锤炼忠诚干净担当的政治品格，团结带领全国各族人民为实现伟大梦想共同奋斗。作为中国共产党创办的第一所理工科大学，学校从延安创校至今，一直重视对干部师生开展政治思想教育，特别注重引导教师用马克思主义哲学、自然辩证法指导教学科研工作，不断提高运用马克思主义立场、观点、方法分析和解决实际问题的能力。

抓好"关键少数"思想理论武装。校党委班子以上率下、示范带动，把习近平新时代中国特色社会主义思想作为重中之重，组织处级以上干部队伍原原本本学、集中研讨学、融会贯通学，努力使每次学习都有新思考新理解新收获。

加强学习方法手段创新。学好用好"学习强国"平台，开发学校理论网，构建以"微党课""微故事""微心声""微团队""微阵地"为体系的"五微一体"

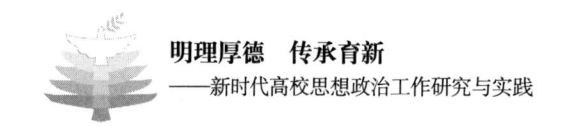

思想理论学习新模式。建立一批示范性"教师思政工作室",推动教师理论学习全覆盖。紧抓重大契机,在组织师生深度参与新中国成立70周年庆祝活动时深化对习近平新时代中国特色社会主义思想的理解认识。

强化主题教育成果转化。推动校院两级领导班子将学习思考与调查研究协同推进,在学习调研基础上结合岗位实际和学习收获讲授专题党课,作专题专项整改,加强学习成果交流运用,将学习成效体现在增强党性、提升能力、改进作风上。

紧扣立德树人根本任务,在为党育人、为国育才的崇高事业中守初心、担使命

高校的立身之本在于立德树人。高校开展"不忘初心、牢记使命"主题教育要高度聚焦培养人这一教育的首要问题和立德树人这一教育的根本任务来推进。在主题教育中,学校回望自延安以来党创办中国新型高等教育的基本经验,以及不同历史时期的办学实践,对照新时代党对高等教育的要求,进一步统一思想、凝聚共识、查找不足、补齐短板,不断完善高水平人才培养体系。

立足全面提高人才培养能力这一核心点,建立健全"价值塑造、知识养成、实践能力"三位一体的人才培养模式和体制机制。深入推进书院制改革,强化大类招生、大类培养、大类管理。探索建立一体化育人体系,深化全员全过程全方位育人格局,进一步构建德智体美劳全面培养的教育体系,形成更高水平的人才培养体系。

强化对青年学生的政治引领、价值引领。发挥思政课立德树人关键课程作用,坚持思政课程与课程思政同步推进,建强课堂主渠道主阵地。传承和弘扬"延安根、军工魂"红色基因,把"延安精神""军工文化"等丰富的红色教育资源作为育人的生动教材,通过广泛开展主题教育活动,营造探寻延安根、铸牢军工魂、砥砺报国志、争做时代新人的良好氛围。

加强教师思想政治工作和教师队伍建设。把提高教师思想政治素质摆在重要位置,建立教育、宣传、考核、监督与奖惩相结合的师德建设长效机制,打造政治素质过硬、业务能力精湛、育人水平高超的高素质教师队伍,带动教师做塑造学生品德品行品位的"大先生"。

突出党的政治建设根本要求，在建设中国特色世界一流大学的伟大实践中找差距、抓落实

加强党对教育工作的全面领导，是办好教育的根本保证。总结北京理工大学79年办学实践，学校办学育人事业发展之所以能永葆生机活力，关键就在于始终坚持和加强党的全面领导，把党在高校的组织优势不断转化为办学优势。

在扎实推进主题教育的过程中，学校坚持把政治建设摆在首位，始终从政治高度看待和推进学校事业发展，以建设中国特色世界一流大学实际行动来践行立德树人根本任务。

旗帜鲜明讲政治，为"双一流"建设把牢政治方向。建立落实党中央决策部署和上级工作要求快速响应、扎实部署、督查问责工作机制，党委常委会第一时间学习传达习近平总书记重要讲话精神和党中央重大战略决策部署，同步研究安排落实；党委理论学习中心组第一时间组织专题学习研讨，同步推动学习贯彻往深里走、往心里走、往实里走；相关分管校领导和有关部门第一时间对标对表，同步将中央精神和上级要求贯彻融入学校具体工作中。构建起学校党委、院系党组织、基层党支部、党员"四位一体"的组织体系，将党的领导贯穿大学治理体系和治理能力现代化全过程，确保党的全面领导体现在办学治校各领域、教育教学各环节、人才培养各方面。

锻造忠诚干净担当的高素质干部队伍。教育引导党员领导干部切实提高自我革命精神和自我完善能力，保持只争朝夕、奋发有为的奋斗姿态和越是艰险越向前的斗争精神，不仅做到"勇担重任、敢担重任"，而且做到"能担重任、担好重任"。

对标党和国家事业发展需求，服务国家工业化、信息化和国防现代化。优化学科布局，做强优势工科平台，打造理工交叉融合平台，培育人文创新基地。积极参与"一带一路"倡议、"京津冀协同发展""粤港澳大湾区建设"等国家战略，以高水平的创新成果和高素质的创新人才服务国防事业发展和国家现代化建设，努力书写出建设中国特色世界一流大学的时代新篇章。

（赵长禄：北京理工大学党委书记；原刊载于《光明日报》2019年11月5日05版）

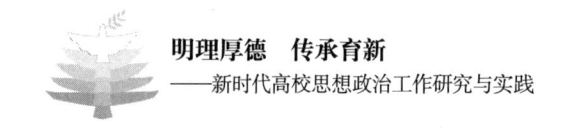

论如何善用"大思政课"

赵长禄

思政课是落实立德树人根本任务的关键课程。教育引导青年学生树立正确的世界观、人生观、价值观,把实现个人价值同党和国家前途命运紧紧联系在一起,确保我们培养的人能够很好地投身"两个一百年"伟业,是高校思政课在新时代肩负的新的历史责任。

如何让青年学生真学真懂真信真用,发挥好思政课铸魂育人的特殊功能?2021年,习近平总书记提出了"'大思政课'我们要善用之"这一重要论断。

笔者认为,"大思政课"既指传统意义上的思政课应进一步开拓课程视野、创新课堂形式,形成对传统思政课的升级改造,又提供了一种全新的思政课堂新形态,倡导思政课要走出教室、走向国情社情一线,在关照现实中阐释真理的力量。"大思政课"理念充分尊重教育规律、思想政治工作规律、学生成长规律,为我们推进思政课改革创新、提升思政课教育教学的针对性和感染力提供了重要启发。

"大思政课"建设要与时代同向,融入大格局,拓展大视野。"大思政课"之"大",首先在于课堂着眼的视野之大、格局之大。习近平总书记指出,"思政课不仅应该在课堂上讲,也应该在社会生活中来讲"。因此,高校"大思政课"建设强调要把课堂教学视野拓展开来,把正在发生的鲜活时代故事、正在进行的伟大时代变革及时呈现到课堂教学中,引导青年形成正确的社会观察和价值选择。当前形势下,"大思政课"建设要首先立足"两个大局",从历史长河、时代大潮、全球风云中研析机理、探究规律,既要向学生讲清世界百年未有之大变局的不确定性,又要讲透中华民族伟大复兴历史进程的不可逆转性,帮助青年学生强化"四个正确认识",坚定"四个自信",深刻理解"两个确立"的决定性意义,做到"两个维护"。尤其要深度对接中国特色社会主义进入新时代的伟大实践,讲好党的十八大以来以习近平同志为核心的党中央统揽伟大斗争、伟大工程、伟大事业、伟大梦想,推动党和国家事业取得历史性成就、发生历史性变革的实干与担当,带领青年学生从当下经历中深刻领悟坚持中国共产党领导的历史必然性、马克思主义及其中国化创新理论的真理性、中国特色社会主义道路的正确性。

"大思政课"建设要与真理同行,讲出大学问,阐释大道理。"大思政课"理念突破了传统思政课堂的局限,内容上更具即时性,形式上更具开放性、多样性,扩展了思政课的内涵和外延。无论"大思政课"在组织形式上如何创新,思政课的本质属性决定了它为学生成长奠定科学思想基础的使命任务是一以贯之的,教育教学的科学内容体系是高度聚焦的。因此,高校"大思政课"建设既要面向宽广的时代视野,又要扎根深厚的理论意蕴、历史意蕴,以透彻的学理分析解析时代,以彻底的思想理论诠释规律,回应和解答学生思想困惑。要把教育引导学生学会用马克思主义基本立场观点方法认识和改造世界作为"大思政课"建设的中心环节,注重在"大思政课"课堂教学中适当增加学理分析环节,避免大思政课堂成为简单的时政课堂。同时,在"两个一百年"奋斗目标历史交汇的关键节点,"大思政课"建设一方面要体现历史纵深感,着力推进以党史为重点的"四史"教育,深刻阐释党的百年奋斗重大成就和历史经验;另一方面要把用习近平新时代中国特色社会主义思想培根铸魂作为重中之重,带领青年学生理解和把握习近平新时代中国特色社会主义思想蕴含的理论逻辑、历史逻辑和实践逻辑,从而教育引导学生深刻领悟中国共产党为什么"能"、马克思主义为什么"行"、中国特色社会主义为什么"好"。

"大思政课"建设要与实践同步,培育大情怀,砥砺大担当。实践教学是连接思政小课堂和社会大课堂的重要抓手,是开展体验式、参与式、浸润式思政课教学的重要形式,对促进知情意信行相统一有重要意义。因此,高校"大思政课"建设要注重走出教室、走向社会,通过对实践课堂的科学设计,带领青年学生悟透"有字之书"、融通"无字之书",在亲历感知、实践锤炼中厚植情感情怀,激发使命责任担当。要强化知识教育与思想政治教育的贯通融合,充分考虑高校学生的学科专业实际,围绕学生的核心素养培养要求,结合学生实习实践学习环节,在相关行业领域、企事业单位和有关机构建立"大思政课"教育教学基地,推动已有教学实践环节转型升级、提质增效,将有组织的专业实习实践教育升成学生综合素养教育的大思政课。要注重紧抓重大历史时点、重要契机,用好重大任务、庆典活动等"大思政课";注重在革命老区、贫困地区、乡村社区,在相应学科专业主要面向的行业发展中,在平凡的岗位领域设计有针对性的"大思政课",组织青年学生以力所能及的方式参与到人民群众生产生活中,上好思政大课、人生大课、劳动大课,鼓励启发青年学生树立奉献祖国、服务人民、造福人类的大爱、大德、

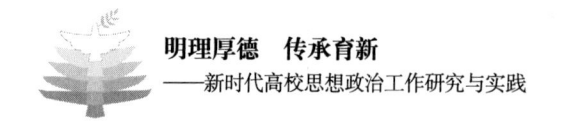

大情怀、大担当。

近年来，北京理工大学党委贯彻落实习近平总书记在学校思想政治理论课教师座谈会上的重要讲话精神，以及关于"大思政课"理念的重要论述，基于对"大思政课"建设的时代性、学理性、实践性的深层次认识，从校级层面加强资源力量统筹，构建"大思政课"建设的全员全过程全方位育人格局；结合办学优势和特色，密切协同相关行业和地方资源，充分把握重大时机，探索建立了一批"大思政课"育人平台和阵地；将人工智能、大数据等技术手段应用于"大思政课"建设，获批首批全国高校思政课虚拟仿真体验教学中心，致力于提升教育感染力和吸引力，力争让学生在校期间都要上好一门有情感、有品质、有温度的"大思政课"。

比如，根据自身学科专业特点，在军工企业、科研院所等建立校外实习实践基地300余个，在实习实践要求中明确教育教学思政点，同步推进专业训练和意志品质锤炼；组织学生团队踊跃参加新中国成立70周年、建党100周年、北京冬奥会等重大任务的志愿服务和技术保障，有组织、有计划地融入思想政治教育内容，打造参与式、沉浸式思政大课；组织学生赴山西省方山县定点帮扶，开展专业实践、社会实践、青年马克思主义者培养锻炼，在脱贫攻坚一线打造行走的大思政课堂。历史与现实、理论与实践、个人价值与社会价值交相辉映，"大思政课"教育价值不断凸显。

（赵长禄：北京理工大学党委书记；原刊载于《中国青年报》2022年3月22日09版）

建构中国特色世界一流大学人才培养新范式

张 军

习近平总书记指出:"马克思主义哲学深刻揭示了客观世界特别是人类社会发展一般规律,在当今时代依然有着强大生命力,依然是指导我们共产党人前进的强大思想武器。"当前,在我国高等教育内涵发展、质量提升、改革攻坚的关键时期,高校要善于运用马克思主义哲学这一强大思想武器分析和认识改革发展面临的现实任务,准确把握高等教育规律、人才成长规律,更好地立足教育本质、面向工作实际,系统解决好培养什么人、怎样培养人、为谁培养人这一根本问题。

一流人才培养的马克思主义哲学审视

高校立身之本在于立德树人,只有培养出一流人才的高校,才能够成为世界一流大学。适应新形势新任务,扎根中国大地建设中国特色世界一流大学,要从马克思主义哲学视角对一流人才培养进行审视,让高等教育更好地"回归常识、回归本分、回归初心、回归梦想"。

系统思维下对高校人才培养的认识。系统思维是在确认事物普遍联系的基础上,具体揭示对象的系统存在、系统关系及其规律的观点和方法。运用系统思维分析和认识问题,要坚持统筹兼顾的方法。习近平总书记指出:"坚持把优先发展教育事业作为推动党和国家各项事业发展的重要先手棋,不断使教育同党和国家事业发展要求相适应、同人民群众期待相契合、同我国综合国力和国际地位相匹配。"这一重要论述充分肯定了教育事业的地位作用,凸显了高校一流人才培养的重要性。在系统思维下培养一流人才,一方面,要对标中央要求,构建德智体美劳全面培养的教育体系,把立德树人融入教育教学各方面、全过程;另一方面,要统筹本硕博不同学历层次群体,既把握特殊属性、特殊规律,又注重做好顶层设计,

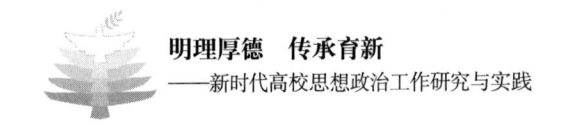

强化一流人才培养的系统设计、贯通思考。

人本思维下对高等教育本质属性的把握。马克思主义人本思维主要表现在始终坚持以人为本，强调实现"人的自由全面发展"。以学生成长为本、为学生成长成才服务，是教育领域坚持马克思主义人本思维的重要体现。就高校人才培养而言，人本思维一方面体现为对本科教育的精准定位，即坚持"以本为本"，坚持人才培养为本、本科教育是根，把本科教育放在人才培养的核心地位、教育教学的基础地位、新时代教育发展的前沿地位，加大本科人才培养的投入、支持和保障力度；另一方面体现为牢牢坚持以学生为中心的理念，在拔节育穗的关键时期，强化思想引领、打好思想底色，帮助学生扣好人生第一粒扣子，促进学生有价值地成长，同时围绕学生、关照学生、服务学生，推进供给侧改革，进行全方位、全链条设计，强化内容供给、队伍支持、政策保障、环境熏育，营造一流的育人生态。

矛盾思维下对办学育人能力的解读。矛盾是事物发展的根本动力。运用矛盾思维研究和解决问题，根本在于把握矛盾的普遍性和特殊性、共性和个性的关系，做到具体问题具体分析。《习近平新时代中国特色社会主义思想学习纲要》指出，辩证思维能力，就是承认矛盾、分析矛盾、解决矛盾，善于抓住关键、找准重点、洞察事物发展规律的能力。当前，中国特色世界一流大学建设进入攻坚期、深水区，从规模扩张、质量提升到内涵式发展，推动一流大学建设"高位突围"，要在系统思维、人本思维的基础上坚持矛盾思维，正视问题不足、精准发力突破。一方面，要把握主要矛盾，即一流人才培养的目标与现行人才培养体系之间存在不平衡。因此，要坚持中国特色、树立世界眼光，在借鉴、融合、吸收的基础上推进创新发展，构建更高水平的人才培养体系。另一方面，要把握矛盾的主要方面，深刻查找现有人才培养模式中需要解决的问题，比如，在观念认识上，"以本为本"不牢；在教学模式上，博专结合、课堂革命不深入不彻底等。因此，要进一步深化以人才培养改革为牵引的高校综合改革。

全球思维下对世界高等教育发展的分析。马克思主义的全球思维表现在着眼世界范围内不同国家和地区的普遍联系、相互作用来分析认识问题。习近平总书记指出"交流互鉴是文明发展的本质要求"，并高瞻远瞩地面向势不可挡的全球化大潮提出了构建人类命运共同体的观点。开放发展一直是中国高等教育坚持的一项重要原则。做好新形势下人才培养工作，一方面，要积极融入世界，加快和扩大新时代教育对外开放，参与国际竞争，培养具有全球视野的国际化人才。另一方面，要致力于引领世界，培养学生的世界眼光、中国情怀，培养引领未来的领军领导人才，为世界科技发展和人类文明进步作贡献。

当前高校一流人才培养存在的问题

高等教育所处的内外部环境在变化，大学生的代际特征在变化，教育生态及教育的载体、平台、手段在变化，导致高等教育在实现内涵式发展过程中不可避免地出现一些问题，这些问题直接体现在一流人才培养体系中。

观念层面，崇教尚学的氛围不够浓厚。从教师主体来看，健康的教育教学文化尚未完全形成。重科研、轻教学的现象仍然不同程度地存在，教师高质量开展教学的主动性不足，在教学设计、教学改革、教学发展三个方面，没有落实好以学生为中心的理念，不能很好地激发学生的学习动力。从学生主体来看，学生学习的使命感责任感有待增强，学生关注个人发展、经济收益等现实问题多，对国家发展、人类命运关注比较少，高等教育立大志、树大德、启大智的作用发挥不够。

理念层面，教育理念与一流人才培养的目标还有不适应的地方。面对扑面而来、汹涌澎湃的新一轮世界范围的科技革命和产业变革，一些高校仍然因循守旧，办学治校的理念思路跟不上时代的步伐，模式和方法创新不够，内容更新不及时，滞后于时代变革。一流教育应当把促进学生有价值地成长作为重要使命，建立以学生为中心的教育教学文化，推动形成卓越的教学制度和教学行为。然而在一流大学建设中，我们还存在认识与行动不一致的问题。此外，我们对"教"与"学"规律的认识和把握还有待深化。现行的评学评教机制还没有让教师真正体会到来自"学"的压力和挑战，师生"教"与"学"的互动互促不足。

实施层面，教学改革有待进一步深化。一方面，人才培养模式和机制的改革有待进一步深化。当下，高校德育、智育、体育、美育、劳育协同不够，博专结合的博雅化、高质量全人教育还需探索。另一方面，教育教学资源供给有待进一步加强。当下，高校教育教学还存在以下问题：课程体系"碎"，基础课、核心课、前沿交叉课的体系化设计不够，核心课程群建设相对滞后；教学模式"旧"，探究式、启发式、互动式方法运用不够多，教学效果有待提升；创新创业教育"窄"，与专业教育结合不够紧密，未能全方位、深层次融入人才培养全过程。

马克思主义哲学视角下一流人才培养的关键着力点

面对世界百年未有之大变局，面对建设教育强国的时代使命，面对学生思维方式深刻重构的现实，一流大学要从教育的本质出发，以系统思维找差距、以人本思维找初心、以开放思维找路径，努力打造更高水平的人才培养体系。

聚焦立志立德，引导价值追求。从系统思维来理解，立志立德缘于高等教育在党和国家建设发展中的特殊重要地位和作用；从人本思维来理解，立志立德能够解决部分学生使命感责任感不强的问题，引导学生培养积极的志趣，坚定正确的价值选择和人生追求，把实现个人价值与国家、社会、人类发展紧密联系起来。因此，一流人才培养要把立志立德作为首要任务。立志立德重在把握责任使命、领袖精神、领导素质、大家风范四个关键要素。首先，要找准当代青年成长发展的新时代坐标定位，从青年"是国家的、也是世界的"视角来认识和把握当代大学生所肩负的时代责任和历史使命，面向国家战略、人类福祉，引导青年树立家国情怀和人类关怀，激励青年学生为建设社会主义现代化强国、为推动全球治理体系变革贡献力量。其次，要进一步强化卓越意识和目标驱动，从领军领导人才目标要求出发，培养青年学生应对人类未来重大挑战的领袖精神，思辨批判、交流合作的领导素质，鼓励青年响应时代召唤，到国家和经济社会发展的关键领域、急需行业中去建功立业。再次，要立足"一流中的一流"，围绕培养基础学科拔尖人才的重要目标，着重塑造青年学术骨干的大眼界、大情怀，为涵养大师品格、大家风范奠定基础。

聚焦博雅学术，培育发展潜能。大学自诞生以来，就承担着教授知识、研究学术的职能。发展到今天，现代大学功能不断拓展完善，但大学所有功能都是建立在培养具有宽厚知识基础的学生尤其是本科学生之上的。当前，全球新一轮科技革命蓄势待发，科技与经济社会发展呼唤更多高层次复合型人才，呼唤更多跨学科、跨领域、跨学校、跨国界协同创新。这客观上要求一流大学进一步丰富博雅学术的内涵，帮助学生建构"底宽顶尖"的金字塔型知识结构。因此，新时代一流大学要聚焦博雅学术，打好知识基础，全力打造一流"教"与"学"的统一体。博雅学术重在把握博专相济、课程体系、前沿创新、探索实践四个关键要素。首先，要对照德智体美劳全面培养的要求，深化"价值塑造、知识养成、实践能力"三位一体人才培养模式改革，一体化推进专业体系、培养模式、"双创"教育改革。其次，要围绕学生成长发展诉求，以高质量课程建设为抓手，完善博雅课程、名师课程、研究课程、前沿课程相互促进的"金课"体系，推动构建"学科专业一体、教学科研互动、同伴互助成长"的培养生态。再次，要紧跟时代发展步伐，充分借助信息技术优势，强化"教"与"学"的互动，进一步推进教学模式改革、教学手段创新，有步骤地推进名师名课上网上线，规范线上教学，打造翻转课堂，建设智联教室，并探索与之相适应的"教"与"学"新型评价激励机制，提升教育教学质量和育人实效。

聚焦优师引领，强化精准指导。当前，我国已建成世界上规模最大的高等教育体系。2019年，我国各类高等教育在学总规模达4002万人，高等教育毛入学率达到51.6%，高等教育迈入普及化阶段。在学生大量入学的同时，我们在一定程度上面临着师资队伍建设与高质量教育教学需要不相适应的问题。因此，高校要进一步深化改革攻坚，努力打造高素质专业化创新型师资队伍，以一流教师队伍支撑一流人才培养。优师引领重在把握大师领衔、名师荟萃、导学精育、深度浸润四个关键要素。首先，要以教师考核评价制度改革倒逼高素质教师队伍建设，进一步深化教师分类管理、分岗位管理，有重点地建设专任教师队伍、专职科研队伍、专业化管理队伍，促进"适合的人"在教学、科研、管理、服务各个岗位做"适合的事"，尤其要让适合教学、能教好学的教师安心从事高质量教学工作。其次，要进一步完善"教授上讲台""名师进课堂"有关制度办法，激励名师大家上讲台讲课、深入学生，提高名师大家培养学生的主动性、积极性，在教育教学一线建设大师领衔、名师荟萃的优秀专任教师队伍。再次，要深入实施导师制，搭建一流平台，强化支持保障，吸引国内外学术大师、行业精英、教学名师、高层次人才参与一流人才培养，营造教师深度关注学生的良好环境，让学生有机会在一流科研平台中接触最前沿的科学技术和思想文化，接受大师名师优师的言传身教，通过深度浸润涵养学生的求学志趣和创新潜力。

聚焦内在驱动，激发内生动力。内驱力对大学生成长发展具有特殊重要意义。当前高校人才培养存在的问题，从学生主体看，多数是内在驱动不足所致。因此，一流人才培养要尊重教育规律，尊重学生成长发展规律，激发大学生强大的内生动力。内在驱动重在把握好奇追求、坚毅自信、个性激发、环境熏育四个关键要素。首先，要落实以学生为中心的理念，以学设教、以学改教、以学促教，根据学生特点和需求推进教学供给侧改革，完善学生学习激励和约束机制，促进学生主动而有使命地学习、有兴趣地学习、有收获地学习。其次，要拓宽特长学生成长发展平台，尊重个体差异，完善主修、辅修专业灵活选择机制，完善学分制，营造宽松环境，既培养通才、全才，也培养奇才、怪才，让特长学生保持发展个性和潜力。再次，要进一步营造全方位支持学生创新创造的良好环境，着力打造"全链条、多协同、凸特色、大平台"一体化创新创业教育体系，打通"优质生源、课程培养、实践培养、社团活动、创新竞赛、产业转移、市场转化"的"双创"人才培养链条，拓展学客与创客、自主与团队、教学与科研、国内与国外、课上与课下相结合的学习创造空间。

（张军：北京理工大学校长、中国工程院院士；原刊载于《中国高等教育》2020年第15/16期）

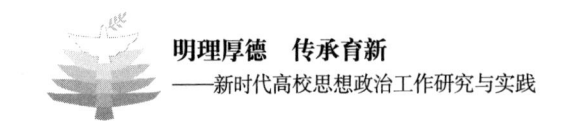

内涵发展，世界一流大学建设关键

张 军

加快建设世界一流大学，需要牢牢把握高质量内涵式发展这条主线，着力在内涵提质上下功夫。内涵式发展的显著特点是内生式、自主性，强调通过系统深化教育教学改革和完善制度设计，激发师生作为高校主体的能动性、创造力，进而实现高校自我驱动下的高质量发展。

在理念层面，要树立追求卓越的意识，以勇争世界一流的价值目标引领发展，牢记立德树人的根本使命，担当服务中华民族伟大复兴的重任，以人民为中心，扎根中国大地办世界一流大学。在制度和行动层面，要坚持高质量、精细化发展，走特色发展和创新发展之路，发扬独有的办学特色和学科特色，积极面向国家战略需求布局新方向、新面向，以改革创新为驱动力，优化大学治理结构，激发全员活力，推动精细管理，提升发展效益，进而实现高质量内涵式发展。

一流大学内涵建设是一项系统性、战略性工程，在一流目标的引领下，内涵包括了多个子系统、子目标和子要素，但其核心关键，在于育一流人才、作一流贡献、聚一流名师、树一流文化。要办中国特色社会主义标杆大学，走高质量内涵式发展道路，大学需要从政治方向、价值取向、改革导向这三个向度来谋划发展路径，抓立德树人这个根本，抓学科建设这个龙头，抓队伍建设这个关键，进而带动改革建设发展全局，实现自身内涵发展，建设中国特色的世界一流大学。

抓立德树人根本，深化教育教学改革

习近平总书记强调，高校只有抓住培养社会主义建设者和接班人这个根本任务才能办好，才能办出中国特色世界一流大学。新时代，大学坚定社会主义办学的政治方向，就体现在始终牢记为党育人、为国育才的初心使命，坚持党对教育事业的全面领导，深入落实立德树人根本任务，努力培养担当民族复兴大任的时代新人，保证高校始终成为培养社会主义事业建设者和接班人的坚强阵地。

要主动探索人才培养模式改革，奏响一流人才培养主旋律。立足于培养全面发展的高素质创新型人才，不断深化本科生教育教学改革和研究生教育综合改革，推进教学模式变革，强化研究型教学、探索式学习、自主性培养，厚植人文素质教育土壤，提质创新创业实践教育，以此激发师生教与学的内生动力，构建高质量人才培养体系。

北京理工大学作为中国共产党创办的第一所理工科大学，在育人实践中，始终传承"延安根、军工魂"红色基因和徐特立教育思想，紧紧围绕培养"胸怀壮志、明德精工、创新包容、时代担当"的领军领导人才和德智体美劳全面发展的高素质创新型人才，不断构建价值塑造、知识养成、实践能力"三位一体"的人才培养体系。一是促立志立德，引领学生立鸿鹄志，做奋斗者。深入开展"我的祖国我奋斗"主题教育，深植红色基因，引领青年勇做走在时代前列的奋进者、开拓者、奉献者。二是促学精学深，引领学生求真学问，练真本领。全面实施大类招生、大类培养和大类管理人才培养改革，推行书院制教育，探索跨专业交叉培养模式。三是促创新创造，引领学生知行合一，做实干家。充分发挥科研平台优势，打造"全链条、多协同、凸特色、大平台"一体化的创新创业教育体系，使学生在科技创新竞赛中迸发巨大潜力。四是育情感情怀，引领学生心有天地、胸怀大爱。开展"担复兴大任，做时代新人"主题社会实践活动，塑造"延河之星"志愿者活动品牌，树立学生责任意识和宽广视野，将家国情感与人类情怀同频共振。

抓学科建设龙头，打造学科高原高峰

一流学科建设是培养一流创新人才、锻造一流师资队伍、打造一流科技平台、产出一流科研成果的关键基础。高校要牢牢抓住一流学科建设的龙头作用，坚持扎根中国大地、服务重大战略的价值取向，始终紧跟国家战略需求、国际科技前沿和国民经济主战场这"三个面向"，通过"强基础、促交叉、增前沿、育新兴"的学科发展导向，打造新型创新平台，实现优势资源汇聚，提升服务重大战略、服务经济社会发展的能力。

一流学科建设，首要问题是找到"交叉、前沿、新兴"方向的这把"金钥匙"。瞄准国家重大战略需求、国际科技前沿问题和国民经济主要战场，在精准把握科技热点、超前布局前沿领域、着力打造新兴方向和推陈出新传统特色等方面发力。使传统科研方向通过"交叉"与"前沿"的结合，演变为新兴方向，推动"交叉"

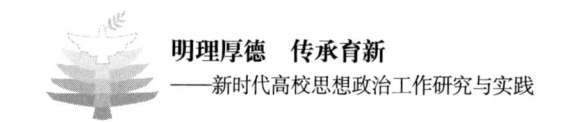

与"新兴"结合，产生前沿领域，在学科方向上催生新的增长点。

一流学科建设，关键是弹好人才、队伍和创新的"协奏曲"。敢于守正出奇、变道超车，集中优质资源重点聚焦到一批有基础、有平台、有成果、有人才的潜力学科及新兴前沿交叉学科，以人才聚新方向，以项目创新方向，以国际引新方向，以团队强新方向，实现人才培养、学术团队、科研创新"三位一体"，打造学科高原高峰，引领辐射带动学科整体水平提升，进而支撑世界一流大学建设迈向快车道。

一流学科建设，重中之重是发展"高精尖"方向。坚持瞄准重大前沿基础科学问题和重大工程的科学问题，以基础促前沿、以交叉促融合、以集成促创新，实现多学科的共同发展与提升。在发展新的科研方向过程中，坚持"独、特、优、尖"，即唯我独有、唯我特色、绝对优势、性能尖端。打造基础和公共创新平台建设，汇聚多学科的优势研究团队，通过有序组织和自由探索开展有前瞻、有高度、有深度的研究，发展提质传统优势和特色方向，激发学术新动能。

抓队伍建设关键，激发高端人才活力

名师是大学之幸。高素质人才队伍是"双一流"建设成效的命门。实现一流大学高质量可持续发展，关键是要让一流人才在高校落地生根，成为支撑"双一流"建设的生力军。

厚植成长肥沃土壤。坚持以校引人、以业育人、以人聚人，建立多元化人才引聘模式。全程化支持培养计划，多样化发展晋升路径，差异化薪酬激励制度，个性化考核评价机制和人性化成长生态文化。围绕重点建设的一流学科群，汇聚一流队伍。依学科方向丰学缘结构，依特色学科强交叉融合，依宜学生态促人才成长，形成人才的集聚效应、头雁效应和倍增效应。

建立引育绿色通道。在促进已有人才全面发展、竞相成长的基础上，以新模式引育新人才，推进"跨越空间"引才模式，"柔性时间"工作模式，"深度情感"服务模式，不断加强高端人才引育，全力筑实创新发展的人才基础。以新机制激发新活力，推进"嫁接联姻"学科交叉融合模式，打破院系和学科壁垒，人才引育重点聚焦优先团队、新兴方向、世界顶尖人才和重大科研装置，实现引进人才与传统优势学科团队的有序"嫁接"，促进传统学科"老树发新芽"。推进"分类卓越"人才激励与评价机制，实行国际化的聘用和先进人事管理制度，建立多元化分类评价考核机制，做到精心引育、精准施策、精细服务。

北京理工大学 2015 年成立首个"人才特区"——前沿交叉科学研究院，重点聚焦物质、生命和信息科学等基础学科，与兵器、材料、信息、制造、控制等优势工科交叉融合，持续推进"人才孵化器"的建设，打造理科与工科交叉融合创新平台，深化在超前方向、科研平台、优势资源、经费统筹、激励机制上的协同建设，为一流人才提供成长沃土。在"人才孵化器"模式下，优秀人才由学院引进，在前沿交叉研究院孵化培育，其学术成果反哺学科和学院，将引进与保障分开，形成了"不求所有，但求所用"的人才培育新模式，构建起人才快速成长的良好生态。

（张军：北京理工大学校长、中国工程院院士；原刊载于《学习时报》2019 年 8 月 2 日 A6 版）

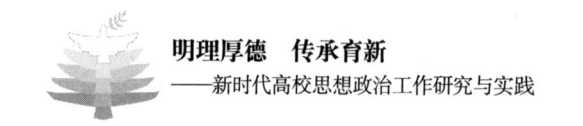

红色基因育英才，战略服务创一流

张 军

大学是人才培养的摇篮、科技创新的源头、学术和学者汇聚的重镇。面向"两个一百年"奋斗目标和中华民族伟大复兴的中国梦，高校要全面贯彻党的教育方针，坚持社会主义办学方向，落实立德树人根本任务，坚守教育报国初心，勇担兴学强国使命，把发展科技第一生产力、培养人才第一资源、增强创新第一动力更好结合起来，在扎根中国大地建设世界一流大学的新征程中，奋进在时代前列。

一是传承红色基因，培养一流人才。习近平总书记指出，"建设一流大学，关键是要不断提高人才培养质量。要想国家之所想、急国家之所急、应国家之所需，抓住全面提高人才培养能力这个重点，坚持把立德树人作为根本任务，着力培养担当民族复兴大任的时代新人。"北京理工大学始终坚持为党育人、为国育才，在80余年的育人实践中，走出了一条党创办和领导中国特色高等教育的红色育人路。学校坚持传承"延安根、军工魂"红色基因和徐特立教育思想，培养了一代代深耕在国家急需领域的拔尖人才。新时代，学校着力打造"大思政"工作格局，构建和优化"十大育人"工作体系，教育引导学生立大志、明大德、成大才、担大任。探索合作育人新范式，牵头9校发起成立"延河联盟"，构筑红色资源协同育人共同体。深化教育教学改革，推进以专业重塑、课程优化等为核心的"寰宇+"计划，在跨专业交叉培养方面形成新特色。推动双创教育模式创新，发挥国防特色学科平台和团队优势，培养学生创新品格和协作精神，在中国国际"互联网+"大学生创新创业大赛中两夺全国总冠军。在红色基因感召下，北理工人形成了"国家最大"的高度自觉，三分之一以上的毕业生投身国防领域。

二是打造国之重器，争创尖端成果。习近平总书记指出，"要提升原始创新能力""勇于攻克'卡脖子'的关键核心技术"。北理工坚持服务国家重大需求，攻坚克难、为国铸剑，走出了一条矢志国防的强军报国路。一直以来，学校坚持强化有组织的科研，系统推进原始创新、集成创新和颠覆性创新，从重大工程中凝练科学问题，把最新科研成果书写在尖端武器研制中，打造"国之重器"，在历次大阅兵中,北理工参与装备研制的数量与深度,居全国高校首位。一代代北理工人立下"军工报国志",奋力突破"卡脖子"技术难题,以徐更光、杨树兴院士为代表的三代"兵器人",研制出新型高能量火炸药、远距离火箭弹,推动陆海空装备实现跨代发展;以王越、毛二可院士为代表的三代"雷达人",在高速交会目标测量、新体制雷达技术领域取得重大突破;以孙逢春、项昌乐院士为代表的三代"车辆人",在新能源汽车、军用车辆研发方面走在全国前列。学校近五年牵头获国家科学技术奖21项,实现一等奖三年"不断线"。

三是服务国家战略,勇担强国使命。习近平总书记指出,"要勇于创新,深刻理解把握时代潮流和国家需要,敢为人先、敢于突破,以聪明才智贡献国家,以开拓进取服务社会。"北理工坚持服务"四个面向",不辱使命、敢为人先,走出了一条服务战略的创新发展路。学校坚持"大团队、大平台、大项目、大贡献"的科技创新理念,瞄准事关国家安全的重大战略需求,科研创新实践与国家发展丝丝相扣,追求卓越、协同创新。从全程制导火箭、轻型坦克动力系统等大国利器,到高能量物质科学、智能无人系统等创新平台,学校在机动突防、精确毁伤、空间信息处理等领域代表了国家水平。瞄准京津冀协同发展、长江经济带等国家战略,重点推进新能源汽车、智能制造、虚拟现实等领域的科技成果转化,在北京、重庆等地建设新型研发合作平台,为推动区域经济高质量发展助力。学校坚持贯彻人才强国战略,以国家事业聚人、以创新发展聚力,打造"大师+团队"人才成长平台,人才"集聚效应"凸显,高层次人才在专任教师中占比达13%,将汇聚一流人才的"向心力"转化为服务国家急需的"战斗力"。

今年是建党100周年,北理工将深入推进党史学习教育,立足新发展阶段、贯彻新发展理念、服务构建新发展格局,心怀"国之大者",培养一流人才、争创尖端成果、勇担强国使命,为实现第二个百年奋斗目标、实现中华民族伟大复兴的中国梦、推动人类文明进步作出新的更大贡献!

(张军:北京理工大学校长、中国工程院院士;原刊载于《中国高等教育》2021年第12期)

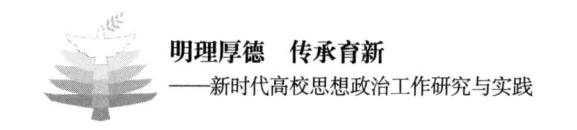

高校如何写好科技自立自强的人才答卷

张 军

习近平总书记在中央人才工作会议上强调,要走好人才自主培养之路,高校特别是"双一流"大学要发挥培养基础研究人才主力军作用,全方位谋划基础学科人才培养,建设一批基础学科培养基地,培养高水平复合型人才。

实现我们的奋斗目标,高水平科技自立自强是关键。新时代新征程,高校要回答好"培养什么人,怎样培养人,为谁培养人"这个时代命题,必须坚持为党育人、为国育才,充分把握高校立德树人的根本任务和"双一流"建设面临的形势任务要求,自觉担负起助力国家实现高水平科技自立自强的时代重任,全力打造人才高地和创新高地。

全力培养堪当大任的时代新人

实现中华民族伟大复兴的中国梦,关键在人,关键在教育。作为中国共产党创办的第一所理工科大学,北京理工大学在82年的办学历程中,坚持把服务国家作为最高追求,扎根中国大地建设世界一流大学,走出了一条中国共产党创办和领导中国特色高等教育的"红色育人路"。

强化立德树人价值导向,持续深化"大思政"工作格局。坚持育人为本、德育为先,把"延安根、军工魂"红色基因融入教育教学全过程,谋划实施好时代新人培育工程。统筹"十育人"工作体系,完善"三全育人"工作格局,将"四史"教育、校史校情教育与学生成长成才教育相结合,打造以"红色育人路"为品牌的立德树人"北理工模式",培养学生立大志、明大德、成大才、担大任。

深化教育教学改革,深入开展本研一体贯通培养。全面实施"寰宇+"拔尖创新人才培养计划,实施本科10个大类招生与培养,建设明德、精工、求是等9大书院,推进本研一体拔尖创新人才培养,形成了厚基础、宽口径、重创新的交叉培养特色。

建设一流"金课",着力打造优质教学资源。与世界一流大学开展课程对标,以"十门国际、百门国家、千门北理"为目标,建设高质量课程体系;打造由院士、高层次人才讲授的专业核心课,鼓励青年人才开设全英文课。建设智慧教室并开展"研讨式、案例式、讲座式"教学模式改革,构建"五位一体"研究生教育质量监督体系。

科教深度融合,产出一流创新创业成果。依托红色"延河联盟"打造延河课堂智慧教育平台,以"特色学科平台团队"赋能学生双创品格和能力培养,形成具有北理特色的"价值塑造、知识养成、实践能力"三位一体的培养新模式,形成全员参与的科技创新浓厚氛围,鼓励引导毕业生到党和国家最需要的行业和领域建功立业。

持续打造"大先生"和"大团队"

"水积而鱼聚,木茂而鸟集。"在向世界科技强国进军的伟大征程中,高校在加快推进"双一流"建设过程中必须坚持党管人才原则,主动担负起时代赋予的使命责任,努力做好基础研究主力军、原始创新主战场、人才培养主阵地。

教师是立教之本、兴教之源,教师队伍素质直接决定着大学办学能力和水平。北理工深入实施"人才强校"战略,完善人才成长发展机制,持续营造人尽其才、分类卓越的良好成长环境,打造了一批具有强烈社会责任感及奉献精神的"大先生"和"大团队"。

坚持师德师风引领,打造德教双馨师资队伍。健全师德师风建设长效机制,将师德师风建设融入学校建设发展、融入教师评聘考核、融入教师个人成长、融入人才培养过程。强化正向引领,完善教师荣誉体系,设立人才培养最高荣誉"懋恂终身成就奖"。

全球布局、培引并举,加速人才会聚。构建全球人才选聘体系,举办海内外"特立国际青年学者论坛",设立海外人才工作站,打造"特立"人才品牌。构筑一流人才发展体系,实现对中青年教师成长发展的全过程、全方位、全覆盖支持。成立教师发展中心,构建覆盖全员全职业生涯的培训体系。有效推动以校引人、以业育人、以人聚人、以心助人的人才培引新模式。

科学评价、分类卓越,迸发内生动力。完善分类评价与激励机制,初步形成"人岗相宜、人尽其才"的局面。破除"五唯",以品德、能力、业绩为导向,科学设置人才评价周期,建立教师能进能出、岗位能上能下的工作机制。推进分类聘用,

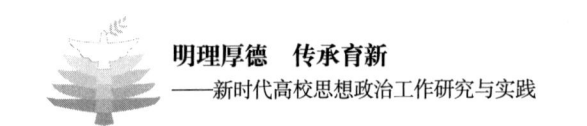

构建"预聘-长聘-专聘"体系，引进具有国际视野的青年人才。畅通分类卓越发展通道，构建"纵向畅通、横向互通"的发展模式，调动全体教职工干事创业的积极性和主动性。

全面推动"双一流"建设再上新台阶

立足"两个大局"，推动"双一流"建设再上新台阶，高校必须坚持面向世界科技前沿、面向经济主战场、面向国家重大需求、面向人民生命健康，在推动高质量科技创新的同时，深化开放融合，不断开拓办学育人新局面。

北理工瞄准国家重大需求，走出"强地、扬信、拓天"特色发展路径。开创"四位一体"科技发展新模式，建立"四级联动"管理新机制，促进学科交叉融合、科教融合、产研融合，构建了从基础研究到工程应用的科技创新全链条，建成了与一流大学建设相适应的科技创新体系。

交叉融合、集成攻关，破除关键核心科技"卡脖子"瓶颈。学校以国家重大工程和重点装备发展需求为牵引，建立优势学科带动、多学科交叉融合的平台建设新模式，打造科技创新"平台+"，持续推动理工文医等有机融合，依托国家级创新平台组建"创新国家队"。在历次大阅兵中，参与装备研制的数量与深度均居全国高校首位。

构筑国际战略合作体系，全面提升国际影响力。全面推进寰宇全球国际合作大社区计划，形成了点线面相结合的国际战略合作体系。与QS世界大学排名前200的校际合作院校达到53所，与48个"一带一路"相关国家的149所高校建立了校际合作关系。本科生参加国(境)外学习交流比例达到42%；授位博士参加国(境)外学习交流比例达到70%；留学生规模增长62%，入选北京市"一带一路"国家人才培养基地。

目前，北理工已高质量完成了首轮"双一流"建设任务，在人才培养、学科建设、队伍建设、科技创新等方面实现跨越发展。新征程砥砺奋进，"双一流"号角激昂。胸怀"国之大者"，北理工将继续坚守使命、勇毅前行，以扎扎实实的办学育人成就，在新时代新征程上展现新气象新作为，奋力写好为党育人、为国育才的新时代答卷。

在"红色育人路"上成长奋进的人才队伍，必将让民族复兴的步伐更加铿锵自信。

（张军：北京理工大学校长、中国工程院院士；原刊载于《光明日报》2022年3月20日07版）

保障好新就业形态下的大学生就业

张 军

2020年，我国普通高校毕业生人数达874万，受疫情影响，毕业生群体正面临更加复杂、严峻的就业形势；加上经济下行压力、研究生扩招等带来的滞后效应，这样的形势在未来几年还将持续。在今年的政府工作报告中，"就业"一词共出现39次，从"六稳"到"六保"，党中央均把就业任务摆在首位。破解大学生就业难题，要立足新形势新任务新要求，统筹考虑传统就业形态与新就业形态对高校办学育人的客观要求，把提高人才培养质量作为根本举措，履行好大学的社会责任。

面向立德树人根本，提高人才培养能力

对于就业难现象，毕业生要坚持以客观辩证的观点理性分析和认识问题。在呼唤国家社会支持力量的同时，还要提前开展大学阶段学习成长规划，增强求职就业的核心竞争力。从供给侧来讲，高校要聚焦学生成长发展的核心竞争力需求，进一步完善高水平人才培养体系，建设更加有利于学生主动学习、有价值成长的良好育人生态。一是要进一步强化价值塑造，引导学生立志立德。紧紧把握大学生理想信念"总开关"，引导学生涵养家国情怀，确立正确的价值追求和时代选择，让理想信念教育成为就业教育的"先导工程"，以正确的世界观人生观价值观催生端正的就业观择业观从业观，引导毕业生主动到国家重大需求领域和地域就业。二是要进一步深化知识养成，促进学生学精学深。深化教育教学管理综合改革，及时开展专业、教材、课程及培养方式的动态调整，推动学生知识结构更新完善。要积极推进人才培养改革，把专业体系顶层设计改革、人才培养模式改革、创新创业实践改革、课程改革、教与学激励机制改革以及由此带来的管理体制机制改革统合起来，努力打造一流的本科生培养模式。三是要进一步推动实践锻炼，鼓

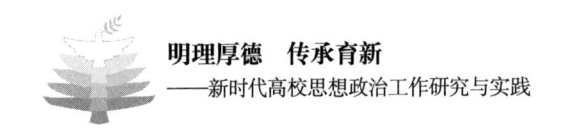

励学生创新创造。把知识转化为生产力，是理论与实践有效结合的过程，这个过程不能仅仅在学生就业后去锻炼，而是要前置到学生时代来培育。高校应大力支持和鼓励学生参与创新创业、社会实践、志愿服务等各方面的实践锻炼活动，让学生跳出课本深化学习、走出象牙塔磨砺成长，协同校内外资源拓展学生实践锻炼成长的平台阵地，提升知情意行相统一的综合素质。

面向社会需求导向，优化人才培养结构

高校人才培养不能仅仅以社会和市场的现实需求为导向，也要统筹考虑知识进步需求与社会发展要求，以高质量的人才供给引领、拉动、创造社会人才需求。目前我国高校在人才培养结构与经济社会发展需求的匹配上，还存在一些不平衡，主要表现为：部分学科专业动态调整滞后，人才培养数量、质量与社会需求不能有效对接；面向国家重大战略需求、急需紧缺领域的人才培养跟进不够；一流顶尖创新型人才匮乏，各类专门人才和应用型人才能力素质有待提升等。

高校解答回应好这些问题，要更加注重：一是体现办学差异化。不同类型高校应围绕自身办学定位、办学层次，进一步优化学科专业设置和人才培养结构，面向党和国家重大战略需求、面向经济社会发展主战场、面向世界科技前沿，开展不同层次的人才培养布局，培养支撑国家社会发展不同领域、不同行业、不同层次的建设者和接班人，实现大学的特色发展、差异化发展、高质量发展。二是瞄准社会亟须性。面向新技术、新产业、新模式、新业态的急缺人才，推进学科专业结构调整优化和内涵提升，升级改造传统优势专业，培育新兴交叉学科，提升高校人才培养对新兴就业领域、新就业形态的适应性和契合度。三是把好人才质量关。面向社会需求办学育人，一方面要关注全球科技创新和产业升级对高端创新型人才的迫切需要，提高拔尖创新人才的培养质量；另一方面要加强对服务特定领域发展的专业技术人才和基础性人才的培养力度，为社会输入高质量的、最广大的普通建设者、劳动者。

面向时代发展前景，拓宽就业领域渠道

今年3月，国务院办公厅印发了《关于应对新冠肺炎疫情影响强化稳就业举措的实施意见》，出台了一系列针对性的举措，拓宽了就业渠道、就业领域，进一

步拓展了就业空间。

后疫情时期，做好高校就业工作，要精准对接国家有关政策，密切关注行业领域发展动态和前景，推动毕业生群体实现多元化就业、灵活就业。

一是紧跟政策利好"指挥棒"。针对国家提出的扩大企业吸纳规模、扩大就业见习规模、鼓励中小微企业吸纳毕业生就业等政策利好，进一步完善高校就业工作体系，强化高校和用人单位的合作互动，引导毕业生向有政策红利的领域合理流动。做好引导毕业生向基层流动的政策宣传，引导毕业生到基层去、到西部去、到祖国最需要的地方建功立业。

二是把握新就业形态"风向标"。大学生在就业中解放思想、转变观念，还要体现在以新就业心态适应新就业形态。在当前智能化、数字化、信息化条件下，以在线经济、无人经济等为代表的"新就业形态"正在崛起。大学生群体要实现充分就业，应打破对传统"金饭碗""铁饭碗"的惯性追求，树立新就业取向。高校要通过支持创新创业场地、提供培训指导及政策咨询服务、拓展资金支持渠道等举措，鼓励学生面向新就业形态就业创业，勇于善于到新就业形态中寻找新发展契机。近年来流行的"斜杠青年"群体正是灵活就业、新取向就业、新形态就业的代表。

三是打造就业"合作链"。创新校校、校企、校地合作模式，拓宽交流、共享资源。用人单位人事部门与高校就业服务部门也应作为桥梁纽带，定期开展常态化的行业动态推介、用人需求调研、毕业生能力素质评价与反馈，推动"人才培养—职涯教育—实习见习—就业创业"全链条各环节协同支持服务，凝聚高质量就业的工作合力。

（张军：北京理工大学校长、中国工程院院士；原刊载于《光明日报》2020年6月30日15版）

提升新时代高校思政工作质量应处理好四个关系

王晓锋

党的十九大报告指出，要落实立德树人根本任务，发展素质教育，推进教育公平，培养德智体美全面发展的社会主义建设者和接班人。立德树人是高校的立身之本，是高校培养能够担当民族复兴大任时代新人的根本任务。习近平指出，高校思想政治工作关系高校培养什么样的人、如何培养人以及为谁培养人这个根本问题。提高思想政治工作质量是高校推进立德树人的必然要求，有助于实现思想政治工作目标导向与问题导向并重、内涵提升与方式创新并抓、协同联动与责任措施并举的工作要求，切实把思想政治工作贯穿到教育教学全过程，实现全程育人、全方位育人。提升新时代高校思想政治工作质量，应当着力处理好四个关系。

处理好学深悟透与践行创新的关系

提升新时代高校思想工作质量，既要深刻领会习近平新时代中国特色社会主义思想和十九大精神，做到学深悟透，又要不断创新体制机制和方式方法，做到践行创新，切实把思想动力转化为思想政治工作的重要保障和力量支撑，使得师生员工始终凝聚在党的周围，成为马克思主义的坚定信仰者、积极传播者、模范践行者。

一是要精准领会精神实质和丰富内涵。思想引领路径，目标决定高度。新思想引领时代，新时代开启新征程。高校要坚持把习近平新时代中国特色社会主义思想和十九大精神作为最高指引，紧紧围绕统筹推进"五位一体"总体布局和协调推进"四个全面"战略布局，牢牢掌握党对高校的领导权，增强政治意识、大局意识、核心意识、看齐意识，切实把思想和行动统一到习近平中国特色社会主义思想上来，全面贯彻党的教育方针。要将高等教育发展方向与我国发展的现实目标和未来方向紧密联系在一起，为人民服务，为中国共产党治国执政服务，为巩固和发展中国特色社会主义制度服务，为改革开放和社会主义现代化建设服务。高校立身之本在于立德树人。只有培养出一流人才的高校，才能够成为世界一流大学。办出世界一流大学，必须充分发挥中国特色社会主义教育的育人优势，以立德树人为根本，以理想信念教育为核心，以社会主义核心价值观为引领，切实全面提高人才培养能力。高校党委要利用中心组学习、宣讲会、座谈会和党员干部集中培训，对中央关于教育现代化、高校立德树人等部署和要求进行系统化学习传达，确保对上级精神的解读"无延迟""无衰减"。党员领导要干部带头示范，校、院两级党委理论学习中心组成员带头学、带头讲、带头做，充分发挥示范作用，引导师生学深悟透、入脑入心。广泛组织发动，充分调动师生的主动性和积极性，确保上级精神宣贯到每一个党支部、每一个系（教研室）、每一个学生班级以及每一位师生员工。

二是要科学做好顶层设计。顶层设计具有方向性引领作用，方法论指导作用和全盘统筹的规划作用。在新时代提升高校思政工作质量，坚持用党的创新理论成果引领思想政治工作，坚持问题导向，强化基础、突出重点、建立规范、落实责任，一体化构建内容完善、标准健全、运行科学、保障有力、成效显著的高校思想政治工作质量体系，形成全员全过程全方位育人的工作格局。高校应成立相应的领导小组和工作小组，加强顶层设计，负责研究决定贯彻落实中央要求和部委方案中的重大事项，监督指导贯彻落实工作的全面开展。党委应当对照上级要求和各项部署做好学校落实工作的顶层设计，明确学校提升思想政治工作质量的具体任务，力戒虚话、空话、套话，每一项任务都做到事项明确、目标明确和责任分工明确，为全面加强和改进学校思想政治工作提供根本依据。

三是扎实做好方案实施。按照《高校思想政治工作质量提升工程实施纲要》的要求，充分发挥课程、科研、实践、文化、网络、心理、管理、服务、资助、组织等方面工作的育人功能，挖掘育人要素，完善育人机制，优化评价激励，强化实施保障构建"十大"育人体系。学校党委应广泛调研，倾听学生心声，有针对性地谋划落实。在实践中创新，在创新中实践。要制定具体落实方案，召开专门工作推进会，对各责任单位贯彻落实相关事项的任务书、时间表等逐一进行明确和强调。特别是要做好找差达标，通过听取专题汇报、召开专题会议、开展调研督导全面推进实施方案中各项任务的落细做实、提质增效。

处理好各司其职与紧密协同融入的关系

当前，高校思想政治工作还不同程度存在着重分工、轻协同现象，尚未形成强劲的全员育人合力。习近平总书记指出，思想政治工作从根本上说是做人的工作，必须围绕学生、关照学生、服务学生，不断提高学生思想水平、政治觉悟、道德品质、文化素养，让学生成为德才兼备、全面发展的人才。全员育人就是要以学生为中心，整合学校、家庭、社会多方面的力量，形成育人合力。长期以来，高校的思想政治工作取得了很多成绩，但还普遍存在着分工明确、各自为政的现象。从2014年底出台的《关于进一步加强和改进新形势下高校宣传思想工作的意见》到2016年中央31号文件，都在强调要打破育人的盲区和断点，建立健全一体化育人机制。

在新时代加强和改进高校思想政治工作，关键是各个单位、各门课程都要做到"守好一段渠、种好责任田"。高校党委在提升思政工作质量的过程中，要着力处理好各司其职与紧密协同的关系，努力打造"思政共同体"。各司其职就是要求学校各单位、各部门都要坚守各自的工作职责，做到不越位、不缺位、不错位。体现在育人方面，就是各单位的职责是统一的而不是割裂的，是一致的而不是相反的，是聚焦的而不是分散的。部门在做好分内之事的同时，要加强部门之间协同联动，形成教育合力。党委应发挥统领全局工作的作用，落实主体责任，建立党委统一领导、部门分工负责、全员协同参与的责任体系。

新时代的高等教育肩负"人才培养、科学研究、社会服务、文化传承创新、国际交流合作"的重要使命，将思政工作融入科学研究、社会服务、文化传承创新、国际交流合作的过程之中是高校人才培养工作的应有之义。在推进紧密协同方面，一是要兼顾"主渠"与"支渠"，使教学更有深度。思想政治理论课、哲学社会科学课程和其他各门各类课程要同向同行，都要立足中国实践，讲好中国故事，深入推动习近平新时代中国特色社会主义思想进教材、进课堂、进头脑。二是要抓好"教育者"和"受教育"两个主体，使育人更有力度。坚持传道者要先明道、信道，教育者要先受教育，思想政治教育不仅仅是面向学生，同时还要面向教师，甚至比对学生讲还重要。三是要拓展社会教育资源，使教学更有温度。一方面是教育者的多样化，邀请院士、将军、专家、学者、劳模走上讲台为学生上思政课；另一方面是教育实践多样化，引导学生到对口支援单位、定点扶贫地方、政府、企事业单位、社区开展社会实践。

处理好追求高位和坚守底线的关系

提升新时代高校思想政治工作质量，在全方位育人方面，要强化高位引领，树立价值标杆，引领道德风尚，着力培养担当民族复兴大任的时代新人。高位引领是指在理想信念教育方面，占据道德的制高点，在日常的学习和生活实践中坚持培育和践行社会主义核心价值观，对学生开展思想引领、政治引领和价值引领。一是将社会主义核心价值观全面融入教育教学之中，发掘和运用各学科蕴含的思想政治教育资源，把做人做事做学问的基本道理、社会主义核心价值观的要求、实现民族复兴的理想和责任融入各类课程教学之中，写入新修订的教学大纲，使各类课程与思想政治理论课同向同行，形成"课程思政"育人合力。二是实施社会主义核心价值观校园传播计划，举办爱国主义、革命传统教育，开展"学史明志"红色社会实践活动和学雷锋志愿服务，开设"名家领航"系列辅导课。三是既要将中华优秀传统文化和革命文化、社会主义先进文化融入育人实践，又要注重传承"延安根、军工魂"红色基因，推进校史校情教育，以先进的大学文化和大学精神培育内在价值情感，铸就办学治校的"灵魂"，优化校风学风，繁荣校园文化，培育大学精神，树立家国情怀。

提升新时代思想政治工作质量，既要追求高位引领，也要坚守底线。底线是事物质变的分界线、做人做事的警戒线，不可踩、更不可越，比如意识形态的底线、法律的底线、道德的底线、纪律的底线等等。追求高位和坚守底线是辩证统一的。高校既要把培养学生成为一个有道德、讲文明的社会主义建设者和接班人，同时也要敦促学生守牢法律的底线、纪律的底线和做人的底线。

处理好重点突破和持续发力的关系

长久以来，党和国家高度重视思政工作。1996年，全国教育工作会提出"教书育人、管理育人、服务育人"的"三育人"目标以来，全方位育人理念已逐渐渗透到学校各项工作之中。2016年中央31号文件精神进一步指出，把思想价值引领贯穿教育教学各环节，形成高校"七育人"长效机制，即教书育人、科研育人、实践育人、管理育人、服务育人、文化育人、组织育人，实现全方位育人。2017年底，教育部党组印发《高校思想政治工作质量提升工程实施纲要》，提出要构建课程、科研、实践、文化、网络、心理、管理、服务、资助、组织等"十大育人"体系。从"三育人"扩展到"七育人"，再扩展到"十育人"，是针对高校实际提出的具体、有针对性的举措。

可见，高校思想政治工作是一场攻坚战，更是一场持久战。做好新时期高校思想政治工作使命光荣、任务艰巨，不可能一蹴而就，必须守正笃实、久久为功。为此，高校要在巩固现有工作方式、方法的基础上，有针对性地进行点上突破和面上提升。既要着眼现实，更要放眼未来；既要重点突破，更要持久发力。互联

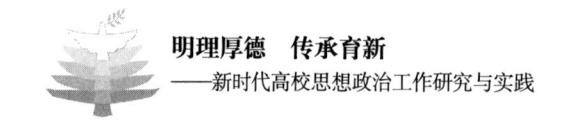

网+、大数据时代已经到来，我们现有的思想政治工作方式方法还有些不适应，存在老办法不管用、新办法不会用的情况。为此，一是要激励思想政治工作者不断学习历练，进一步提升能力素质，在方式方法上寻求重点突破。要用学生喜闻乐见的媒介、方式开展思政教育，要与新时代的发展步伐同向同行，将思政工作扩展至具体的学习生活中，实现全方位、立体化、全覆盖的全面思政。二是要建立健全思政教育常态化机制。将提升思政工作质量纳入全面从严治党范畴，确保每一个单位都履行思想政治工作主体责任，每一位教职员工都紧绷思想政治工作这根弦，为办好人民满意的高等教育、实现伟大复兴中国梦贡献智慧和力量。

（王晓锋：北京理工大学副校长）

面向一流大学之道的大学素质教育担当

李和章

习近平总书记指出，只有培养出一流人才的高校，才能够成为世界一流大学。在新的时期，一流大学建设突出人才培养的核心地位、提升输出人才的综合素质，关键在于夯实大学素质教育的各项工作。对于一流大学建设与素质教育关系的准确理解，应建立在对"一流大学之道"的深刻分析基础上。当前，学界对大学素质教育的内涵外延界定较为宽泛，涉及思想品德素质、文化素质、专业素质、身心素质等不同方面。本研究认为，未来一段时期内，一流大学素质教育的工作重点应在于解决好大学生的德行养成与文化传承问题，在于抓紧抓实思想政治教育和文化素质教育的相关工作。

一流大学之道与大学素质教育的基本联系

中国的一流大学之道探寻具有传承性、开创性和本土性特征，其核心之一在于夯实素质教育基础，培养符合国家社会需要、具备本土文化品格的一流人才。

第一，中西方既有的大学之道是中国一流大学之道探寻的重要基础。探寻大学之道，即探索"大学办学的道理、规律"或寻找"大学之理念，大学之目的"。其核心，是要在理论和实践层面就如何举办好大学做出回答。探寻"一流大学之道"，则是面向双一流建设的时代背景下，国内高水平大学为实现世界一流大学建设目标而进行的深入探索。中西方已有的大学之道理论与实践成果，对于中国一流大学之道的探寻提供了基础参考。西方关于高等教育运行规律性和规定性的系列研究成果，可视为西方"大学之道"的前期成果，以《大学的理念》《高等教育哲学》等一批高等教育研究著作为核心代表，这些成果也形成了全球学术界延续至今的研究大学之道的主流话语体系。西方大学之道对中国高等教育办学理念与实践的影响是客观而深远的。这既体现在研究的学术话语体系中，更体现在大学的办学实践中。近现代以来，中国高等教育办学取得的若干成功，很多都源于对西方大学之道的模仿借鉴。比如，德国的"大学之道"使洪堡教育理念在中国广为流行。

美国的"大学之道"使大学的社会服务理念在中国凸显，其重视研究生教育等传统也被广泛运用到了中国的高等教育实践中。中国本土大学之道对中国高等教育办学的理念与实践也具有重要影响。这主要包含两方面内容，一是传统文化中各类教育理念尤其是高等教育理念，经过发展成熟逐步演变为中国本土的大学之道，如以孔子等著名思想家为代表、以《大学》等经典文献为代表的对教育基本规律的阐述，再如以书院制等为代表的中国本土高等教育实践的总结等。二是近代以来中国本土大学举办的理论与实践经验逐步演变为中国本土的大学之道，比如，民国时期的自主招生制度，改革开放以来高等教育办学的大量本土经验等，都可认为是较为成功的本土大学之道。

第二，汲取西方大学之道的营养，传承中国大学之道的瑰宝，改革创新，凸显特色，将是中国一流大学之道探寻的基本路径。大学诞生至今，西方大学之道的变迁从未停止，而历次变迁，无不建立在对先进大学之道的借鉴吸收与改革创新、对本土特色文化的凝练彰显的基础之上。比如，二战后世界高等教育中心从德国转向美国的过程中，美国全面借鉴吸收了德国的教学科研并重等理念，与此同时，又紧密结合本土需求进行了改革创新，凸显了高等教育社会服务等理念，因此实现了对德国大学之道的超越。未来中国一流大学之道的形成，也将建立在对西方大学之道营养的充分汲取之上，但同时要力求开拓创新、凸显本土特色。一方面，中国的一流大学之道是高度开创性的工作，"人均GDP远低于世界平均水平的中国建设世界一流大学，是人类历史上的一次伟大探索"。另一方面，中国的一流大学之道必须凸显本土特色，"办好中国的世界一流大学，必须有中国特色"。中国的一流大学建设进程本质上也是本土一流大学之道"生长"出来的过程，中国的一流大学之道不可能完全依靠模仿借鉴。尤其是经过一段时间的飞速发展，中国高等教育正逐渐实现对欧美大学的追赶甚至局部超越，未来要真正实现中国的一流大学建设目标，只能面向自己、面向本土、面向中国高等教育和国家建设实际来寻求突破。

第三，夯实大学素质教育基础，培养出思想政治过硬、具备本土文化品格的一流人才，是中国一流大学之道的题中要义。一方面，大学素质教育要坚持立德树人，夯实思想政治教育相关工作，确保所培养的人才符合国家和社会发展需要。大学所承载的，是人类知识和德行的进步。中世纪至今，大学发展一直以教化合格社会公民为主要目标。而所谓的"合格公民"，则是牢牢打上本国价值符号、文化符号、政治符号等的"高等教育产品"。中国特色社会主义建设正步入新阶段，既需要专业知识过硬的"有才之人",更需要有正确价值观的"有德之人"。在这个过程中,大学培养什么人、为谁培养人、在什么思想下培养人、培养出具有什么思想的人愈发重要。因此,中国要真正建成世界一流大学,大学素质教育应切实做好思想政治教育的各项工作,坚持立德树人,把思想政治工作贯穿教育教学全过程,实现全程育人、全方位育人,真正培养出符合本国需要、具备正确思想政治品格的社会主义接班人。可以认为,立德树人是一流大学自身建设的规律性要求,是马克思主义中国化在高等教育领域长期经验的总结和升华,其既形成了长期以来中国大学人才培养的目标规定性,也法古通今,将中华传统文化的精华纳入其中。立德树人也是经过实践检验的中国大学之道,是中国"一流大学建设之道"的重要内容。

另一方面,面向更高阶段高等教育质量提升的一流大学建设,大学素质教育在德行养成、文化传承方面不仅不能放松,反而更要加强。大学素质教育要密切关注未来高等教育人才培养知识学习趋弱、德行与文化学习趋强的总体趋势。随着新的学习技术的进步,受教育者获得知识的途径显著拓宽,学习能力和效率不断增强,通过知识影响世界的可能性大为增加,一旦道德滑坡、文化缺失,所可能带来的"危害"将显著增大。未来的人类学习,在知识层面的学习很可能被人工智能等所取代,但关于道德的教化与传统文化的传承,却仍依赖于人类自身。而且愈发重要。人类有了互联网,所以"黑客"应运而生。而人类有了人工智能,如果不加强德行和文化的学习,一旦突破"人工智能三定律",则可能给人类自身带来毁灭性后果。因此,未来的大学素质教育尤其是道德教化和文化传承要持续加强,因为如果"先进的思想文化不去占领,各种错误的思想观点和腐朽落后的东西就会去占领"。

大学素质教育在一流大学建设中的有效担当

中国独特的历史、独特的文化、独特的国情,决定了我国必须走自己独特的高等教育发展道路,扎实中国大地办世界一流大学、育国际一流英才。素质教育作为富有中国特色的教育思想,自20世纪八九十年代一呼而起、久盛不衰,引发了中国高等教育深刻而全面的变化,从教育思想、育人观念、课程体系、教学方法到人才培养模式改革,影响深远,意义巨大。未来,高等教育的知识性还会不断弱化,学习科学的不断进步还会进一步丰富学生的学习方式,解放学生的大脑。

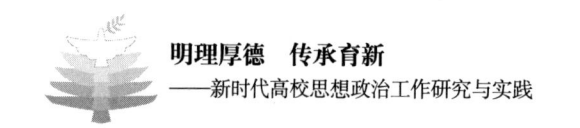

与此同时，技术的进步对人的道德自律提出更高的要求，未来的中国大学素质教育工作仍将任重而道远。此种背景下，大学素质教育在中国一流大学建设过程中有主动担当、有效作为，这至少体现在三个方面。

第一，明晰地位，形成抓手，营造符合一流大学之道的大学素质教育育人场域。一方面，应明确大学素质教育在一流人才培养中的核心地位。一流大学建设的关键是一流人才的培养，而大学素质教育是一流人才培养的核心保证。应突出大学素质教育在一流大学建设中的中心地位。应将大学素质教育打造成为高等学校教育教学活动的主阵地，而不是辅助阵地、不是游击阵地。在此方面，教育主管部门、高等教育管理者和具体办学者应加强认识、形成共识、明确方向，应进一步开展一流人才培养规律的大讨论，进一步开展大学素质教育对于一流人才培养影响的深入研究，进一步扩大宣传、增进影响、形成规范，真正让大学素质教育成为一流大学人才培养的基本指导思想。

另一方面，应切实将大学素质教育工作落实到课程体系中。要明确大学素质教育概念的内涵外延，规范大学素质教育相关概念的使用，促进大学素质教育相关概念的具体化、统一化，避免过度扩大大学素质教育的概念边界，避免出现概念过多、概念模糊、概念重叠等问题而使教育管理者具体工作开展无所适从。要明确形成大学素质教育概念的现实抓手，将大学素质教育相关工作落实到教学计划、课程体系之中。避免因没有教学计划、课程体系保障，出现激情式、口号式、点缀式、临时性的各类大学素质教育活动。此外，还要特别注意营造氛围浓厚的大学素质教育育人场域。要在各高校营造重视大学素质教育、支持大学素质教育的环境氛围。要切实按照习近平总书记要求，更加注重以文化人、以文育人，广泛开展文明校园创建，开展形式多样、健康向上、格调高雅的校园文化活动。大学文化素质教育也要形成常态化的，多线课堂相互交织融合的，有效的、立体的育人场域。

第二，突出自信，凸显特色，形成符合一流大学之道的大学素质教育基本理念。《统筹推进世界一流大学和一流学科建设总体方案》中特别指出，要"坚持以中国特色为核心，创造性地传承中华民族优秀传统文化""做到扬弃继承、转化创新，并充分发挥其教化育人作用，推动社会主义先进文化建设。"这其中，大学素质教育关键是要做好两个方面的工作。一方面，要突出文化自信，形成文化自觉。习近平总书记在传统的"三个自信"之外，特别增加了"文化自信"，这为中国世界一流大学建设指明了方向。没有文化自信，就会盲目追随全球化和国际化浪潮，盲目推崇西方的科学技术和文化,出现"失根"现象,跟在别人后面"照葫芦画瓢",无法真正办成世界一流大学。中国一流大学的大学素质教育工作更应增强自信,尤其是涉及政治制度、思想品德、文化传承等方面,应凸显自信,有效探索社会主义大学的素质教育办学路径。此外,应逐渐将文化自信有意识地上升为文化自觉,大学素质教育在此过程中要发挥核心引领作用。比如,日本一流大学建设也经历过从模仿借鉴到本土文化自信、文化自觉形成的重要过程。当前,很多日本年轻人甚至并不愿意到海外求学,他们认为东京大学、京都大学等甚至要好于国外大学,这可以认为是文化自信、文化自觉形成的表现之一。

另一方面,要寻求本土突破,办出本土特色。如果只有本土自信,但办学质量不高、创新能力不强,那就可能变成盲目自信甚至夜郎自大。中国的大学素质教育,在一流大学建设过程,必须在文化自信的基础上,寻求本土突破,办出本土特色。其核心,一是继续从马克思主义理论体系汲取营养,二是继续向深厚的历史文化寻求支持。同时,尤其要注意对改革开放以来中国高等教育的办学实践及时进行总结发掘。

当前中国正式开启世界一流大学建设进程,源于经过改革开放至今的不懈奋斗,中国高等教育已经建起了"高原",这其中也必然有大量本土经验和特色值得探究。下一步,大学素质教育在树立文化自信、形成文化自觉、深挖本土特色方面责无旁贷。习近平总书记指出,在传统国际发展的赛场上,规则别人都制定好,我们可以加入,但必须按照已经设定的规则来赛,没有更多的主动权,抓住新一轮科技革命和产业变革的重大机遇,就是要在新赛场建设之初,就加入其中,甚至主导一些赛场的建设,从而使我们成为新的竞赛规则的重要制定者,新的竞赛场地的重要主导者。2017年,大学素质教育研究学会上首次提出了素质教育的中国化翻译方案,这是本土自信逐渐形成的体现。未来,应加强研究,继续深挖中华传统文化,深入探究与一流大学相匹配的本土大学素质教育理论、方法和课程体系。正如谢维和教授所认为的,双一流建设背景下,中国教育学的责任"就是形成和总结出我们中国独特的办学思想和理念"。

第三,质量监控,教学相长,重塑符合一流大学之道的大学素质教育师生共同体关系。一流大学之道以一流人才培养为核心。一段时间以来,随着中国高等教育规模的迅速扩张,以及重科研轻教学等错误理念的甚嚣尘上,传统的较好的师生共同体关系被破坏。与此同时,传统的师生共同体关系也存在并不完全适应中国一流大学建设的某些方面,需要重新改造。重塑符合一流大学之道的师生共同体关系，关键是做好两个方面。一方面要严把师资质量关。既要注重教师教学能力、科研能力的甄别，也要注重教师德行的把握。在中外高等教育办学历史上，良好的师生关系是大学之道的核心要义。孔子说，"三人行必有我师""教学相长"，一些新的学术思想往往就发端于师生对话碰撞和深层互动。但近年来，一些功利性目标逐渐取代了教与学的基本原理，并占据了上风。一些学校中"课堂危机"出现了，师生关系问题出现了，师生共同体关系破坏了，教学学术的文化也破坏了。这些问题需要引起足够的重视和警惕。必须加强教师队伍建设，尤其是要加强教师队伍自身的文化素质与品德素养建设。要求学生要德才兼备，那教师则更要"有理想信念、有道德情操、有扎实学识、有仁爱之心"，这样才可能以上率下，推动大学素质教育相关工作的开展。同时，要采取多种手段扭转重科研、轻教学的不良倾向。要出重拳切实改革各类功利性指标，把教师从评估的枷锁甚至囚笼中放出来，给他们充分按照自己所学、所长、所想施展育人才华的机会。

另一方面要营造更为融洽的师生共同体关系。大学素质教育尤其要理顺关系，改变传统学生单纯"受教育者"的被动地位。大学是知识的海洋，学生们要在知识海洋里自由徜徉。但海洋也有暗礁、也有风浪。真正的知识海洋应该是师生一起下海，一起畅游，而且教师要带头下水。绝不能教师在岸上，学生在海里。比如，对于大学生创新创业素质提升的各类课程，教师自身如果没有创新创业经验，单纯鼓励和指导学生去创新创业则可能效果不佳。而且，相比于专业课程，大学素质教育往往偏软偏柔性，师生共同体关系则更难建立和维系，既需要教师更加用心和投入，也需要高等学校提供更多制度和政策保障。

（李和章：北京理工大学原副校长、深圳北理莫斯科大学校长；原刊载于《国家教育行政学院学报》2017年第6期）

信息技术与高校思政课教学深度融合的实践探索

包丽颖

信息技术与高校思想政治理论课教育深度融合是新时代推动高校思想政治工作改革创新、提高思想政治理论课（以下简称"思政课"）育人实效的重要举措。2019年8月，中共中央办公厅、国务院办公厅《关于深化新时代校思想政治理论课改革创新的若干意见》强调，"大力推进思政课教学方法改革，提升思政课教师信息化能力素养，推动人工智能等现代信息技术在思政课教学中应用"。推动信息技术与思政课教学深度融合，既是推动高等教育信息化发展的时代之需，又是提升思政课育人效果的实践之要。北京理工大学自2009年起较早探索信息技术与思政课融合创新，形成了"互联网+思政课"较为系统的尝试，本文以北京理工大学为例开展分析讨论，期望为其他高校提供有益借鉴。

信息技术与高校思政课教学深度融合的发展历程

思政课是高校课程教学体系中的重要组成部分，在信息技术与传统教学方式的融合与碰撞中，思政课教学方式也不断创新变革。这个变革主要经历了以下发展历程：

视听阶段。这一阶段教学范式以传统线下教学为主，信息技术发挥辅助教学的功能。在教学主体上，教师是课堂教学的主导者，利用计算机搜集教学资料、安排教学计划，开展辅导答疑和课堂测试等，学生在课程上的参与度、师生间的互动性较弱。在教学模式上，教师在利用黑板这一传统方式呈现知识点的同时，逐渐在课堂教学中引入计算机和多媒体，利用电子屏幕、投影仪等电子设备将声音、视频、图片等可视听化教学资源纳入课堂教学内容。

交互阶段。相比较上一阶段，随着大数据、云计算、移动互联技术的迅猛发展，网络教学平台如虚拟社区的兴起，微课、"慕课"和线上教学APP在师生中得到广

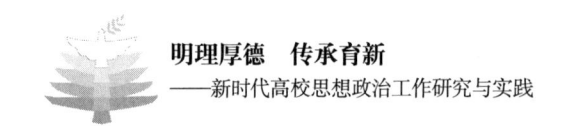

泛运用，师生获取信息的渠道更多元。教学理念由以教师为中心逐渐转向注重教育者和受教育者的双向互动，充分调动学生在课堂中的积极性、生动性和创造性。教学范式由传统的单一线下教学逐渐向混合式教学、线上教学过渡，打破了物理空间的限制，思政课教学的时空领域和教育资源得到有效拓展。

智能教学阶段。这一阶段主要是通过以人工智能为代表的信息技术推动教学内容、教学场域、教育主体的深度融合，营造出既能发挥教师主导作用，又能充分体现学生主体地位的新型教学环境，以及以自主、探究、合作为特征的教育方式。在情境创设、启发思考、信息获取、资源共享、多重交互协作学习等过程中，学生学习的积极性、主动性得到充分调动，思政课教学呈现良好的育人效果。从目前的发展趋势看，现阶段整体的教学模式依然以第二阶段为主，正在日渐深入地向第三个阶段发展。

信息技术与高校思政课教学深度融合
当前需要解决的问题

当前，以互联网为代表的信息技术有力推动了高校思政课的创新和变革。一方面，海量的网络信息提供了丰富的思政教育资源，拓宽知识的来源渠道；多种线上教育教学平台改变了传统的教学方式，为个性化、特色化的教学提供了可能。另一方面，在信息技术与思政课程教学融合碰撞的进程中，依然存在一些需要解决的问题，主要表现为以下几个方面：

首先，应加强网络教学资源与思政课教学主体内容的契合度。思政课教学内容以马克思主义基本原理、中国特色社会主义理论体系、中国近现代史、思想道德与法治、形势与政策等内容为主，教学安排的整体性、逻辑性和教学内容的连贯性、体系性较强，旨在通过课堂教学引导学生在理想信念、价值理念和道德观念等方面得到系统的教育和提升。然而在信息技术领域，尤其是以多媒体技术在思政课堂广泛推广与运用的过程中，在一定程度上存在良莠不齐的网上教学资源干扰思政课教学政治性、客观性的现象，使得一些未经过严格审核把关的内容进入课堂，使得思政课泛娱乐化倾向。

其次，应增加大学生在教育环节中的深度参与和体验获得感。在传统思政课教学模式中，教师书写板书是为学生讲授知识点、深化学生理解记忆的主要方式。随着信息技术的运用，多媒体课件逐渐承担了"板书"这一功能。但当前在部分高校的思政课教学实践中，存在一些教师上课念课件、放视频等"新照本宣科"

现象，学生通过手机拍照、网上下载等方式就能快速掌握课件资源，上课抬头率不高，课堂对学生的吸引力感召力不强；教师和学生在课堂上面对面交流的时间逐渐被线上答疑、填写调研问卷等方式取代，教师对学生的言传身教作用没有得到有效发挥，学生通过学习和实践体验到的真情实感不足，使得思政课教育成效入脑入心存在局限性。

最后，应提升教师媒介素养，运用多媒体技术手段开展教学。教师媒介素养既指教师对媒介工具尤其是多媒体工具进行正确使用的技能，又指利用多媒体工具开展教育教学、促进育人效果提升的能力。当前，客观存在信息技术对思政课教育主客体的同质化，在一定程度上产生了思政课教学为信息技术服务的倒挂现象。

积极探索信息技术与高校思政课教学深度融合

北京理工大学从 2009 年起开始探索思政课与信息技术的深度融合，围绕破解思政课教学中的重点难点问题，发挥学校学科优势和技术优势，通过加强思政课与大数据、云计算、虚拟现实、增强现实等现代信息技术的深度融合，开展虚拟仿真体验思政课教学实践，建立了"课内与课外互通、线上与线下互联、虚拟与现实互补"的三维立体教学新模式。

建立虚拟现实课程资源库，提升思政课教学内容的系统性、贯通性。学校根据本硕博不同阶段、不同教学对象的思政课教学目标，加强虚拟仿真课程资源研发，有针对性、科学准确地选择适宜用现代信息技术开展体验教学的重点内容，将《共产党宣言》、"四史"内容、中国精神中国道路、人类命运共同体等内容作为与虚拟现实技术相融合的结合点，以大数据、人工智能等为支撑，综合运用 VR、AR 等技术手段，构建沉浸式、交互式、全息化、可视化的教学资源，建设与思政课教学内容整体贯通、有机联动的虚拟现实课程资源库，深受学生欢迎。同时，注重运用国家精品资源共享课平台和研究生思政课慕课平台的课程资源，丰富思政课教学内容，为学生提供更多的课程资源选择搭建虚拟交互、人机链接的立体化教学模式，提升思政课教学的针对性、灵活性。学校利用虚拟现实技术和思政课程资源的有机结合，开发 VR 教辅软件等一系列体验项目，让学生从课堂上"抬起头""站起身"参与进来，激发并唤醒学生的情感体验，强化对思政课教育教学内容和目标的"真实体知"。通过多学科交叉研究开发线上体验式教辅软件，在人际交互的方式下为学生呈现新的视听语言、阅读方式，实现"动漫、动心、动情、动脑"的有机统一。与此同时，通过思政课智慧教育平台以及学习终端设备，

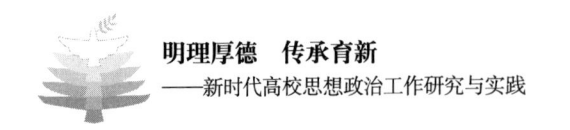

实时记录学生学习情况，基于大数据分析掌握学生的学习规律和特点，从而实现精准化教学。

建立专业化教学研发团队，提升思政课教师运用虚拟现实技术的积极性、主动性。学校依托在计算机、光学、电子、控制等信息领域多个学科的技术优势和团队优势，组建虚拟现实技术教学专业研发团队，为不同门类课程搭建解决方案和技术支持，实现课程共享、技术共享；加大对思政课教师的信息技术培训，提升教师使用思政课虚拟仿真体验教学环境的技术水平和信息素养；建设虚拟仿真体验教学中心，打造集授课、培训、研发为一体的高精尖教学共享平台；在北京市和学校虚拟仿真体验教学中心及思政课智慧教室建设的基础上，建设集多人、沉浸、全息、可视为一体的教学流程，为师生开展智能认知交互式体验学习提供有力支撑。

信息技术与高校思政课教学深度融合的优化路径

推动信息技术与高校思政课教学深度融合，要以思想政治理论课教学智慧平台为依托，从教学内容、教学场域、教学管理、教师队伍等多方面入手，切实提升思政课育人实效。

坚持知识性和价值性相统一，建设数字化课程资源库丰富教学内容。数字化课程资源库是指以数字化资源研发为基础，以多种媒体形式呈现的优质教学素材的数字化集成。数字化课程资源库以多媒体形式将网络课件、多媒体素材、教学案例、文献资料等资源都集中在网络课程平台上，为教师利用网络资源教学和学生开展课后自主学习提供了极大的便利。思政课的政治属性和思政教育属性，决定了思政课数字化课程资源库要在内容选择上兼顾理论认知要素和情感认同要素。一方面，课程资源设计必须坚持"内容为王"，瞄准立德树人的根本目标，选取最能体现百年来党领导中国人民进行革命、建设、改革的历史进程、伟大成就及突出贡献，并能生动反映党治国理政方略的规律性内容，形成有一定内容深度和历史厚度的教学内容供给。另一方面，要以新颖的形式提升教学的趣味性，将丰富的史料图片、影音资源和贴近学生话语特点的教学案例、动画效果等融入课程当中，使数字化课程图文并茂、动静结合，实现"有趣"与"有味"的完美结合。

坚持主导性和交互性相统一，运用虚拟仿真技术拓展教学场域。建构主义观点认为，认识对世界的作用不是简单的、机械的反映，而是以客观事实为对象、主体对客体的主观能动地建构。认识不具有绝对性，会随着个体经验的丰富而变化。建构主义学习理论将"情境""会话""意义建构"作为学习中的重要因素，强调学习是以学生为中心，教师是诱发学生思考问题的引导者；学习必须在真实的情景中开展，必须是一项真实的任务。建构主义观点反映在思政课师生关系上，一方面，要坚持教师在思政课堂中的主导性，运用虚拟仿真技术拓展课堂教学线上场域，加强课堂教学"供给侧改革"，加强对教学内容、教学进度的设计和把关，根据大学生的现实需求、关注点、疑惑点等因素创设虚拟现实场域，有针对性地将学生置于特定的教学场域之中开展教育引导。另一方面，要注重提升学生在课堂学习中的交互性，推动学习模式的转变，让学生在身临其境的教学环境中更加积极主动获取知识和进行知识意义的建构，激发学习的主动性和积极性。

坚持虚拟性和现实性相统一，打造智慧教育平台形成教学管理闭环。信息技术与高校思政课的深度融合不单单局限在课堂教学中，更体现在教育教学管理的各个方面。一方面，要建立线上线下衔接的智能教学管理系统。完善集教学应用、教育资源、教育终端于一体的智能化教学管理网络，实现课堂管理、移动教学、资源共享、互动交流等"一站式"解决；教师可以在系统中实现对课程和班级的线上管理，及时了解学生学习情况，与学生开展专题讨论和网上互动并发布学习资源。另一方面，要加强对课程教学环节的全记录。发挥大数据分析优势，利用移动 APP 和大数据系统进行动态实时观测，追踪记录学生的学习情况和成长轨迹，搜集学生参与虚拟仿真课程的数据并展开分析，将阶段性的课程评价转变为全方位的课程改革，进而提升教育实效，达到让思政课入脑入心的实际效果。

坚持普遍性和专业性相统一，提升信息化媒介素养建强思政课教师队伍。思政课教师的媒介素养和运用信息技术的能力是影响思政课教学实效的重要影响因素，必须坚持教育者先受教育，不断提升教师运用新技术的意识和能力。一方面，要加强思政课教师队伍媒介素养培训。熟练掌握信息技术、运用各种实际硬件是思政课教学顺利开展的前提，要通过定期邀请信息化技术专家对思政课教师开展专门培训，提升其运用课堂主题展示软件、自主参与软件、课程情景再现软件以及互动教学软件等的技术水平，熟悉其操作流程和操作规程，重点建设一批带头善用新技术的教师队伍。另一方面，要细化教师团队职能分工与合作，专门建设负责技术支持的专业管理岗位团队，能够常态化推进教学软件和系统升级，定期对不同软件的应用效果进行监测，评估教学效果，及时根据教学反馈对软件进行升级、对内容进行完善，切实提升教学实效。

（包丽颖：北京理工大学党委副书记；原刊载于《中国高等教育》2021年第23期）

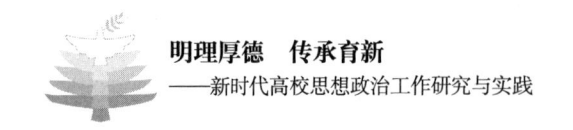

时代新人的责任教育论析

包丽颖

党的十九大提出了"培养担当民族复兴大任的时代新人"的战略任务，这是党对新时代我国教育目标作出的新表述。这一新表述与我国高等教育法规定的把受教育者培养成"具有社会责任感、创新精神和实践能力的高级专门人才"以及2018年全国教育大会提出的"培养德智体美劳全面发展的社会主义建设者和接班人"的教育任务具有内在一致性。在党的十九届五中全会提出的"建设高质量教育体系"中，也明确要求"增强学生文明素养、社会责任意识、实践本领"。可见，无论是培养时代新人还是社会主义建设者和接班人，都是对"教育应该培养什么样的人"这个问题的集中回答。而责任教育则是作为强国一代的青年大学生成长成才、堪当大任的必然需求。中国特色社会主义大学要培养时代新人，就必须加强责任教育，在引导责任认知、提升责任情感、淬炼责任意志、坚定责任信念上下功夫，增强担责能力，激发青年大学生以实际行动担负起民族复兴大任。

堪当民族复兴大任是培育时代新人的核心意涵

近代以来，"实现中华民族伟大复兴，就成为中国人民和中华民族最伟大的梦想……一百年来，中国共产党团结带领中国人民进行的一切奋斗、一切牺牲、一切创造，归结起来就是一个主题：实现中华民族伟大复兴。""这个梦想，凝聚了几代中国人的夙愿，体现了中华民族和中国人民的整体利益，是每一个中华儿女的共同期盼。"当前，实现中华民族伟大复兴已经进入了不可逆转的历史进程，历史的重任已经落在了这一代青年大学生的肩上。"船到中流浪更急、人到半山路更陡"，越是接近目标，遇到的困难也必定越大。新时代，中国特色社会主义大学培育时代新人，其核心意涵就在于"堪当民族复兴大任"，这就要求青年大学生不仅能意识到自己所肩负的历史使命，而且能够勇于担当，善于担当。

第一，能否担当起民族复兴大任是时代新人的重要评价标准。从词组组成看，担当民族复兴大任是时代新人的定语，意味着我们的高等教育所要培养的时代新人是与担当民族复兴大任紧密联系在一起的。那么，不担当民族复兴大任行不行呢？还算不算时代新人呢？从入学时间来看，2021年9月入学的本科生多为2003年出生，其本科、硕士、博士毕业时间在2025—2032年，在这个时间段他们将踏上各自的工作岗位，到2050年他们将为祖国工作了18～25年，他们将把自己人生最好的年华投入建设中国特色社会主义伟大事业的实践之中，中华民族伟大复兴的中国梦将真真切切地在这一代青年手中实现，他们不仅是实现这个伟大梦想的见证者，而且是直接参与者、主力军。到那时，他们正值壮年，事业发展正处于黄金期，还将继续投入社会主义建设。一代人有一代人的长征路，一代人有一代人的使命担当。中国特色社会主义教育发展道路最大的特征就是观照现实，要与我们"正在做的事情"相结合。培育时代新人，就是要将当代青年大学生培育成中国特色社会主义伟大事业的忠诚拥护者和积极实践者，就是要引导当代青年大学生成长为实现中华民族伟大复兴的参与者和主力军。如果说担当民族复兴大任是时代赋予青年大学生的使命，那么，能否担当起民族复兴大任则是对中国特色社会主义大学培养人才的根本要求和检验标准，也是对时代新人提出的一个重要评价标准。只有那些能够担当民族复兴大任、有能力为民族复兴作出贡献的人才称得上是时代新人。

第二，堪当民族复兴大任是新时代中国特色社会主义大学培养人才的必然要求。"培养什么人，是教育的首要问题。我国是中国共产党领导的社会主义国家，这就决定了我们的教育必须把培养社会主义建设者和接班人作为根本任务，培养一代又一代拥护中国共产党领导和我国社会主义制度、立志为中国特色社会主义奋斗终身的有用人才。这是教育工作的根本任务，也是教育现代化的方向目标。"扎根中国大地办大学，就是要办具有中国特色的社会主义大学。落实立德树人根本任务，首先就是指培养德智体美劳全面发展的社会主义建设者和接班人。"建设者和接班人"在新时代又具体指代能够担当民族复兴大任的时代新人。社会主义建设者和接班人深刻地揭示了时代新人的政治内涵和政治要求，时代新人又从一定程度上规定了社会主义建设者和接班人在新时代应该担负的历史使命，即担当民族复兴大任。因此，堪当民族复兴大任是新时代中国特色社会主义大学培养人的必然要求，这就对中国特色社会主义大学提出了开展责任教育的客观要求。

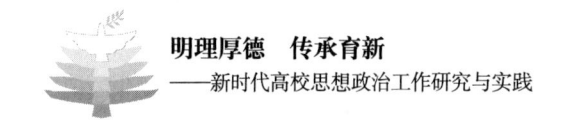

责任教育是青年大学生成长为时代新人的关键

责任不是一个抽象的概念，总是相对于某种具体关系而言的，是主体与客观世界交往中所产生的现实关系的总和。马克思指出："人的本质不是单个人所固有的抽象物，在其现实性上，它是一切社会关系的总和。"只要你处于人类社会之中，就无法脱离社会关系之网，这是我们思考责任问题的根本出发点，也是社会个体责任意识的客观来源。马克思恩格斯从历史唯物主义的高度说明了社会个体在历史进程中承担相应责任的历史必然性，他们在唯物史观的奠基之作《德意志意识形态》中指出："作为确定的人，现实的人，你就有规定，就有使命，就有任务，至于你是否意识到这一点，那都是无所谓的。"社会赋予个体的历史责任，是不以个体意志为转移的，在现实的社会关系中，每个人都必然因其所扮演的社会角色而承担相应的历史责任。但要担当责任，就要对自己的责任有所认识，具备担责的能力，进而自觉履责践责。那么，对青年大学生开展责任教育就是促使新时代青年大学生认知责任、担当责任，这是培育其成长为时代新人的关键所在。

责任教育不是简单地告知教育对象责任是什么的问题，其教育过程是一个引导责任认知并促成主体践行责任行为的过程。而从责任认知到责任行为的转化过程内在地蕴含着一个责任教育的赋能过程。这种赋能过程，就是通过责任教育赋予责任主体履责践责的意识和能力，进一步强化主体的责任认知，提升责任情感，淬炼责任意志，坚定责任信念，最终促成责任行为的过程。

引导责任认知。责任认知就是认识责任，具体是指主体在众多社会关系中确认自身身份或角色，并对其应当承担的任务的理解和认识。人总是处于一定的社会关系之中，而责任就根源于其所处的社会关系。总体来讲，一个人所承担的责任，大致包括对自身、家庭、社会、国家民族、人类及自然的责任。具体来讲，从个体层面，引导责任认知就是要引导青年大学生对自己负责，树立正确的人生观，对人生目的、人生态度、人生价值有客观判断，能正确对待人生矛盾，树立正确的得失观、幸福观、生死观，学会用科学高尚的人生观指引人生，反对拜金主义、享乐主义、极端个人主义。从社会层面，要引导青年大学生理解劳动和奉献才是评价人生价值的根本尺度。当前形势下，中国特色社会主义大学开展责任教育，重点就是要引导青年大学生将个人成长发展置身于实现中华民族伟大复兴的战略全局与世界百年未有之大变局中，认清个人与国家、时与势的辩证关系，勇于承担起属于"强国一代"的历史使命，把"小我"融入"大我"，激励新时代青年大学生在实现中华民族伟大复兴中国梦的历史进程中实现自己的人生价值。

提升责任情感。责任情感是指主体对其应当承担的责任所表现出来的或喜或恶的情感态度。责任情感是责任认知转化为责任行为的催化剂，如果主体喜欢某种职责，必然会全身心投入、自觉主动地履责践责；反之，则会抵触排斥，甚至产生逆反，进而阻碍责任行为的转化。新时代，中国特色社会主义大学培育时代新人，加强责任教育必然要求提升青年大学生的责任情感，这也是培养时代新人的客观要求。而提升责任情感，就要在帮助大学生建立责任认知的基础上，通过体验、观察、文化、艺术等多元化手段，唤醒青年大学生对责任内容（如家国责任、社会责任）发自内心的情感认同，在情感上引发共鸣，提升责任情感，强化责任行为。当前形势下，中国特色社会主义大学开展责任教育，在提升责任情感方面，要重视培养学生的爱国主义情感，引导学生将爱党、爱国与爱社会主义统一起来，既建立对爱国主义的理性认识，又以实际行动形成爱国主义的情感表达，做到爱国的深厚情感、理性认识与实际行动相一致。引导青年大学生增进爱国主义情感，促进青年大学生将自身前途命运融入国家、民族的发展之中，激励青年大学生以青春力量助力国家实现伟大复兴。

淬炼责任意志。责任意志是指主体为践行责任而敢于克服困难、突破障碍的勇气、决心和毅力。责任意志是一种重要的精神力量，在责任认知到责任行为的转化过程中始终起着调节作用。责任意志是否坚定关涉到责任主体在面对困难和障碍时其责任行为能否顺利产生以及产生后又能否持久的问题。因此，责任意志可以被视作责任认知向责任行为转化过程中的杠杆。意志越坚定，这个责任认知到责任行为的转化过程就越省力，越能促使主体克服困难，承担责任。意志越脆弱，责任认知到责任行为的转化过程就越费力，主体要么被困难吓退，毫无行动，要么有所行动，但又必定缺乏持久性。新时代，实现中华民族伟大复兴进入了不可逆转的历史进程，越接近这个目标，面临的干扰甚至破坏就越大。中国特色社会主义大学要培育时代新人，不仅要引导青年大学生认识到自己所肩负的责任，而且要促使青年大学生认清国际国内发展大势，做好克服困难、勇担重任的心理准备，最为重要的是对中国特色社会主义伟大事业充满信心，听党话、跟党走。具体来讲，新形势下淬炼责任意志就是要根据新时代青年大学生群体的代际特征，具体组织开展挫折教育，增强抗压能力，锤炼大学生在身心健康、学业成长、创新创业等方面的坚强意志品质，提升克服困难风险的能力。

坚定责任信念。责任信念是指主体对自身所承担的责任的认同和信仰，既包括主体对责任的理解和认同过程，又包括主体愿意将责任当作信仰去追求的一种状态。责任信念建立在责任认知基础之上，是一种被主体认识和理解并高度认同的责任，是在知、情、意综合作用下形成的一种内心坚定而执着的心理状态，这种心理状态在知行转化的过程中始终处于中心枢纽位置。具备了责任认知，并在责任情感和责任意志的影响下，形成了责任信念的主体，必定对责任真懂、真信，并愿意为之付出努力。坚定责任信念是促使主体从责任认知转化为责任行为的关键环节。中国特色社会主义大学在培育时代新人过程中坚定青年大学生责任信念，最重要的就是通过强化"四个正确认识"，教育引导青年大学生坚定"四个自信"，坚持马克思主义，牢固树立共产主义远大理想和中国特色社会主义共同理想，坚定实现中华民族伟大复兴中国梦的信心，始终坚信自己是实现中华民族伟大复兴的一分子，并为之而努力。

促成责任行为。责任行为是指责任主体对自身责任的认知在其情、意、信等因素的共同推动下，进而外化形成的履责践责的实际行动。从责任认知转化为责任行为的全过程来看，责任行为不是指某一个具体的、偶然的行动，而是在知、情、意、信等因素的综合作用下，反复锤炼、不断强化，融入主体品格，成为行为习惯的一种稳定性、持久性的行为。促成责任行为是责任教育的最终目标，中国特色社会主义大学培育时代新人，就要面向青年大学生促成责任行为，培育其担当时代大任的能力。一方面要通过"引人以大道，启人以大智"，促进青年大学生聚焦主责主业，在自身所处的成长发展阶段能有效地自我管理，矫正行为偏差，沿着向上向善的道路成长；另一方面又要促使青年大学生在面临是非判断、价值选择等原则性、发展性问题时，能作出正确选择，彰显责任担当。

开展责任教育的途径和方式

新时代，中国特色社会主义大学要培养能够堪当民族复兴大任的时代新人，不是简单地引导青年大学生认识其所肩负的历史使命，而是要认识到，培养时代新人，开展责任教育是一个在知、情、意、信等多种因素的综合作用下最终持续产生责任行为的过程，要综合运用多种教育途径和方式，才能促使责任主体知责明责、守责尽责、履责践责。

第一，开展理论教育引导青年大学生知责明责。责任教育的起点是认知，只有责任主体认清自身所处的时代背景和社会关系，以及自身所扮演的角色和与角色相对应的责任，才能进一步把责任认知转化为责任行为。首先，对青年大学生加强形势与政策教育，引导青年大学生认清国际国内形势，明确中国特色社会主义的历史方位。党的十九大庄严宣告："经过长期努力，中国特色社会主义进入了新时代，这是我国发展新的历史方位。"中国特色社会主义进入新时代，一方面，意味着中国特色社会主义伟大实践取得了巨大成就，实现中华民族伟大复兴进入不可逆转的历史进程；另一方面，面对"两个大局"，我们建设社会主义现代化国家必然会面临巨大挑战。开展形势与政策教育，就是要引导青年大学生理解国家发展所面临的历史机遇与现实挑战，明确自身所肩负的历史责任。其次，对青年大学生加强马克思主义理论教育。从广义上来讲，马克思主义理论教育，是指思想理论教育既以马克思、恩格斯、列宁等经典作家的思想理论为内容，又以经由毛泽东、邓小平等中国共产党人发展了的中国化马克思主义理论为内容，新时代马克思主义理论教育的重中之重就是习近平新时代中国特色社会主义思想。马克思主义以其科学的世界观揭示了人类社会发展的客观规律，具有科学性、革命性、价值性等特点。对青年大学生开展马克思主义理论教育，既是对其进行科学的世界观、方法论教育，又是对其进行科学的价值观教育。熟练掌握马克思主义理论，就能以科学的世界观、方法论看待中国特色社会主义伟大事业，进而增进政治认同、情感认同，促使青年大学生进一步理解为实现中华民族伟大复兴而努力奋斗的使命担当。再次，对青年大学生加强爱国主义教育。爱国主义是中华民族最为深厚的历史情感，是我们国家和民族自立自强的强大精神动力，是凝聚和鼓舞全国各族人民团结奋斗的一面旗帜。当代青年大学生要在复杂多变的国际国内形势中克服万难、勇挑重担，敢于担当民族复兴大任，爱国主义是推动其克服困难的强大精神力量。最后，对青年大学生加强社会主义核心价值观教育。社会主义核心价值观从价值观层面阐释了社会主义的本质，加强社会主义核心价值观教育有利于青年大学生理解社会主义本质，特别是理解中国特色社会主义伟大事业要干什么、向何处去，也更有利于当代青年大学生在明大德守公德严私德的过程中践行使命担当。

第二，运用榜样示范激发青年大学生守责尽责。从某种角度讲，教育是一个模仿过程。对青年大学生开展责任教育就应该为其提供一个可供模仿的榜样，简言之，就要充分发挥特定榜样和典型人物在责任教育中的示范作用，以榜样的躬身示范，引导青年大学生的情感认同，锻造青年大学生的坚强意志，进而强化青年大学生守责尽责的牢固信念。首先，教育者自身就是青年大学生接受教育过程中第一时间接触到的榜样。教育过程是传递知识的过程，更是教育者以自己的学品、人品等对受教育者产生影响的过程，如果教育者在自己的工作中表现出敷衍、推诿甚至造假等不负责任行为，那么即使教育者嘴上说的道理再正确，都注定不可能对受教育者产生良好的教育效果。因此，要坚持教育者先受教育，打造高素质教师队伍，强化全员全过程全方位育人理念，倡导人人都有育人职责的教育责任意识，让教职工队伍承担起育人职责。其次，要通过选树优秀典型，发掘榜样等，以榜样的典型事迹教育引导青年大学生守责尽责。习近平总书记曾指出："实践证明，抓什么样的典型，就能体现什么样的导向，就会收到什么样的效果。"新时代，对青年大学生开展责任教育，一方面，要结合大学生的生理心理特点和生活实际，选择身边的优秀教师、优秀学生，以具有现实感和亲和力的人和事来教育人、感动人。另一方面，要善于从历史中挖掘教育资源，特别是从党史、新中国史、改革开放史、社会主义发展史中挖掘革命烈士、英雄人物、改革先驱、道德模范等典型形象，用厚重历史中彰显的高尚精神感染教育当代大学生，引导青年大学生以史鉴今、学史明志，努力成长为新时代担当民族复兴大任的时代新人。

第三，通过实践锻炼促使青年大学生履责践责。责任教育的最终目标是促成责任主体履责践责。而要达此目标，最为关键的环节就是要大力引导青年大学生投身社会实践，提升履责践责能力，最终将责任认知转化为责任行为。社会实践对于青年大学生的责任教育意义非凡，在社会实践活动中既能巩固责任认知又能培育责任情感，还能适当运用实践中的困难和障碍磨炼青年大学生的责任意志，进而树立责任信念，促使青年大学生在社会实践过程中强化认知、提升情感、淬炼意志、坚定信念等。为此，对青年大学生进行责任教育必须充分开展实践教学，利用多种实践形式，引导大学生积极参加社会实践，学以致用，用所学观察社会、回馈社会，在社会实践中认识社会、了解国情，致力于在解决现实问题中践行社会责任。北京理工大学在运用实践锻炼方法培养时代新人的过程中，发挥北京理工大学"延安根、军工魂"红色基因的独特育人优势，将"四史"教育与红色校史校情教育相结合，组织开展"重走长征路"等社会实践，参加支教、支农、扶贫、多样化志愿者服务等，以问题为导向，面向党和国家重大需求，引导新时代青年大学生树牢理想信念，砥砺使命担当，促使其履责践责。

（包丽颖：北京理工大学党委副书记；原刊载于《思想教育研究》2021年第10期）

高校新闻舆论工作应理性探索和价值追求辩证统一

包丽颖 刘新刚

习近平总书记在全国高校思想政治工作会上指出,"高校思想政治工作关系高校培养什么样的人、如何培养人以及为谁培养人这个根本问题。要坚持把立德树人作为中心环节,把思想政治工作贯穿教育教学全过程……"。这个论述鲜明体现了高校育人的职责所在、使命所系,从根本上要求高校新闻舆论要坚持与之相适应的价值追求和工作导向。

2016年2月19日,习近平总书记在党的新闻舆论工作座谈会上提出新闻舆论工作"48字"的职责使命,正是高校坚持新闻舆论理性探索和价值追求相统一的具体体现。可以说,高校新闻舆论工作的职责使命不是单一维度的,既不能只从事物本身的直观角度观察世界而欠缺对价值规范的遵循,也不能只从我们"主体的""能动的"方面去评判思考而欠缺对客观世界的真实反映,而是要注重坚持理性探索和价值追求的辩证统一。

理性维度与价值维度辩证统一的马克思主义新闻观

马克思主义新闻观是马克思主义的世界观、人生观和价值观在新闻传播领域的反映和体现。这一新闻观坚持党性原则、坚持把正确舆论导向放在首位、坚持为人民为社会主义为全党全国工作大局服务、坚持政治家办报等核心观点至今仍是我们党的新闻舆论工作的理论指南。

1. 坚持新闻舆论理性维度与价值维度的辩证统一,是马克思辩证唯物主义哲学原理对新闻舆论工作的根本要求。在日常生活中,我们经常要回答"是不是"与"该不该"的问题,这就触及了理性与价值问题。"是不是"表征的是理性维度的问题,"该不该"表征的是价值维度的问题。从两个维度辩证统一角度阐释问题,是马克思主义的主要理论优势之所在。马克思对只从单一维度去理解世界进行了批评，认为理性维度与价值维度应该辩证地统一于人的实践活动之中。

2. 坚持新闻舆论工作的价值导向，是马克思主义新闻观与其他流派新闻观的根本区别。马克思主义新闻观与其他流派新闻观的重大差异在于是否承认新闻舆论工作中存在价值维度。那么，为什么要坚持新闻舆论工作的价值导向？马克思认为"人是社会关系的总和"，不同的社会关系生成不同的人，不同的人的价值观就不同，其在叙事时就会带有价值差异，这就涉及价值观规范与导向问题。

3. "48字"的职责使命论述鲜明体现了马克思主义新闻观的根本观点。"48字"中的"澄清谬误、明辨是非，联接中外、沟通世界"表征的是新闻舆论工作中的理性维度，体现了新闻工作中应该解决"是什么"的问题，应该求"真"，将真实的事件及时而准确地报道出来，以实现新闻舆论工作指向求真过程的理性认知。"48字"中的"高举旗帜、引领导向，围绕中心、服务大局，团结人民、鼓舞士气，成风化人、凝心聚力"则表征了新闻舆论工作中的价值维度，解决了"应该是什么"的问题，该维度诉求"善"和"美"，要求新闻舆论工作应该有积极的价值导向。

理性探索与价值追求的辩证统一有其客观必然性

高校新闻舆论工作坚持理性探索和价值追求的辩证统一，既是遵循马克思主义新闻观的必然要求，也是由高校的自身特点和特殊职责使命所决定的，直接反映并服务于"培养什么人、怎样培养人、为谁培养人"这一重大教育命题。

1. 高校新闻舆论工作坚持理性探索与价值追求的辩证统一是由党对高校的根本要求决定的。新闻舆论工作作为高校开展思想政治宣传教育的重要方面，要推动实现党对高校的根本要求，就必须围绕办好中国特色社会主义大学的根本任务，坚持立德树人，把培育和践行社会主义核心价值观融入教书育人全过程；就必须坚持思想引领，牢牢把握高校意识形态工作领导权。面对国内外敌对势力各种渠道的思想渗透，高校新闻舆论工作只有始终高举旗帜、引领导向，只有始终团结师生、鼓舞士气，只有始终澄清谬误、明辨是非，将价值取向与理性传播导向有机统一起来，才能更好地围绕中心、服务大局，才能成风化人、凝心聚力，才能联接中外、沟通世界，实现自身的职责使命。

2. 高校新闻舆论工作坚持理性探索与价值追求的辩证统一是由大学的至高追求和神圣使命决定的。大学的理想和精神在于对真理的执着追求和对道德人格的完善。习近平总书记提出新闻舆论工作"48字"的职责使命所坚持的理性探索与价值追求的辩证统一恰恰契合了大学的至高追求和神圣使命，因而，高校新闻舆论工作要义不容辞地将坚持理性探索与价值追求的辩证统一作为基本工作遵循。

3. 高校新闻舆论工作坚持理性探索与价值追求的辩证统一是由新闻舆论工作在学校改革发展中的特殊地位和作用决定的。高校新闻舆论工作只有做到既有效反映学校改革发展的理性求真，又正确引导各类群体舆论氛围的积极向善，巩固壮大主流思想舆论，才能成为增信释疑、凝心聚力的纽带，才能激发团结向上的精神力量。

理性探索与价值追求的辩证统一有其内在基本遵循

"48字"的职责使命，为我们在新形势下做好党的新闻舆论工作提供了强大思想武器和根本遵循。高校新闻舆论工作要从党的工作全局出发把握党的新闻舆论工作定位，不断提高新闻舆论的传播力、引导力、影响力、公信力。

1. 坚持理性探索与价值追求的辩证统一就要始终坚持党对新闻舆论工作的领导。当前，新闻舆论工作中的理性维度主要解决的问题是对各类信息进行准确的报道，而价值维度主要解决理性维度的失效问题，即实现价值规范。习近平总书记提出的"坚持党的领导，坚持正确的政治方向，坚持以人民为中心的工作导向"反映的就是新闻舆论工作的立场问题和价值规范问题。高校新闻舆论工作要克服理性维度的失效，最根本的就是要坚持党性原则，敢于同一切校园中的"西化声音""西化思想"、错误思潮做斗争。高校新闻舆论工作坚持党对新闻舆论工作的领导，还要坚持正确的舆论导向，包括思想导向、审美导向、行为导向、经济导向、文化导向等等，把学校形象展示好、把学校故事讲述好、把师生诉求表达好，在校园中做好党的政策主张的传播者、时代风云的记录者、社会进步的推动者、公平正义的守望者。

2. 坚持理性探索与价值追求的辩证统一就要坚持和弘扬科学精神。科学精神是马克思主义理论的题中应有之义。高校新闻舆论工作坚持和弘扬科学精神，就要大力弘扬马克思主义理论的科学精神维度，力求实事求是，力求客观真理，力求理论与实践相结合，力求解放思想破除一切迷信。习近平总书记提出的开展新闻舆论工作的方法要求进一步印证了弘扬科学精神的重要性，他认为，"要根据事实来描述事实，既准确报道个别事实，又从宏观上把握和反映事件或事物的全貌"，批判性报道要"事实准确、分析客观"。因而，高校新闻舆论工作须臾不可偏离科

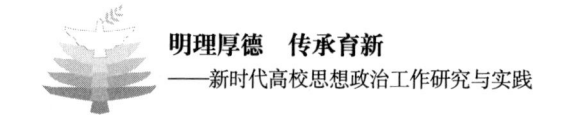

学精神，必须将科学求真的理性探索作为工作起点。

3. 坚持理性探索与价值追求的辩证统一要以创新为要，用崭新的工作思路和工作方法做好新的时代条件下的新闻舆论工作。当前，在新的时代条件下，高校的媒体格局、舆论生态、受众对象、传播技术都有了新特点、新变化，用以往的、陈旧的、一成不变的思路和方式去实现新闻舆论工作理性与价值两个维度的职责使命显然已经不可能，推动实现高校新闻舆论工作的理念创新、手段创新、载体创新、形式创新甚至体制机制创新成为必然。具体而言，高校新闻舆论工作的创新就是要适应师生的新的代际特点、文化层次特点，适应分众化、差异化的传播趋势，通过推动传统媒体与新兴媒体的深度融合，发挥人才优势，向广大师生宣讲党的理论方针政策，宣讲学校改革发展蓝图，宣讲社会进步与公平正义，反映师生风貌，回应师生关切，发现矛盾问题，引导师生情绪，维护学校教书育人的和谐稳定环境和积极氛围。

（包丽颖：北京理工大学党委副书记；刘新刚：北京理工大学马克思主义学院院长；原刊载于《中国高等教育》2017年第18期）

高校"三全育人"的逻辑诠释与实践

蔺 伟

加强和改进高校思想政治工作要坚持全员全过程全方位育人，要把思想价值引领贯穿教育教学全过程和各环节。"三全育人"是高等教育面对党和国家建设发展对人才的迫切需求，落实立德树人根本任务，回应"培养什么人、怎样培养人、为谁培养人"时代课题的重大举措，有着严密的生成逻辑、精准的核心要义，在实践的过程中积累了丰富的经验，对推动新时代高校思想政治工作改革创新、建立并完善贯通高水平人才培养体系的思想政治工作体系具有重大意义。

高校"三全育人"的理论与现实依据

高校"三全育人"工作以马克思主义系统观、矛盾论、人的全面发展理论为价值基点，以破解高校思想政治工作不平衡不充分问题为目标指向，充分彰显了中国特色社会主义教育的育人优势。

1. 理论依据：马克思主义基本原理在高等教育领域的当代延展

系统观、矛盾论、人的全面发展理论为"三全育人"理念的形成、发展提供了理论基础。首先，系统观揭示了"三全育人"的结构规律。马克思主义系统观认为任何系统都不是固定的、一成不变的，而是处于一定环境中，与外界环境有着千丝万缕的联系，随着时间推移不断发生变化，始终处于动态平衡过程之中。"三全育人"是一项对高校育人体系进行整体设计的系统工程，从系统论的角度把握其整体性特征，既要将系统内部的各育人要素、育人环节充分整合起来，使其相互作用、相互制约，形成"全员""全过程"育人合力；又要充分调动系统内、外部力量，充分发挥学校、家庭、社会联动作用，形成"全方位"育人格局。其次，矛盾论揭示了"三全育人"的工作方法。"三全育人"是改造人的主观世界和客观世界的特殊实践活动，其对象是人，人在不同阶段的变化和发展决定了其必须是相互联系和不断变化发展的过程，要把握矛盾的普遍性和特殊性，要针对大学生在不同年龄阶段出现的新思想、新特点开展工作,贯穿大学生成长成才"全过程"。再次,人的全面发展理论揭示了"三全育人"的目标要求,即要培养身心健康、人格健全、全面发展的人。高校"三全育人"工作围绕落实立德树人根本任务,有力回应新时代大学生全面成长的现实诉求,致力于培养德智体美劳全面发展的社会主义建设者和接班人,是高校在马克思主义世界观方法论指导下开展思想政治工作的探索和实践。

2. 现实依据:破解高校思想政治工作不平衡不充分问题的重要抓手

当前,经济社会发展新形势、高等教育改革发展新趋势和大学生成长发展新诉求对高校思想政治工作提出了新的更高挑战。高校是意识形态领域斗争的前沿阵地,大学生处在价值观成长发展的关键时期,极易受到各种社会思潮的冲击,亟须开展精准有效的思想引领和价值引领。高校"三全育人"工作要坚持问题导向,聚焦短板弱项,坚持把破解高校思想政治工作不平衡不充分问题作为目标指向,真正引导各高校把各项工作的重音和目标落在育人效果上,不断提高思想政治工作的科学化精细化水平,使高校思想政治工作更好地适应和满足学生成长诉求、时代发展要求、社会进步需求。

高校"三全育人"的核心要义

"三全育人"即全员、全过程、全方位育人。实现"三全育人",就是要牢牢把握人才培养的主体维度、价值维度和方法维度,通过体制机制的有效设计,实现各项育人工作的协同协作、同向同行、互联互通。

1. 主体维度:"三全育人"是做人的工作

高校立身之本在于立德树人,思想政治工作则是高等教育为党和国家培养人才的重要手段。作为高校思想政治工作创新发展、质量提升的重要举措,"三全育人"旨在通过形成全员全过程全方位育人格局,切实提高思想政治工作的亲和力和针对性,以对马克思主义和共产主义的信仰、对中国特色社会主义的信念、对中国共产党带领人民实现中华民族伟大复兴的信心为学生筑牢信仰之基,以习近平新时代中国特色社会主义思想为学生把稳思想之舵,以社会主义核心价值观为学生补足精神之钙,引导学生立大志、明大德、成大才、担大任,努力成为堪当民族复兴重任的时代新人,让青春在为祖国、为民族、为人民、为人类的不懈奋斗中绽放绚丽之花。这是高校的根本任务,也是坚持社会主义办学方向的具体实践。

2. 价值维度:"三全育人"紧紧贯穿育人主线

高校要成为育人的沃土,为人才成长提供充足的养分,必须要从"教"走向"育",构建育人新模式,营造育人新生态,全面提升人才培养水平。"三全育人"一方面要立足"教",遵循教书育人规律、遵循思想政治工作规律,紧紧围绕"育人"设计教育教学和管理服务过程,不断完善学科教学体系和日常教育体系,以"大先生"为标准加强教师思想政治教育和师德师风建设,建设一支以德立身、以德立学、以德施教、以德育德的高素质教师队伍。另一方面要立足"学",遵循大学生成长成才规律,坚持围绕学生、关照学生、服务学生,想学生之所想、急学生之所急,不断提高学生思想水平、政治觉悟、道德品质、文化素养,让学生成为德才兼备、全面发展的人才,在学习的过程中有更多的获得感和幸福感。

3. 方法维度:"三全育人"致力打造立体化育人体系

"三全育人"立足系统观念,将高校育人生态看成有机的整体,通过丰富拓展校内和校外两个方面的育人力量,建立健全人才培养体制机制,构建"三全育人"大格局,打通高校思想政治工作的断点、盲区,营造以育人为核心的良好生态。一方面是在"空间"维度上把握"全方位",要从课内课外、线上线下、德智体美劳等各个方面出发,充分挖掘课程、科研、实践、文化、网络、心理、管理、服务、资助、组织等各个方面的育人职责,调动家庭、学校、政府、社会各方力量,并通过对各类教育资源的有效整合,实现育人效果最大化。另一方面是在"时间"维度上把握"全过程",兼顾德育和智育,兼顾课上和课下,兼顾思政课程和课程思政,把育人元素融入"教育教学全过程"和"学生成长成才全过程",让教育过程形成入学到毕业、成才到成人的完整闭环。

高校实现"三全育人"应把握的关键环节

"三全育人"将立德树人根本任务与思想政治教育活动深度融合,在推进的过程中,应该重点把握学理逻辑、实践逻辑和管理逻辑相统一,全面统筹办学治校各领域、教育教学各环节、人才培养各方面的育人资源和育人力量,构建全员、全过程、全方位的育人格局。

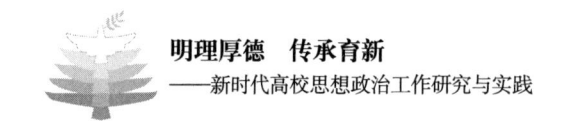

1. 如何以学理逻辑引领教育内容，凝聚广泛育人共识

遵循学理逻辑，传递科学理论的魅力，增强思想理论的说服力，才能让理论入脑入心，转化为指导实践的强大力量。青少年阶段是人生的"拔节孕穗期"，最需要精心引导和栽培。如何以透彻的学理分析回应学生，以彻底的思想理论说服学生，引导师生建立价值共识，自觉成为先进思想文化的传播者、党执政的坚定支持者，成为高校"三全育人"工作中要破解的首要难题。

2. 如何以实践逻辑带动教育对象，协同个人成长和国家社会进步

遵循实践逻辑，综合运用马克思主义唯物论、辩证法、认识论的指导，坚持理论与实践的辩证统一，让科学的理论既成为学生成长成才的指导思想，又成为行动指引，推动学生把小我融入大我，在集体中成长，在与国家社会发展同频共振中实现自身价值。思想政治工作的对象是人，要做好这项工作必须具备科学的对象意识，深入把握高校教学和科研规律，深入把握青年学生的成长规律、心理特征和思维方式，既要解决"思想问题"，又要解决"实际问题"。如何坚持以学生为本，以德立人、以情感人、以理服人，关心学生的成长，促进学生的进步，在潜移默化中做好思想政治教育工作，既考验高校党委对思想政治教育工作顶层设计和整体谋划，又考验思想政治教育工作者因事而化、因时而进、因势而新的工作水平和能力。

3. 如何以管理逻辑优化教育行为，形成协同育人合力

遵循管理逻辑，综合考虑计划、组织、指挥、协调和控制等管理活动的基本要素，形成开展工作的基本规范，以组织实施的规范化促进教育行为的科学化，才能让"三全育人"工作更加科学、严谨，实现教育的实效性。如何建立合理运行的"大思政"工作机制，动员学校各方育人力量协同演奏好"三全育人"工作的大乐章，构建贯通高水平人才培养体系的思想政治工作体系，真正实现全员、全过程、全方位育人，需要高校思想政治工作者持续深度思考与实践。

高校推进"三全育人"的实践进路

党的十八大以来，各高校在推动实现"三全育人"，一体化构建内容完善、标准健全、运行科学、保障有力、成效显著的思想政治工作体系方面开展了卓有成效的实践探索，为推动高校思想政治工作在新时代创新发展积累了有益经验。

1. 深化"大思政"工作格局

建立健全"十育人"工作机制，深化"三全育人"，离不开学校党委的顶层设计和统筹谋划。一方面，要持续加强党对学校思想政治工作的领导，通过建立党委统一领导，党政工团齐抓共管，党委宣传部牵头协调、统筹推进，各学院各部门各单位主动参与、通力配合的"大思政"工作格局。另一方面，要明确各岗位育人职责，推动"三全育人"工作责任体系落地落实。系统梳理归纳各个群体、各个岗位的育人要求，通过挖掘育人元素、建立责任清单、强化工作举措，将其作为职责要求和考核内容融入整体制度设计和具体操作环节，切实把师德规范和育人实绩作为党政干部、全体教师日常管理的首要内容，作为考核、分配、评聘、晋升机制的核心指标。

2. 持续深入开展思想引领和价值引领

新时代孕育新思想，新思想引领新青年。用习近平新时代中国特色社会主义思想武装青年学生，既是新时代的呼唤，又是高校思想政治工作的历史责任和使命担当。一方面，要在坚定理想信念上下功夫、在厚植爱国主义情怀上下功夫、在加强品德修养上下功夫、在增长知识见识上下功夫、在培养奋斗精神上下功夫、在增强综合素质上下功夫，引导学生增强中国特色社会主义道路自信、理论自信、制度自信、文化自信，立志肩负起民族复兴的时代重任。另一方面，要加强工作方式手段创新，针对价值多元、思想多变、传播方式多样的时代变化，结合实际探索适应新形势的新方式、新方法、新手段和新机制，努力形成师生参与度高、适用性推广性强、工作实效性突出的模式或成果，发挥示范引领、辐射带动作用，促进思想政治工作针对性和实效性的整体提升。

3. 加强师资保障和育人队伍建设

高校教师要努力成为先进思想文化的传播者、党执政的坚定支持者，才能更好担起学生健康成长指导者和引路人的责任。一方面，要坚持教育者先受教育，传道者自己首先要明道、信道，抓住"专任教师"这一关键，将全体教师纳入政治理论学习范围，通过多种方式确保理论学习全覆盖，并将学习成效体现在教师实施"课程思政"过程中。另一方面，要加强"三全育人"工作专门力量建设，建立由专任教师、思政课教师、专兼职辅导员、管理服务人员等共同组成的"三全导师"工作队伍，将优秀师资力量转换成实现"全人教育"的关键力量。

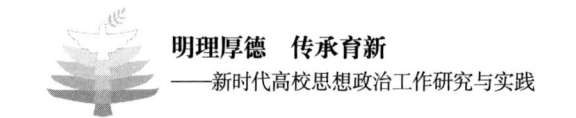

4. 加强育人实效和工作质量考核评价

高校"三全育人"工作评价要立足新时代的新形势、新任务、新要求，科学评价与判断高校思想政治工作质量效果。一方面，要完善考核评价体制机制，把开展"三全育人"工作作为领导班子和领导干部、各级党组织和党员干部工作考核的重要内容，加强监督考核，严肃追责问责，把"软指标"变成"硬约束"；另一方面，要量化评价指标体系，坚持政治评价与业务评价相统一、客观评价与主观评价相统一、结果评价与过程评价相统一、定性评价与定量评价相统一的方式，针对学生、教师等不同主体设计指标体系，为高校思想政治工作质量评价理论与实践推进形成有益参照。

（蔺伟：北京理工大学党委常委、党委宣传部部长；原刊载于《中国高等教育》2021年第18期）

研究生思想政治教育协同机制构建论析

蔺 伟　王军政　纪惠文

研究生教育位于高等教育人才培养的最高层次，肩负着"培养创新人才、提高创新能力、服务经济社会发展、推进国家治理体系和治理能力现代化"的重要使命。研究生思想政治教育是研究生教育的重要组成部分，对于培养德才兼备的高层次拔尖创新人才具有重要作用。当前，我国正由研究生教育大国向研究生教育强国迈进，研究生群体特征、高校人才培养模式、管理服务方式等均发生了一系列新变化，对研究生思想政治工作育人水平和育人能力提出了新要求。特别是在"大思政"工作格局下，亟须通过构建并完善研究生思想政治教育协同育人机制，汇聚育人资源，形成育人合力，切实提升研究生思想政治教育的实效。

推动研究生思想政治教育协同育人的时代方位

党的十九大报告旗帜鲜明地指出："中国特色社会主义进入了新时代，这是我国发展新的历史方位。"新的历史方位、新的矛盾变化赋予了高等教育新的历史使命，也锚定了研究生思想政治教育创新发展的时代坐标。

（一）研究生教育改革目标从服务需求到支撑引领转变

"研究生教育肩负着高层次人才培养和创新创造的重要使命，是国家发展、社会进步的重要基石。"新中国成立以来，研究生教育经历了数次调整，教育改革始终坚持服从并服务于党和国家事业发展这一主要目标。新中国成立初期，教育和科技事业得到迅速恢复和发展，并开始培养研究生。

1963年，《高等学校培养研究生工作暂行条例（草案）》将"为国家输送攀登科学高峰的后备军"作为研究生教育的主要目标，并提出了"坚持又红又专"的要求。1986年，原国家教育委员会在《关于改进和加强研究生工作的通知》中，进一步明确了"研究生教育担负着为国家培养高级专门人才"的重大任务,这一时期的研究生教育主要是适应国家经济恢复与建设的需求,旨在服务于高等院校和国家科研机构,其目标体现出相对的封闭性与单一性。"科教兴国"战略提出后,研究生教育进入快速发展阶段。1995年,原国家教育委员会发布《关于进一步改进和加强研究生工作的若干意见》,从跨世纪社会主义事业建设的高度出发审视研究生教育的重要地位,强调研究生教育"要更好地适应我国经济建设、科技进步和社会发展对高层次人才的战略需求"。进入21世纪,党和国家将研究生教育作为"培养高层次人才的主要途径"和"国家创新体系的重要组成部分",将研究生教育改革与国家现代化建设的实际紧密结合,大力培养高层次拔尖人才。2020年,习近平总书记就研究生教育工作做出重要指示,再次强调研究生教育和高层次人才培养在建设创新型国家、实现中华民族伟大复兴中的重要作用。

随着党和国家对研究生教育功能和战略地位认识的不断深化,研究生教育改革目标逐渐实现从服务科技经济发展需求到引领支撑创新型国家建设的转变。但是,目前部分研究生投身党和国家事业发展的时代感、责任感、使命感不足,认为搞研究是超脱现实的"象牙塔",对社会发展变革认识不深、对国计民生关注不够、对科技最新前沿掌握不足,既没能树立远大的理想,又缺乏脚踏实地的精神,存在"眼高手低"或者"高不成、低不就"的情况。新形势下,必须将研究生思想政治教育纳入学校中长期建设发展规划进行顶层设计、系统谋划,在深化研究生教育改革的过程中构建协同育人机制,统筹推进研究生思想政治教育工作,从而为高校"双一流"建设提供重要推动力。同时,围绕研究生教育改革中存在的重点难点问题,从目标、思路和具体路径等方面推出务实管用的研究生思想政治教育长效机制和实践举措,以卓有成效的思想政治工作推动研究生教育改革发展。

(二)研究生教育从注重规模到提高质量转变

随着研究生教育改革的深入推进,研究生教育重心由规模的增量式快速发展逐步转变为质量的内涵式稳健发展,为党和国家事业培养了一大批高质量创新人才。1953年,原高等教育部印发《高等学校培养研究生暂行办法(草案)》,规定"招收研究生的目的是为培养高等学校师资和科学研究人才,毕业后不仅能讲授所学专业的一、二门课程,还要有一定的科学研究能力"。"文化大革命"后,研究生教育实现了拨乱反正。1978年,中共中央转发国家科委党组《1978—1985年全国科学技术发展规划纲要(草案)》时提出,要"逐步扩大研究生的比重,8年内共培养研究生8万人"。原国家教育委员会安排了"七五"期间研究生年度招生计划:"前两年大致保持每年招收45000人,后三年适当增加,1990年争取达到招收55000人的规模。"1993年,《中国教育改革和发展规划纲要》从培养经济建设和社会发展需要的应用型人才出发,鼓励扩大在职研究生的招生规模。2001年,教育部在"十五"发展规划报告提出"在学研究生规模达到60万人左右"的目标。在研究生教育规模不断扩大的同时,研究生教育质量也引起了广泛的关注,国家相继出台了一系列政策措施,对研究生培养规模、博士学位论文质量、学术不端行为处置机制、统筹构建质量保障体系等进行了规范。2017年,教育部、国务院学位委员会印发《学位与研究生教育发展"十三五"规划》,正式确立了"到2020年实现研究生教育向服务需求、提高质量的内涵式发展转型"的发展目标。

当前,高校"双一流"建设对研究生教育提出了更高的要求,但研究生思想政治教育仍是大学生思想政治教育工作中相对薄弱的环节,特别是随着高等教育事业的迅速发展和深化改革,研究生思想政治工作面临着诸多新情况。例如在对研究生群体开展思想引领和价值引领的深入度和满足研究生群体成长成才需求各方面的契合度还存在不足,部分高校研究生思想政治教育工作存在机械僵化、流于形式的问题,研究生的思想政治素质难以适应人才培养模式改革的新变化和人才培养质量提高的新要求。新形势下谋划研究生思想政治教育创新发展的新路径,必须将思想政治工作融入研究生培养全过程,通过构建协同育人机制,在课堂教学、科研实践、成果研究、学术交流等研究生培养的各方面充分体现思想政治教育元素和内容,同时,建立对研究生思想政治表现的动态考量、抽样调查、综合评估等长效机制,切实提高研究生思想政治教育的针对性和实效性。

(三)研究生思想政治教育从单方发力到各方协同转变

研究生思想政治教育是一项系统工程,涉及高校教书育人、办学治校各个方面。党的十八大以来,党和国家高度重视高校思想政治工作,先后召开全国教育大会、全国高校思想政治工作会议等重要会议,出台推动新时代思想政治工作创新发展的若干政策举措,研究生思想政治教育在建立全员育人共识、构建协同育人机制、汇聚育人合力等方面取得了显著成效。2013年,《教育部国家发展改革委财政部关于深化研究生教育改革的意见》指出:"加快建设以教育行政部门监管为主导,行业部门、学术组织和社会机构共同参与的质量监督体系。"2016年,全国高校思想政治工作会议要求各级党委加强对高校思想政治工作的领导和指导,建立"党委统一领导、各部门各方面齐抓共管的工作格局"。2017年,《学位与研究生教育发展"十三五"规划》中提出:"坚持把立德树人作为研究生教育的中心环节,把思

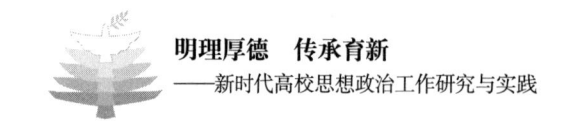

想政治工作贯穿研究生教育教学全过程。"全国教育大会召开后，围绕构建德智体美劳全面培养的教育体系、形成更高水平的人才培养体系这一重大任务，教育部开展"三全育人"综合改革，并于 2020 年出台《关于加快构建高校思想政治工作体系的意见》，聚焦建立完善全员、全程、全方位育人体制机制，全面提升高校思想政治工作质量。2021 年，中共中央、国务院印发《关于新时代加强和改进思想政治工作的意见》，从领导体制、工作机制等方面，再次强调了要建立"思想政治工作大格局"。

在"大思政"工作格局下，各高校覆盖研究生群体的思想政治工作的体制机制已经普遍建立，但还存在部门院系各自为政、育人主体不明确、育人力量不集中、育人合力尚未形成等问题，直接导致了在研究生思想政治教育的过程中还存在断点和盲区。这就要求在开展研究生思想政治教育的过程中，充分利用全员、全程、全方位育人机制，在遵循研究生思想政治工作规律、遵循教育教学规律、遵循高层次人才发展规律的基础上不断改革，推进理念创新、手段创新、工作创新，着力固根基、扬优势、补短板、强弱项，提高科学化规范化制度化水平，以高水平人才培养为新时代思想政治工作注入生机与活力。

研究生思想政治教育协同育人机制在高校人才培养工作中的价值体现

研究生思想政治教育是一项十分复杂的系统性育人实践活动，必须在遵循规律的基础上找准工作的切入点和落脚点，处理好与一流大学建设、与高层次拔尖创新人才培养、与高校思想政治工作质量提升的关系。

（一）聚焦立德树人，紧扣一流大学建设发展的根本要求

培养什么人是教育的首要问题，一流大学建设的根本目标是培养一流的人才。思想政治教育贯穿研究生教育教学全过程，能够为高层次一流人才培养和一流大学建设提供有力的政治和思想保障。一方面，实现研究生思想政治教育协同育人是一流大学建设的应有之义。习近平总书记强调："世界一流大学都是在服务自己国家发展中成长起来的"。我国的教育就是要培养社会主义建设者和接班人，以卓有成效的研究生思想政治教育工作统一思想、凝聚共识、鼓舞斗志，引导广大研究生增强"四个意识"，坚定"四个自信"，做到"两个维护"，对于坚持社会主义办学方向、坚持马克思主义在意识形态领域的指导地位，培养一代又一代拥护中

国共产党和我国社会主义制度、立志为中国特色社会主义奋斗终身的高层次有用人才具有重要意义。另一方面，构建研究生思想政治教育协同育人机制能够有力推动一流大学建设。思想政治工作体系在高水平人才培养体系建设中起到贯通和牵引作用，推动一流大学建设、培养一流人才必须紧紧抓住思想政治工作这一学校各项工作的"生命线"，构建贯穿学科体系、教学体系、教材体系、管理体系的高质量研究生思想政治工作体系，使全员育人力量有机整合、全程育人有效衔接、全方位育人有序融入，以高水平思想政治工作营造良好政治生态和育人环境，引领带动研究生培养体系的整体性构建和研究生教育教学方法的流程性再造，形成更高水平的人才培养体系，助力一流大学和一流学科建设。

（二）聚焦引领服务，满足高层次拔尖创新人才成长的现实需求

"两个大局"下，在危机中育先机、于变局中开新局离不开一大批具有国际水平的战略科技人才、科技领军人才、青年科技人才和高水平创新团队。思想政治教育作为研究生教育的重要组成部分，是高层次、创新性、复合型拔尖创新人才培养的关键环节，必须将促进研究生思想政治素质和学术科研能力的同步提高作为工作的出发点和落脚点。一方面，思想政治教育能够匡正研究生正确的价值导向。青年一代有理想、有本领、有担当，科技就有前途，创新就有希望。思想政治教育具有鲜明的意识形态性，能够强化研究生的政治认同，不断凝聚研究生价值共识，使广大研究生清醒地认识新时代的际遇机缘与使命担当，立足"两个大局"、心怀"国之大者"，把人生理想自觉融入国家和民族的事业中，增强肩负实现中华民族伟大复兴中国梦的使命自觉，积极投身中国特色社会主义现代化建设的伟大事业。另一方面，构建思想政治教育协同育人机制能够有效回应研究生成长发展的现实需求。"围绕学生、关照学生、服务学生"是高校思想政治教育的基本遵循，研究生思想政治教育必须坚持以学生为中心，始终把促进研究生成长成才作为思想政治教育的出发点和着眼点，培养研究生的创新精神和创新能力，对研究生学习生活中遇到的困难给予更多的关注和支持，促进研究生的全面发展。

（三）聚焦短板弱项，回应高校思想政治工作质量提升的实践诉求

当前，研究生思想政治工作呈现持续加强改进、不断向上向好的发展态势，但在实际工作中，在体制机制的整体架构、育人理念的与时俱进、教育方式的灵活多样、队伍建设的协同发力等方面还存在不少短板弱项。构建研究生思想政治教育协同育人机制，正是坚持问题导向，推动重点领域、薄弱环节改革创新，打

通育人"最后一公里"的重大举措。一方面，有助于提升研究生群体思想政治教育质量。研究生群体在年龄结构、知识背景、社会阅历等方面存在较大差异，同时面临就业、婚恋、社交等实际生活方面的困难和压力，使得他们的思维方式较为实际，思想政治工作对研究生群体的吸引力和凝聚力不高。在开展思想政治教育的过程中，必须注重研究生思想政治教育与本科生思想政治教育相衔接，与学生成长过程相结合，与广大教师的教书育人相综合，与研究生职业发展相融合，全面提升育人成效。另一方面，有助于提升高校思想政治教育工作整体质量。研究生思想政治教育协同育人机制的构建，能够为破解高校思想政治教育的重点难点问题提供经验示范。例如，着力破解"课程育人"中教师照本宣科、机械僵硬搞思想政治教育的难题；破解"网络育人"中思想政治工作边缘化、弱化、失声失语现象的难题；破解"心理育人"中心理健康教育与学生"四个意识""四个自信"融合度不高的难题；破解"资助育人"中解决生活困难和解决思想困难不同步的难题；破解"组织育人"中"重形式、轻实效""重流程、轻质量"的难题，等等。

"大思政"视域下构建研究生思想政治教育协同育人机制的实践路径

"大思政"视域下构建研究生思想政治教育协同育人机制，要认真研究总结研究生群体的时代特征，科学把握研究生思想政治教育规律，不断增强工作的系统性、统筹性、能动性和创新性，努力开创研究生思想政治教育新局面。

（一）强化责任协同，完善研究生思想政治教育工作体系

以构建贯通高水平人才培养体系的思想政治工作体系为牵引，把思想政治教育融入研究生文化知识学习、社会实践活动、创新创业教育等各个环节，建成并完善目标明确、内容完善、分工清晰、保障有力的研究生思想政治教育工作体系。一是健全研究生思想政治教育责任机制。要牢牢把握"大思政"工作格局，由学校主导，从全局出发做好顶层设计，为学院、部门层面具体组织和实施提出要求、指明方向、考核成效，形成一级抓一级、层层抓落实的研究生思想政治教育责任机制。二是完善研究生思想政治教育协同管理机制。以党委宣传部和研究生工作部门为协调中枢，充分挖掘校内外相关育人资源，构建集组织建设、思政教育、创新实践、安全稳定、校园文化等于一体的网格化思政工作平台，有效统筹育人资源、打破育人壁垒，建立校内外融通、部门间协同、校院系联动的研究生思政

工作管理平台。三是创新研究生思想政治教育考核评价机制。实施校院两级督导制度，完善督导体系，深入研究生教育管理各环节开展思想政治督导。例如，北京理工大学在《研究生评教办法》中增加思政教育及师德师风观测点，实时反馈并跟踪处理；优化第三方机构"毕业生培养质量跟踪评价"，关注毕业生对学校思想政治工作的反馈与评价，形成育人闭环。

（二）强化阵地协同，严格研究生培养全过程意识形态把关

高校是意识形态工作的前沿阵地，当前，必须清醒地认识到我国高校意识形态领域内外部环境的严峻挑战和研究生群体思想动态的多元变化，严格落实意识形态工作责任制，在研究生培养全过程、各环节加强意识形态阵地管理。一是严格招生入学的思政把关。在硕士考生复试及博士考生面试中增加思想政治考察，严把考生思想政治关；在博士考生资格审查中，要求考生在专家推荐信等材料中体现思想政治表现，从严考核博士考生的政治态度与思想表现；在调档政审中，对拟录取考生的政治态度、思想表现、道德品质、遵纪守法和诚实守信等方面进行严格审查。二是划定课堂教学意识形态的安全底线。坚持课程育人正确政治方向，制定课程教学行为规范相关制度文件，明确学院、教师职责；深入开展课程教学督导，实施校领导教学巡视制度，开展研究生教育秩序全面检查，所有外聘教师课前均需签订"思政承诺书"，要求各基层党委严格审核校外专家学术报告或讲座内容；严格落实哲学社会科学报告会、研讨会、讲座、论坛"一会一报"制度，对研究生学术论坛、专家讲座、国内外交流活动等严格意识形态审批把关。三是推动思政课程和课程思政同向同行。例如，北京理工大学充分发挥思想政治理论课的价值引领作用，制定《北京理工大学推进思想政治理论课建设工作方案》，根据研究生教学特点推动思想政治理论课教学模式改革，积极探索问题教学、微课教学、体验教学等创新教学方式；围绕党史、国史、改革开放史、社会主义发展史设定教学内容，融入校史、学科史、军工史建设课程模块。与此同时，学校还注重推进课程思政全面覆盖，修订研究生课程教学大纲、教案课件，制定《北京理工大学研究生课程思政实施办法》，构建以"思政课程"为中心，以各门类、学科专业"课程思政"为辐射圈的立体化育人课程体系，切实提高课程育人实效。

（三）强化队伍协同，建设好以导师为主体的研究生思想政治工作队伍

"教育者先受教育"。研究生思想政治工作队伍是开展研究生思想政治教育的主体，研究生的思想政治教育只有做到"让有信仰的人讲信仰"，才能使研究生牢

固树立马克思主义的世界观、人生观和价值观，切实提升研究生思想政治教育质量。一是充分发挥导师在研究生教育中的第一责任人作用。严格落实师德师风"一票否决制"，在导师聘任中增设申请人师德师风自查、自评，在新聘任导师岗前培训中专设思想政治教育和师德师风建设培训单元，并作为结业考试中的必考内容；在导师考核评价指标中，从思想政治与素质教育、课程教学、学术创新指导、实践创新指导、社会责任和国际视野、学术道德教育、优化培养条件、注重人文关怀等各方面对导师的立德树人职责提出明确要求，尤其在研究生学术成果发表、学位论文撰写、创新创业实践等环节，加强导师对研究生的思想引导和价值引领。二是配齐建强研究生辅导员队伍。坚持高标准做好队伍规划和人员选聘工作，丰富多元化用人模式，重点推进具有博士学位的专职辅导员和思政博士后的选聘工作；加强辅导员队伍的教育培训，依托校内外培训基地，建立健全专题与常规交织、普适与专业并行的辅导员技能培训模块；建立专职辅导员职员、职称单评单列机制，打通适应研究生辅导员岗位特点的职业发展道路，促进队伍向专业化、职业化发展。三是大力调动办学育人各领域育人合力。例如，北京理工大学建立学术导师、学育导师、德育导师、朋辈导师、通识导师和校外导师等六类导师组成的"三全导师"队伍，调动各领域各方面的育人力量；选聘校内外党员领导干部、专家学者、行业精英等担任研究生校外导师，定期组织与研究生群体开展谈心谈话、交流讨论，以校外导师的深厚阅历和丰富学识对研究生学习、科研等方面开展有效的引导。

（四）强化保障协同，在日常管理服务中加强对研究生的教育引导

研究生思想政治工作既要充分发挥课堂的主阵地作用，也要深入挖掘党团组织、校园文化建设、管理服务体系等在人才培养中的独特优势，形成时时事事处处皆可育人的良好氛围。一是加强研究生党团组织建设。实施研究生党建质量提升工程，组织开展研究生党支部书记专题培训，提升研究生党支部书记政治素质和业务能力；以提升组织力为重点，加强研究生党建专项督促检查，重点查摆研究生党支部规范化建设、党员教育管理等方面的不足，以查促建，强化党支部政治功能；以党建带动团建，加强对研究生会、研究生社团组织的教育管理，组织和带领广大研究生在参与重大任务中冲锋在前、在主动服务奉献中贡献力量。二是持续涵育优良校风学风。开展研究生年度人物、优秀博士后等评选表彰活动，充分发挥榜样的示范带动作用，引导研究生立志明德、守正创新，营造崇尚真理的校园学术生态；严守学业学风管理红线，依法依规严肃处置研究生考试作弊等违纪行

为，劝退、清退因学业问题达到退学标准的研究生。三是把解决研究生实际问题与解决思想问题结合起来。例如，北京理工大学充分发挥各类奖励资助的育人作用，以受助研究生为主体，辐射全体研究生，在帮助家庭经济困难的研究生享有平等发展机会的同时，提高他们的思想素质和政治觉悟；构建心理育人新模式，深化"服务对象全面向、心理教育全过程、专业培训全覆盖、教育主体全参与"的工作格局，培育研究生自尊自信、理性平和、积极向上的良好心态；坚持职业生涯教育和就业指导并行，通过开展团体辅导活动，开设就业指导专栏，建立"摆渡人工作室""职心工作室""职美工作室"等工作平台，专业化推进毕业生职业生涯教育，促进毕业研究生充分就业和高质量就业。

（蔺伟：北京理工大学党委常委、党委宣传部部长；王军政：北京理工大学研究生院常务副院长；纪惠文：北京理工大学党委宣传部思想理论室主任；原刊载于《学位与研究生教育》2022年第1期）

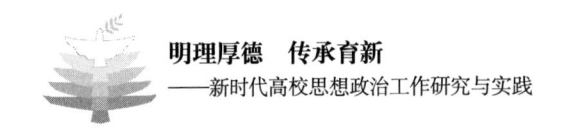

让高校党的组织生活"活"起来

李德煌

高校党支部是把党的路线方针政策落实到高校基层的战斗堡垒，是党团结和联系广大师生的桥梁纽带。《中国共产党支部工作条例（试行）》明确指出，高校中的党支部，保证监督党的教育方针贯彻落实，巩固马克思主义在高校意识形态领域的指导地位，加强思想政治引领，筑牢学生理想信念根基，落实立德树人根本任务，保证教学科研管理各项任务完成。

北京理工大学党委坚持以党的政治建设为统领，切实履行管党治党、办学治校主体责任，牢固树立党的一切工作到支部的鲜明导向，初步形成以党委组织部督导、学院党委指导、党支部组织的党的组织生活模式。目前已在全校党支部推广实践，有力激发了党支部的内在活力，为落实立德树人根本任务夯实基础、筑牢根基。

理论学习为基础，坚定理想信念

理论武装是党的思想政治建设的重要组成部分。要以党支部为基本单位，以党的组织生活为基本形式，有计划、有针对性地定期开展集体学习，确保理论学习抓在日常、严在经常。学校党委建立"校级党委中心组—二级党委中心组—党支部学习"三级联动学习机制，每月固定半天集中理论学习，把深入学习贯彻习近平新时代中国特色社会主义思想作为理论武装的重中之重。在"不忘初心、牢记使命"主题教育期间，要求党员带着责任、带着问题读原著学原文，同学习马克思主义基本原理贯通起来，同学习党史、新中国史、改革开放史、社会主义发展史结合起来，推动学习往深里走、往实里走，强化理想信念和使命担当。有的党支部创新学习形式，以"微党课、微视频、微心声"等载体开展理论学习，利用"学习强国""党建云平台"等平台，组织党员开展线上学习。学校党委充分运用多样化的学习教育形式，积极引导党员在学习中深入思考、学以致用，充分调动和发挥党员理论学习的积极性主动性创造性。

师德传承为示范，彰显榜样力量

高校教师要坚持教育者先受教育，努力成为先进思想文化的传播者、党执政的坚定支持者，更好担起学生健康成长指导者和引路人的责任。学校党委高度重视师德师风建设，建立健全长效机制，完善教师荣誉体系，设立人才培养最高荣誉"懋恂终身成就奖"，增强广大教师的责任感与使命感。组织开展"七一表彰""我的入党故事""师德传承党日"等主题活动，选树先进党支部和优秀党员榜样。北京理工大学 1940 年诞生于延安，是中国共产党创办的第一所理工科大学，学校党委注重引导各级党组织突出弘扬"延安根、军工魂"，从红色基因和优良传统中凝聚奋进力量。邀请一批德高望重的退休教师党员上讲台、讲党课，在加强党性修养、传授育人经验等方面与大家互动交流。例如，信息与电子学院教师党支部邀请年逾八旬仍坚持在人才培养一线的中国工程院院士毛二可，为青年教师讲述学院一代代"雷达人"献身国防科技事业的感人事迹，激励青年教师在国防科研中矢志奋斗、爱国奉献。通过开展这些活动，让更多青年教师了解到学校的传统历史，感悟到老教师党员身上的师德魅力，切实起到"传帮带"作用，引导广大教师以德立身、以德立学、以德施教。学校党委在此基础上，制作《平凡·不凡》微视频，出版《先锋》等系列丛书 2 册。

匠心育人为关键，抓好思想引领

我国高等教育肩负着培养德智体美全面发展的社会主义事业建设者和接班人的重大任务，必须牢牢抓住全面提高人才培养能力这个核心点，并以此来带动高校其他工作。近年来，学校党委贯彻党管干部、党管人才原则，加强人才培养，创新建设 7 个基层党委党建工作室和 9 个"双带头人"教师党支部书记工作室，实施"双带头人"教师党支部书记培育工程，目前学校"双带头人"教师党支部书记比例达到 99%。部分学院创新组织设置，将党支部设在课题组、实验室，促进教师党员对学生的言传身教。同时，积极组织教师党支部与学生党支部、团支部开展师生共建交流，教师党支部深入参与学生"德育答辩"等育人项目，围绕思想引领、职业规划等内容开展主题活动，引导学生树立正确的世界观、人生观、价值观，厚植爱国主义情怀，把爱国情、强国志、报国行自觉融入实现中华民族伟大复兴的奋斗之中。党支部在育人中心工作中的作用进一步凸显，成为全员、全过程、全方位的"三全育人"体系中的重要组成部分。

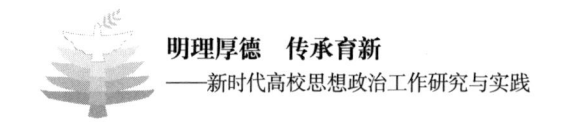

创新融合为平台，突出政治功能

推动高校党支部建设要坚持守正与创新的辩证统一，既坚守正确的政治方向、舆论导向、价值取向，又顺应时代潮流，创新工作载体，努力做到因事而化、因时而进、因势而新。学校党委注重党建工作与业务工作融合共进，依托党支部搭建校院领导与师生定期交流联系平台，发挥党支部带动教师队伍建设、服务学校中心工作的集聚效应。充分利用新媒体新技术，把党支部工作的传统优势同信息技术有效融合，推出"北理工党建云"信息化平台，每月发布党支部开展组织生活指导意见。开办"支书有约"基层党建工作沙龙，党支部书记既能相互交流思想、沟通工作生活情况，又能听取领导和同事们的宝贵意见，及时改进工作方法，提升工作效率。实施"支部+"计划，指导鼓励各党支部结合实际情况，与校内外党支部开展交流共建，如机电学院实施"校企党建零距离"计划，以党支部共建为载体，加深与校外企业的合作互动，多渠道提升学生核心竞争力，促进产学研创新融合发展。

评议考核为保障，加强监督指导

强化对各级党组织评议考核，是落实管党治党政治责任，推进全面从严治党向基层延伸，提升基层党建工作科学化、规范化水平的必然要求。学校党委坚持党建工作与教学科研业务工作同部署、同落实、同考核，把严的要求落实到每个党支部。2014年学校在全国高校中率先开展院级党组织书记抓基层党建述职评议考核，2018年实现第二轮现场述职全覆盖。通过对党支部组织生活开展督查，形成组织生活过程监督、指导考核，对组织生活不规范的党支部进行预警提醒、通报批评，有效加强对党支部组织生活的监督指导，进一步将全面从严治党要求落实到每个党支部、每名党员，切实增强党内政治生活的政治性、时代性、原则性、战斗性，使党建工作成为"硬杠杠"，评议考核成为"硬规矩"。

（李德煌：北京理工大学党委常委、党委组织部部长；原刊载于《党建》2020年第9期）

书院制模式下
大学生思想政治教育工作体系研究
——以北京理工大学书院制人才培养为例

王泰鹏　季伟峰　张舰月

大学生思想政治教育工作是高校落实立德树人根本任务的重要抓手，是高校学生工作的核心，必须按照习近平总书记要求做到因事而化、因时而进、因势而新。近年来，各高校广泛开展大类招生、大类培养、大类管理的人才培养综合改革，采取书院制人才培养模式，为大学生思想政治教育工作带来新的机遇与挑战。面对新形势新要求，结合实践深入挖掘书院制人才培养模式的内涵和特色，找准书院制人才培养模式下大学生思想政治教育工作的着力点，将有助于建立贯穿教育教学全过程的学生思想政治教育工作体系，进而实现全员育人、全程育人、全方位育人。

新中国高校书院建设发展概况

（一）新中国高校书院发展背景和主要特点

中国古代书院承载着我国千余年的教育史，长期发展中逐渐形成了"做人明理、修身养性""以生为本、教学相长""自由开放、百家争鸣"等教育理念。

新中国成立后，高等教育借鉴苏联模式培养了大批专业化标准化人才；进入 21 世纪以来，国内很多高校开始建立书院，不断探索人才培养新模式，陆续超过了 130 所。西方书院模式主要有以牛津大学和剑桥大学为代表的英国模式、以哈佛大学和耶鲁大学为代表的美国模式，其显著共同点是住宿制书院。住宿制书院能够为学生提供小型的、稳定的、教职工领导的家庭式住宿环境，配套有宿舍、食堂、体育设施、师生交流空间等，使学生在生活和学术相结合的社区中受益。

纵观国内高校书院制人才培养模式的特点，可知其大部分结合了中国古代书院和西方住宿制书院的特点，本课题从各类综述中开展研究、对调研结果进行归纳得知，国内高校书院有以下基本内涵：一是在书院学生覆盖面方面，有的高校在试点学院对四个年级本科生采用书院制模式；有的高校在全校某个年级（以一年级为主）采用书院制模式，在学生进入高年级后再进入相关专业学院学习。二是在书院、专业学院的关系方面，有的高校书院、专业学院是合一的，以试点学院书院制这类为主；有的是在专业学院之外建立独立书院。三是在人才培养课程体系方面，有的高校在书院开设了纳入学分管理的课程；有的高校书院仅负责学生教育管理，课程均由专业学院开设。四是在书院资源保障方面，大部分高校均在书院为学生配备导师；有的书院还借鉴了西方住宿制书院模式，同一书院学生集中住宿，形成书院社区。

（二）北京理工大学书院概况

以北京理工大学书院制人才培养改革为例，基于专业大类建立了精工书院、睿信书院、求是书院、明德书院、经管书院、知艺书院、特立书院、北京书院、令闻书院等九个书院。书院与专业学院的对应关系如图1所示。

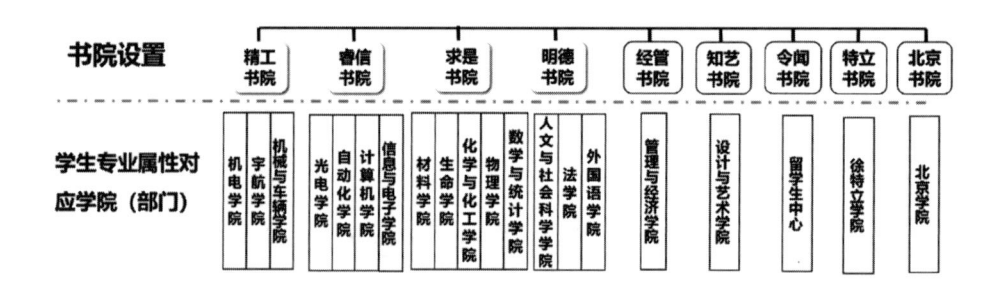

图1 北京理工大学各书院与专业学院对应关系

结合上文所述书院内涵可见，我校书院制模式的特征有：一是基于专业大类建设书院，实施书院、专业学院四年一贯制协同式运行，实现对学生的全过程、全方位培养；学生四年在校期间，书院、专业学院分工协同教育管理学生，书院负责四年期间的素质教育资源供给，专业学院负责四年期间的专业教学资源供给，包括专业课程、创新创业、就业实践。二是实施大类招生、大类培养、综合素质教育贯通一体的培养方案，学生按照专业大类进入相应书院，书院和相关专业学院共同制定涵盖四年的课程培养方案和综合素质拓展纲要，设置思想教育、通识教育、专业教育培养等模块，开设跨学科专业的交叉融合课程，形成"通识教育+大类专业教育+专业+X"的课程体系。三是选聘类型多样、来源多元的"三全"导师，从学术大家、教学科研教师、管理干部、学长、校友等群体中选聘学术导师、专业导师、德育导师、朋辈导师、通识导师、校外导师，通过师生导学活动建立良好的导学关系，让学生得到宽角度、多层面、高质量的教育引导。四是基于学生宿舍空间布局建设书院社区，教职工办公进驻社区，与学生共同打造"家"文化；同时推动了社团进驻社区相关工作，依托社区建设做好社团教育管理工作，实现了"社团进社区、社区带社团"，为打造社区"家文化"提供支撑。以上特征如图2所示。

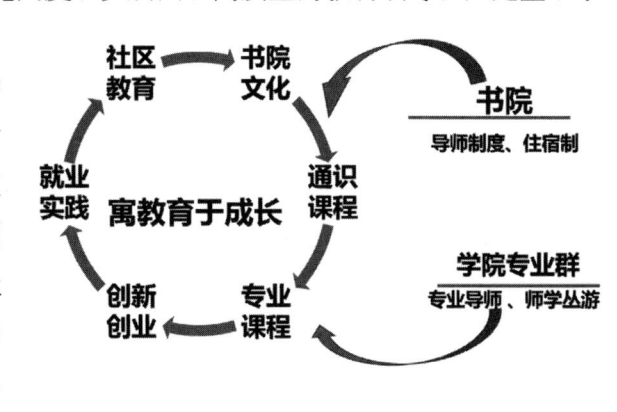

图2 北京理工大学书院制特征

书院制模式下大学生思想政治教育工作体系建设的背景

2018年5月，习近平总书记在北京大学师生座谈会上指出，人才培养体系涉及学科体系、教学体系、教材体系、管理体系等，而贯通其中的是思想政治工作体系；加强党的领导和党的建设，加强思想政治教育工作体系建设，是形成高水平人才培养体系的重要内容。当前，建设中国特色世界一流大学，必须深刻把握一流大学的核心特征，积极借鉴吸收世界一流大学的成功经验和做法，深化大学教育治理机制、人才培养等领域综合改革，实现内涵式高质量发展。立足新时代新目标新要求，随着越来越多的高校进行书院制人才培养改革，瞄准办人民满意的大学的目标，瞄准"双一流"建设目标，有必要研究书院制模式下大学生思想政治教育工作体系的构建，探索建立思想政治工作体系贯通其中的高水平人才培养体系。

（一）书院制给大学生思想政治教育工作带来的机遇

第一，大学生思想政治教育工作和书院制人才培养模式具有培养目标一致性。大学生思想政治教育工作，最根本的就是要落实立德树人的根本任务，针对青少年阶段这一人生"拔节孕穗期"进行精心引导和栽培，不断提高学生思想水平、政治觉悟、道德品质、文化素养，努力培养德智体美劳全面发展的担当民族复兴大任的时代新人。在书院制人才培养模式下,学校较传统专业化培养模式更加突出强调全人教育、全面发展,注重对学生思想品德修养,更加注重对学生进行通识教育,更加注重学生综合素质的提升。因此,从培养德才兼备的全面发展的人来讲,大学生思想政治教育工作和书院制模式下的人才培养目标是一致的。

第二,在书院制人才培养模式下,大学生思想政治教育工作具有队伍协同性。在传统专业化培养模式下,思想政治理论课教师、专业课教师、学生教育管理工作者(主要为辅导员)、教学辅助工作者、后勤保障工作者分工明确、各司其职,在一定程度上保障了教育教学各环节的运转。但是,其存在教育、教学、管理、服务等相互独立的客观情况,在立德树人方面能形成多大合力,要视其协同情况而定,更谈不上将思想政治教育工作体系贯通人才培养体系。在书院制人才培养模式下,大部分高校采用了导师制,以我校为例,其多类型的"三全"导师在书院开展以思想引领为核心的导学活动,让导师们有了与学生接触、引导学生成长的统一平台,也能让学生接触到教师、管理干部、校友、企业管理者和工程师等多方师资力量,这些群体正是充实思想政治工作队伍的重要力量。

第三,书院的资源积聚性能为学生成长成才提供有力支撑。在教育资源方面,尽管有的书院直接开设课程而有的并未开课,但大部分书院都具有积极引入优质资源、开展学生思想教育的功能,都具有进行学生综合素质拓展的功能,也让书院成了提升自我、展示自我、互相交流、互相提高的大舞台。相当一部分书院建设了书院社区,积极创建书院"家"文化,让学生从课堂回到宿舍,有回家的感觉,更加丰富了学生大学生活,更加让学生对学习、对生活充满了热爱。书院社区以生为本、重心下移,师生利用书院社区空间开展导学活动,师生关系美美与共,社区文化蓬勃发展,都为学生成长成才创建了有利环境,实现了全环境育人。

(二)书院制给大学生思想政治教育工作带来的挑战

尽管书院制对大学生思想政治教育工作带来了很多新机遇新气象,不容否认的是同样也带来了诸多挑战。例如,书院的社区管理一般采用"学校—书院—宿舍"的层级模式,打破了原有的"学校—院系—班级—宿舍"的层级模式;虽然解决了社区管不好学生的问题,但是对学生管理模式的创新同样也带来了新的适应性问题。再例如,大学教育的本质在于"培养全面发展的人",在于推动个人与社会的科学发展,在此过程中,每所大学都有其理念和文化。在书院建设发展过程中,强调书院自身的人才培养理念,强调书院形成自身的特色文化,但书院的人才培养理念和特色文化一定是要在学校层面下的具体表现,而非"另起炉灶",为了特色而求新求异，因此如何把握好书院理念与学校理念的关系、如何平衡好书院文化与学校文化的异同，成为实践面临的难点问题。此外，不同的人才培养模式均有其优势劣势，对于书院制模式下人才培养成效的评价，特别是对于书院制模式下大学生思想政治教育工作成效的评价，尚需要经过一定时期的实践检验后，通过科学选取样本、科学制定评价方法、客观开展对比评价来分析。

书院制模式下大学生思想政治教育工作体系的建设

在"双一流"建设过程中，要坚持问题导向深入推进人才培养综合改革，不断建立适应"双一流"建设目标的高水平人才培养体系，以改革实践解决一个一个具体问题，进而一步一步向目标迈进。本课题结合我校书院制人才培养改革的具体实践，对大学生思想政治教育工作体系建设提出如下思考和建议。

（一）要构建好书院、学院协同育人的组织领导体系

在我校书院制模式下，实施书院、专业学院协同运行，对于学生行政隶属关系，不刚性规定学生在书院是一年制、二年制或四年制，而是结合两校区办学实际来看待。学生入校后其行政关系即根据大类专业进入书院（大一至大三年级学生集中在一个校区，书院全部建立在此校区），不论其未来选择什么专业方向，只要属地属性没有发生转移，则学生行政关系依然在书院；当学生属地属性发生校区转移后，则由另一个校区的专业学院接手学生教育管理责任，即书院、专业学院均不跨校区管理学生。与此同时，不论学生行政关系如何归属，书院、专业学院分别在教育、教学资源方面的供给职责是不变的。这就要求务必扎实做好书院、专业学院的联动，构建协同育人长效机制。

一方面，要构建书院、专业学院常态化沟通机制和重大事项共同决策机制，切实做到"两院"同向同行。尤其是在涉及"两院"协同决策的重大事项上，如培养方案制定与实施、专业大类基础上确认具体专业方向等，要用常态化沟通和共同决策机制，确保过程管理贯穿学生教育教学各环节。另一方面，要以"三全"导师为抓手，做好学生教育管理工作；以"三全"导师为纽带，加强书院、专业学院日常信息交流。在我校书院制模式下，书院没有专门的教学科研教师，其"三全"导师主体力量来源于专业学院，因此，依靠专业学院建好"三全"导师队伍是书院建设发展的内在动力。同样，专业学院起初在行政上没有学生，但是潜在拥有了书院专业大类的未来可能是各个专业方向的更多学生，各专业学院面临着吸引

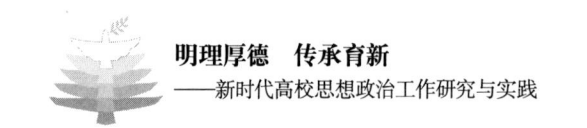

优秀学生选择本学院相关专业的现实需要。通过选送给书院的"三全"导师队伍，下大气力开展好专业引导，下大气力赢得学生对本学院相关专业方向的认可和喜爱，也成了专业学院建设发展的内在动力。

（二）要构建好有利于学生德智体美劳全面培养的科学教育体系

一要把握"德育"首要任务，大力推进新时代爱国主义教育。2019年11月，中共中央、国务院印发《新时代爱国主义教育实施纲要》，对新时代如何大力弘扬爱国主义精神、把爱国主义教育贯穿国民教育和精神文明建设全过程做出了部署。在新时代特别是庆祝新中国成立70周年之际，强调开展好爱国主义教育，正是坚持因事而化、因时而进、因势而新开展好学生思想政治工作的具体要求。开展好新时代爱国主义教育，要站在理想信念这一制高点，把培养时代新人作为学懂弄通做实习近平新时代中国特色社会主义思想的一次生动的政治动员、作为一次广泛深入的具体实践。比如，我校精心设计以新时代爱国主义教育为核心的大学生主题教育活动，将"举一面旗帜、树一种信仰、走一条道路、叫一个名字、圆一个梦想"的目标贯穿主题教育活动始终，构建"学思践悟"相统一的教育体系。开展好爱国主义教育，要丰富形式载体，强化仪式感教育，紧抓"五四"青年节、夏季毕业、建党纪念日、建军纪念日、国庆等贯穿全年的各项时间节点，通过宣誓活动、升国旗仪式、宣讲活动等，让学生把大学最深刻的印象定格在伴随朝阳铺展的党旗、国旗上，让时代新人成为入脑入心的靓丽风景线。

二要坚持思政课程与"课程思政"相结合，理想信念教育和专业知识教育相伴发力。以往的思想政治教育，课堂主渠道一般主要指思想政治理论课。习近平总书记在全国高校思想政治工作会议上指出，要用好课堂教学这个主渠道，思想政治理论课要坚持在改进中加强，其他各门课都要守好一段渠、种好责任田，使各类课程与思想政治理论课同向同行，形成协同效应。这为学生思想政治教育课堂改革指明了新道路，专业教师在课堂上融入思想政治教育要素，通过分析、讲解、感染等方式使学生受到教育，让学生领悟到专业素质与思想品德提升的密切关系，更是一种润物细无声式的教育方式。将专业课程和思想政治理论课相结合起到协同育人作用，从本质上强调二者的思想政治教育功能，强调教育的目标都是教书育人，但同时对师资队伍建设提出了更高要求：专业课教师不仅要具备专业知识和教学素养，更应具备良好的师德师风，具有一定政治理论水平，具备教育学生做人的能力。

三要结合书院素质教育目标，建立科学规范的第二课堂活动平台，系统加强体育、美育和劳育。书院在运行过程中，要坚持"以学生为中心"的教育理念，大力发展素质教育，不断提升素质教育资源供给的水平。要积极通过拓展高水平讲座平台，拓宽学生视野，帮助学生树立远大目标。例如我校建立了"百家大讲堂"活动品牌，各书院每年邀请科学家、教育家、政治家、军事家、企业家、金融家到校与学生交流座谈或开设讲座百余场，深受学生欢迎。要不断完善我校文体活动平台，引导学生广参与深体验。例如我校坚持将大型文化艺术活动与主题教育活动相结合，形成以"一节·一演·一赛"（艺术节、演出季、纪念"一二·九"运动歌咏比赛）为主线贯穿全年的校园文化艺术活动体系；坚持将高水平竞技体育运动与群众性体育相结合，形成了以高水平运动训练体系、完备的运动场馆体系为依托的"高水平运动员—非专业运动队—群众体育活动"三级校园体育运动体系。要强化各类实践活动平台，在实践中引导学生爱劳动、会劳动，实现学用结合、知行合一。例如，可以以暑期社会实践为主体，以寒假社会实践为补充，以周末社会实践为纽带，广泛开展社会公益活动、义务劳动，将实践育人、劳动育人贯穿大学生素质教育的始终。

（三）要构建好大学生综合素质评价体系

传统的大学阶段培养效果评价是通过课程成绩单来展现，即第一课堂的学习评价。在书院制人才培养模式下，更注重人的全面发展，更注重通识教育和博雅教育，因此，除了在课程体系中重视通识教育课程，还需要在课程体系之外实施"第二课堂成绩单"制度，通过两张"成绩单"更为全面地评价学生成长成才情况，不断深化"价值塑造、知识养成、实践能力"三位一体人才培养模式，在评价体系中实现"育才"与"育人"相统一。

第二课堂除了前文所述的体育、美育、劳育，还要包括学生理想信念、社会责任、科学素养、人文底蕴、国际视野、自我管理、创新能力、健康生活等核心能力要素，通过设置思想政治教育、爱国主义教育、责任担当教育、人文素养教育、科学素养教育、社会实践教育、创新创业教育、身体素质拓展教育、心理健康教育等教育模块，为学生全面发展提供平台。第二课堂成绩单要坚持发展性原则，对标国家、社会对人才的需求，使学生发展与国家、社会需求得到有效对接；要坚持系统性原则，对标整体学生发展需求，强调跨学科、多环节的有序协调和整合；要坚持导向性原则，要充分体现学生的主体地位，引导学生能主动参加活动、提高素质；要坚持可评价原则，科学设置一系列反映学生核心素养能力提升的指标，并确保指标的可观性和可评价性。

（四）要构建好对书院建设发展的全方位支持保障体系

书院建设发展的重要载体是书院社区，因此首先要重视推进书院社区建设。学校有关部门、书院（学院）要科学规划好学生宿舍资源布局，努力实现同一书院学生相对集中住宿、形成书院社区；要积极统筹校内外各类资源，为书院社区建设注入动力和活力。各书院一方面要紧扣人才培养理念形成书院文化，以统一的、相对稳定的文化引领社区建设，对标世界一流大学，将书院社区打造成具有住宿、学术交流、文化艺术活动、心理减压、师生导学、成果展示等功能的空间。另一方面要不断优化学生自我管理体系，配置专职工作人员落实书院社区管理，通过设置自管委员会、学生组织、楼长、宿舍长等，形成"学校—书院—社区—宿舍"四级联动的德育工作网络，有效提高学生自我教育、自我管理、自我服务能力，确保书院社区文化育人、环境育人发挥到实处。

对书院建设发展的另一重要支持保障是人事政策。学校相关部门特别是人力资源部门要从岗位职责、晋升条件、聘期考核等方面予以明确导引，引导广大教职工特别是教学科研一线教师，投入书院中担任"三全"导师；学生工作部门要从辅导员岗位职责、选聘考核等方面引导辅导员担任书院社区管理员，真正实现德育进社区、活动进社区、文化进社区、服务进社区，进而早日实现专业课教师下书院、思想政治理论课教师进书院、辅导员住书院的机制，实现书院教书、管理、育人"三位一体"的工作模式。

（王泰鹏：北京理工大学党委办公室/行政办公室主任；季伟峰：北京理工大学党委宣传部副部长；张舰月：北京理工大学党委组织部副部长；原刊载于《北京教育（德育）》2020年第2期）

高校思想政治理论课建设、改革和创新的规律性认识和成功经验

刘新刚　裴振磊

马克思主义强调发现和运用历史规律，中国共产党长期领导革命和建设，要不断解决面临的新矛盾，总结规律性认识和成功经验是一件重要法宝。党一向高度重视思想政治教育工作，新中国成立后，更是将高校思想政治理论课（以下简称思政课）放在突出位置。然而，新中国成立以来的高校思政课建设也经历了曲折。总的来说，我们经历了改革开放前后两大时期。前一时期，我们探索了与计划经济相适应的思政课体系。后一时期，随着改革开放，高校思政课建设获得巨大发展的同时，也面临诸多新的挑战。尤其是党的十八大以后，以习近平同志为核心的党中央高度重视高校思政课工作，从历史逻辑、实践逻辑、理论逻辑相结合的高度提出了一系列战略举措，高校思政课改革创新进入新时代。对于两大时期，习近平强调，"两者绝不是彼此割裂的，更不是根本对立的"。两者既区别又贯通，由于贯通性，我们才得以总结具有新时代价值的规律性认识和成功经验，也由于区别性，这些认识和经验才更加丰富全面，经得住检验。我们应该在学理层面贯通总结新中国成立以来整体性推进高校思政课改革创新的规律性认识和成功经验，为更加深刻领悟习近平总书记系列讲话精神，更加自觉推动工作提供学术支持。

坚持认知和行动相统一建设思政课教师队伍

马克思主义有强大生命力，在于它是真理，揭示了人类社会必然规律。真懂马克思主义，就会看到中国特色社会主义事业的历史必然性，就会坚定"四个自信"。在这个意义上，"真懂"就会"真信"和"真行"，做不到"真信"和"真行"的，往往在于没有"真懂"。思政课教师真懂马克思主义，才能成为可靠、胜任的传道者，从而真正铸魂育人。抓好这个关键，其他关于"行"的问题就容易解决。

第一，数量和质量相统一，通过加强思政课教师学习研究马克思主义，提升教师队伍质量。新中国成立之初，思政课教师紧缺，党强调："对于理论教员必须认真培养。中央、中央局、中央分局和省委所举办的党校都应当担负培养理论教员的任务。"同时，由于很多知识分子对社会主义认识不清甚至误解很大，加强思想政治教育成为这一时期建设思政课教师队伍的重点。改革开放后，思政课教师队伍亟须健全壮大，1980年教育部就马列主义教师队伍的培养强调，"学校各级领导要热情支持他们的工作，鼓励他们全心全意地完成马列主义理论教学的光荣任务"，并具体指出"对过去被错误批判和处理的教师，应当实事求是地改正过来"，将被调离而适宜教学的马列主义教师归队，补充合适的"中、青年干部参加教学工作"，"改善马列主义教师的学习条件和工作条件"等。随着改革开放的深入，社会形势对思政课教师的政治觉悟、理论能力提出了更高要求，提升思政课教师队伍的质量成为侧重点。1986年国家要求："教师要对学生进行思想政治教育，自己必须首先接受教育，而且比学生学得要更多一些，更深一些。"党的十八大以来，党中央高度重视思政课教师队伍建设，习近平十分强调提升思政课教师质量，指出"教师是人类灵魂的工程师，承担着神圣使命"，要求"教育者先受教育，努力成为先进思想文化的传播者、党执政的坚定支持者"。并以学习践行马克思主义为核心，对思政课教师提出"政治要强""情怀要深""思维要新""视野要广""自律要严""人格要正"的具体要求，最终实现"配齐建强思政课专职教师队伍，建设专职为主、专兼结合、数量充足、素质优良的思政课教师队伍"。党始终坚持数量和质量辩证统一推进教师队伍建设，为高校思政课建设奠定了深厚基础。

第二，手段和目的相统一，思政课教师以讲清学理为核心手段提升教学水平，落实立德树人根本任务。阶级社会的思想政治教育，其目的是麻痹被剥削者，其手段偏向灌输性、欺骗性，而社会主义思想政治教育是为了提升人民当家作主的觉悟和能力，手段自然倾向于灌输性、讲理性、启发性。在新中国成立之初，政权尚未稳固，在改革旧教育、改造旧思想的过程中，贯彻群众路线就成为重点。所以学校思想政治教育工作主要强调手段的温和性，例如对不同阶级背景的教职员和学生，"均应本着争取、团结、改造的政策，通过教育说服的方式，积极鼓励其前进，切勿以斗争、孤立、强迫反省，或单纯清洗的办法来处理。"改革开放后，明确高校思政课的社会主义方向及育人目的成为关键，国家强调："我国高等学校的培养目标必须坚持又红又专的方向，使受教育者在德智体几方面都得到发展，成为有社会主义觉悟的专门人材。"这将高校思政课引向了正确轨道。党的十八大以来,党中央强调"以人民为中心",习近平指出:"思想政治工作从根本上说是做人的工作,必须围绕学生、关照学生、服务学生,不断提高学生思想水平、政治觉悟、道德品质、文化素养,让学生成为德才兼备、全面发展的人才。"这指明了高校思政课改革创新的"手段性"和铸魂育人的"目的性"的辩证统一。让手段为目的服务,围绕目的采取合适手段,始终以立德树人为根本任务,是党整体性推进高校思政课改革创新的重要经验。

坚持马克思主义世界观方法论和具体观点相统一开发思政课理论资源

恩格斯说:"马克思的整个世界观不是教义,而是方法。"而马克思主义世界观和方法论不能抽象存在,必须以具体的理论内容为载体,因此,以突出和传达马克思主义世界观和方法论为指向,开发思政课理论资源就尤为重要。

第一,理论和时代相统一,以马克思主义中国化最新成果作为高校思政课的指针和依据。马克思主义有鲜明的发展性、时代性。学习运用马克思主义,只靠马克思的原典是不够的,必须结合中国变化的、具体的情况,将马克思主义中国化时代化大众化。党在领导革命和建设的实践中,形成了一系列扎根中国大地的马克思主义理论新成果,包括毛泽东思想、邓小平理论、"三个代表"重要思想、科学发展观、习近平新时代中国特色社会主义思想等。新中国成立以来的历史表明,以马克思主义中国化最新成果为指针和依据,才能更好整体性推进高校思政课改革创新。例如,《关于正确处理人民内部矛盾的问题》是毛泽东同志1957年发表的重要著作,是当时马克思主义中国化的经典成果。同年,中央宣传部立即提出报告设立社会主义教育课程,并提议:"根据理论和实际相结合的方针,这个课程应该以毛泽东同志的《关于正确处理人民内部矛盾的问题》为中心教材"。这对贯彻党的教育方针,扭转当时的一些错误思想,培养社会主义人才起到了巨大作用。邓小平理论回答了改革开放新的历史条件下"什么是社会主义、怎样建设社会主义"的一系列根本问题,在20世纪末,中共中央就强调:"把用邓小平理论武装全党、教育干部和人民作为思想政治工作的首要任务,广泛进行党的基本路线和基本纲领教育,进行爱国主义、集体主义、社会主义和艰苦创业精神的教育。"这对于巩固高校思政课战线起到了关键作用。党的十九大以来,明确以习近平新时代中国特色社会主义思想为指导，强调用习近平新时代中国特色社会主义思想铸魂育人，为新时代高校思政课改革创新提供了根本遵循。历史表明，以马克思主义中国化最新成果为指针和依据，可以为思政课改革创新提供明确的方向指引和坚实的理论基础。

第二，破和立相统一，在对错误思想的批判中宣传马克思主义，有针对性地进行思想政治教育。思政课目的在于确立马克思主义的、正确的思想，就必然要反对各种落后的、错误的思想。反之，有力批判各种错误思想，也能提升思政课的实效。党长期以来结合社会思想演化动态，因时制宜对反动、落后思想展开批判，并和推进高校思政课结合起来，成效显著。例如，新中国成立初，党把对各种反动、落后思想的批判和马克思主义的确立，统一在高校思政课的建设中，对改造思想、稳固新生政权起到了关键作用。

1949年《中国人民政治协商会议共同纲领》确立的新民主主义教育总方针，一方面指出"中华人民共和国的文化教育为新民主主义的，即民族的、科学的、大众的文化教育"，另一方面明确要"肃清封建的、买办的、法西斯主义的思想"。基于这一方针，高校结合各种政治运动，对亲美崇美、超阶级超政治观念、个人主义、改良主义、教条主义等展开批判，而全国高等学校经过结合"三反"运动的思想改造和组织清理，推动了"肃清封建买办法西斯思想、批判资产阶级思想"。而改革开放之初，随着市场经济的发展和外来思想的渗透，党中央就多次强调要集中批判资产阶级自由化思潮，在对错误思潮的批判中推动了高校思政课改革创新。进入新时代，习近平强调，广大青年要"自觉抵制拜金主义、享乐主义、极端个人主义、历史虚无主义等错误思想"。并强调将批判错误思想和学习马克思主义结合起来，"只有真正弄懂了马克思主义，才能在揭示共产党执政规律、社会主义建设规律、人类社会发展规律上不断有所发现、有所创造，才能更好识别各种唯心主义观点、更好抵御各种历史虚无主义谬论。"可见，将批判当前的错误思想和宣传学习马克思主义结合起来，可以为高校思政课改革创新明确方向，提供鲜活的反面教材，大大提升育人效果。

坚持内容和形式相统一建好思政课课程

马克思主义世界观和方法论是思政课要向学生传授的核心内容，思政课课程的思想性、理论性、政治性统一于马克思主义世界观和方法论，抓住这一点，思政课课程建设就有了基础和根据，抓不住这一点，各项工作容易流于表面和形式。

建好思政课课程需要在这个整体性视角下统筹内容和形式,使一切形式围绕、服务核心内容。

第一,需求和效果相统一,大力推进高校思政课课程建设。新中国成立之初,党中央强调:"提高马克思列宁主义的政治理论课程的教学水平,则是学校思想建设工作的中心环节。"这充分体现了党对思政课课程建设的重视,并成为之后推动工作的重要原则。新中国成立后一段时间,提升政治性是首先要达到的效果。1957年,中央宣传部强调:"高等学校和中级以上的党校,现在都有必要设立社会主义教育的课程,以便改造知识分子的旧思想,提高学员的社会主义觉悟。"改革开放后,亟须重新明确思政课的社会主义方向,中央明确指出:"思想政治工作要旗帜鲜明地对学生进行系统的马克思列宁主义、毛泽东思想基本原理的教育、革命理想教育、共产主义道德品质教育,培养学生运用马列主义的立场、观点、方法分析问题和解决问题的能力,逐步树立辩证唯物主义和历史唯物主义的世界观。"随着改革开放的深入,高校思政课面临更大挑战,关注学生需求,增强课程吸引力就更为迫切。1980年教育部、共青团中央强调:"在教学中,既要讲清马列主义、毛泽东思想的基本原理,又要密切联系实际,深入浅出,努力解决学生思想上存在的问题,使学生爱听、爱读、爱学。"进入新时代,习近平强调,"思想政治理论课要坚持在改进中加强,提升思想政治教育亲和力和针对性,满足学生成长发展需求和期待";并站在新时代的历史高度,提出"政治性和学理性相统一""价值性和知识性相统一""建设性和批判性相统一""理论性和实践性相统一""统一性和多样性相统一""主导性和主体性相统一""灌输性和启发性相统一""显性教育和隐性教育相统一"的系统要求,将满足学生需求和较好实现思政课效果有机统一起来,为高校思政课课程建设指出了明确方向和方法。党的经验充分表明,将需求和效果有机统一,能有效提升高校思政课课程质量。

第二,课堂和社会相统一,围绕党的中心任务进行高校思政课改革创新。新中国成立之初,国家面临巩固政权和恢复国民经济的迫切任务,这一时期,高校思政课围绕抗美援朝进行爱国主义和国际主义教育,围绕土地改革进行阶级教育,围绕镇反运动等进行无产阶级革命观教育,围绕社会主义改造进行唯物主义和共产主义道德观教育,推进了思政课建设,也为社会主义事业作出了巨大贡献。改革开放后,我国以社会主义现代化建设为中心,高校思政课建设也紧密围绕这一中心来展开:"高等学校思想政治工作面临的任务,就是要紧紧围绕社会主义现代化建设这个中心,围绕和结合经济、科技、教育等方面的改革,进行社会主义、共产主义、爱国主义、集体主义教育。"这对我国社会主义现代化的顺利推进起到了巨大的思想支撑和人才保障作用。进入新时代，我们要面临推进现代化建设、完成祖国统一、维护世界和平与促进共同发展三大历史任务，习近平强调："我国高等教育发展方向要同我国发展的现实目标和未来方向紧密联系在一起，为人民服务，为中国共产党治国理政服务，为巩固和发展中国特色社会主义制度服务，为改革开放和社会主义现代化建设服务。"因此，高校思政课要培养德智体美劳全面发展的社会主义事业建设者和接班人。同时，习近平指出，要教育引导学生"把个人的理想追求融入国家和民族的事业中，勇做走在时代前列的奋进者、开拓者"，从而激发学生积极融入民族复兴事业的担当精神。这表明，将思政课改革创新和国家发展战略、党的中心任务统一起来，才能使高校思政课小系统和社会大系统良性互动。

坚持集中和协同相统一加强和落实党的领导

社会主义中国高校思政课的核心特征是阶级性和政治性，它以维护人民根本利益为立场。维护人民的利益，必然要与各种反动的利益、思想做斗争。因此，思政课必须要由一个先进的、以人民为中心的政党来领导。新中国70多年的历史表明，只有坚持和加强中国共产党对高校思政课改革创新的领导，才能保证思政课不弱化、不走歪路邪路。

第一，领导和发展相统一，坚持和加强党对高校思政课改革创新的全面领导。新中国成立之初，党中央就对高校政治理论课建设提出要求，明确各中央局、分局及有关的地方党委要加强对各该地区培养政治理论师资和学校政治教育的领导，并且"指定各级党委的宣传部长或副部长经常亲自领导这一方面的工作；并应选派政治理论水平较高的干部到马克思列宁主义研究班及政治教育系或政治教育专修科教课（专任或兼任），领导政治助教的政治理论学习"。1961年颁发的《中华人民共和国教育部直属高等学校暂行工作条例（草案）》的第四十四条明确规定："高等学校的思想政治工作在学校党委员会的领导下进行。思想政治工作的任务是：在全校师生员工中宣传马克思列宁主义、毛泽东思想，宣传党的总路线和各项方针政策，不断地提高他们的思想政治觉悟和道德品质；团结全校师生员工，充分调动他们的积极性，贯彻执行党的教育方针，保证学校的教学工作和其他各项工作任务的完成。"这对加强党对高校思政课的领导，并将之制度化体系化起到了关键作用。改革开放后，在复杂的思想和社会环境下，党的作用更加关键，"加强学生的思想政治工作，关键是坚持和改善党的领导，提高党的战斗力，发挥党组织的战斗堡垒作用和党员的先锋模范作用"。进入新时代，党对高校思政课的领导全面加强，习近平强调"必须坚持党的领导，牢牢掌握党对高校工作的领导权，使高校成为坚持党的领导的坚强阵地"，同时要求"党委要保证高校正确办学方向，掌握高校思想政治工作主导权，保证高校始终成为培养社会主义事业建设者和接班人的坚强阵地"；并对党的领导工作作出具体指示："各级党委要把思想政治理论课建设摆上重要议程，抓住制约思政课建设的突出问题，在工作格局、队伍建设、支持保障等方面采取有效措施"，从而将党对高校思政课的全面领导推到新的历史高度。历史证明，只有坚持和加强党的全面领导，才能让高校思政课改革创新始终保持正确方向，才能克服各方面的阻力和障碍，实现思政课建设的顺利推进。

第二，分管和协调相统一，在党的领导下形成凝聚各方力量、协调配合推动的格局。高校思政课改革创新是一个系统工程。新中国成立初期，思政课教师短缺，在毛泽东指示下，党牵头形成各方调动人手充实思政课教师队伍的机制，中央关于挑选大中学校政治课教员就要求："如果一时找不到适当的人，就应由省市地县委来负责担任。"这极大缓解了思政课教师紧缺问题，推动了当时的思想改造进程。1957年，毛泽东更是明确指出："思想政治工作，各个部门都要负责任。共产党应该管，青年团应该管，政府主管部门应该管，学校的校长教师更应该管。"改革开放后，社会联动性增强，高校思政课建设越发需要各方联动协调，1999年9月中共中央就推进思想政治工作提出："必须坚持在党的领导下，依靠全社会共同来做。思想政治工作涉及经济和社会生活的各个方面。不仅党的组织、宣传部门要做，党的其他部门政府部门以及工会、共青团、妇联等人民团体和其他社会组织都要做。"这一方针对推进思政课建设，形成了有益探索。进入新时代，习近平强调"要建立党委统一领导、党政齐抓共管、有关部门各负其责、全社会协同配合的工作格局，推动形成全党全社会努力办好思政课、教师认真讲好思政课、学生积极学好思政课的良好氛围"。在党的领导下，充分发动社会各方力量，形成分工明确又协调配合的高校思政课改革创新的推动格局，是思政课建设的又一个重要经验。

（刘新刚：北京理工大学马克思主义学院院长；裴振磊：北京理工大学人文与社会科学学院学生；原刊载于《思想理论教育导刊》2020年第8期）

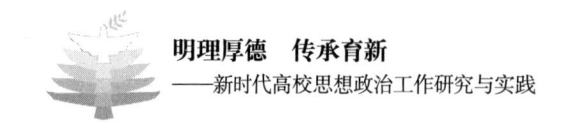

课程思政的基本内核与生成逻辑

张晨宇　刘唯贤

当前，高校推进课程思政建设要深入挖掘学科课程或专业课程内在的思政资源，以不断丰富课程思政的内涵，同时要积极探索切实有效的途径。在这一过程中，要正确地把握课程思政的基本内核与生成逻辑，回答好"课程思政是什么""课程思政为什么"和"课程思政怎么做"等关键问题，确保各类课程与思想政治理论课同向同行，落实好立德树人根本任务。

凝练课程思政基本内核的重要意义

课程思政是以各类学科课程或专业课程知识传授为载体进行的思想、观念、精神与价值等方面的隐性教育过程。教育部印发的《高等学校课程思政建设指导纲要》提出，课程思政建设要在所有高校、所有学科专业全面推进，围绕全面提高人才培养能力这一核心点，围绕政治认同、家国情怀、文化素养、宪法法治意识、道德修养等重点优化课程思政内容供给，提升教师开展课程思政建设的意识和能力，系统进行中国特色社会主义和中国梦教育、社会主义核心价值观教育、法治教育、劳动教育、心理健康教育、中华优秀传统文化教育，坚定学生理想信念，切实提升立德树人的成效。

课程思政要有机地内嵌到多样的课程与复杂的教学活动中去，这需要让任课教师、各级教学管理者明确其基本遵循。要不断凝练课程思政的基本内核，才能够真正实现思想政治教育贯穿所有学科课程、融入教学和实践的各个环节。辩证唯物主义认为，事物发展中所具有的普遍性离不开无数特殊性，普遍性就生成于这些具体特殊性的交织之中。这为我们找到课程思政的基本内核提供了有力的哲学理论工具。课程思政的基本内核，应该具有统摄各类课程思想政治教育的确定性的实质，但又不是简单的"单一规定性"，而是要实现"多样性的统一"。

课程思政的基本内核也绝不是静止不动的，其意蕴内涵是一个不断丰富的过程，其与各类课程或教育议题形成双向、互动和共生的关系。一方面，基本内核的稳固性，确保各类课程价值引领的正确方向，确保思想政治教育目标的有效达成。另一方面，基本内核的可扩展性，确保不断积极吸纳各类课程或教育议题的精华，在回答好"培养什么人、怎样培养人、为谁培养人"这一根本问题的实践过程中不断演进。

课程思政基本内核的构成

课程思政的基本内核，是指课程思政的实质和主要内容，也是课程思政理论研究与实践的基本遵循及着力点，具体包括价值内核与议题内核等。

课程思政的价值内核是指课程思政中要始终坚持引导青年学生树立正确的价值观念，坚定认同思想政治教育的价值本源和价值旨归。价值内核是课程思政基本内核的"实质"，表现在理论认同、政治认同、理想信念认同等三个维度上。围绕价值内核，则可以进一步引导教育青年学生树立正确的义利价值、学习价值、择业价值、生活价值和交往价值等。在推进课程思政建设的过程中，要紧密围绕其基本内核，不断凝练价值元素、开发思政资源。课程思政也是教师与青年学生不断凝聚价值共识、提升价值自信与增强价值自觉，做到与党始终保持在思想上的同心同德、目标上的同心同向与行动上的同心同行的过程。

课程思政的议题内核是指课程思政在融入、渗透和贯穿学科或专业课程育人过程中必须系统强化的中心教育议题。这些中心教育议题是全面发展教育体系的重要组成部分，主要包括爱国主义教育、社会主义核心价值观教育、中国特色社会主义和中国梦教育、国情教育、党史教育、法治教育、劳动教育、心理健康教育、中华优秀传统文化教育、红色文化教育、道德教育、生态文明教育、国防教育、科学教育、劳动教育、公民教育、生命教育等。各高校和各专业课教师可以围绕这些中心教育议题，通过施加有计划、有组织的安排，制定完整有序、生动鲜活的课程思政方案，以确保与思想政治理论课教学目标与教学内容的接续性。在实践中还应当注意研究青年学生的学习心理，避免中心教育议题简单相加或内容重复。同时，高校可以分别立足本校、本学科、本专业或本课程育人资源禀赋特点和优势，挖掘特色教育议题，形成"中心议题+特色议题"的教育议题体系，以此形成"一题多元"与"一题多言"的各校特色方案或分专业推进策略。

课程思政的生成逻辑

课程思政是高校先进育人理念的具体体现，是思政教育工作规律的必然遵循，是教师思政和学生思政的结合点，是课堂教学的应然状态。

第一，把握课程思政"因事而化、因时而进、因势而新"的逻辑。"因事而化、因时而进、因势而新"的理念，是马克思主义发展性的深刻体现，也是推动马克思主义与时俱进以及高校思想政治工作守正创新的重要理念。课程思政一定是基于其基本内核的时代之思，要确保课程思政的育人效果，首先要遵循"因事而化、因时而进、因势而新"的逻辑，才能不断挖掘思政元素和优质思政资源。

第二，把握课程思政"点面蔓延"的逻辑。课程思政作为一项教育领域的重大改革探索，围绕课程思政的政策保障、理论研究、制度设计、方法创新、育人资源整合都需要加强。课程思政是一个循序渐进的思想政治教育过程，因此，推进课程思政建设要遵循"点面蔓延"的工作路径。在全国范围，将一些高校典型的优秀案例、成功经验和模式，进行总结提炼并在全国范围内推广。各高校要通过顶层设计增强典型示范引领作用、加大课程思政教研工作创优，形成示范引领、连片发展的良好工作局面。

第三，把握课程思政"主体间性"的逻辑。课程思政中的教师与青年学生，不再是简单的教育的"主体客体"关系，而应该构建尊重、平等和共生的"师生双主体"关系。课程思政在专业课程中的实施，恰好可以促使师生双主体间通过赋义、释义、统摄、体验来增进相互沟通与理解，将课程思政塑造成教师与青年学生对价值内核、中心教育议题形成共识的过程。遵循"主体间性"逻辑，才能够更好地发挥师生各自的主体性，即其自主性、能动性和创造性。一方面，教育者先受教育，教师要努力成为先进思想文化的传播者、党执政的坚定支持者，不断提升自身的思想政治觉悟，才能够更好地成为学生成长成才的引导者和指路人。另一方面，青年学生思想活跃，既追求个性、平等、自由，又渴望成长成才，渴望回报家庭、社会和国家，课程思政能够促使青年学生意识到只有在政治觉悟、家国情怀、视野格局、思维能力和人格修养方面进行提升才能够帮助他们在开放、多元、多样、多变的形势下辨别、把握和坚持正确的人生航向。遵循"主体间性"逻辑，让课堂超越知识共享的内涵，走向教学相长、师生共进的逻辑进路。

第四，把握课程思政"弹性空间与适度留白"的逻辑。要在课堂教学有限的时间和空间内，最大限度地合理提升学业挑战度、打造高阶性的"金课"，实现知识传授、品德塑造、人格发展、思想引领、政治认同与价值引导的综合目标，就必须充分地赋能基层教学组织、赋能一线任课教师。高校要做好顶层设计，保留教学组织上的弹性空间，这样才能够让教研室、教学团队、课程小组等基层教学组织充分发挥作用。高校要鼓励基层教学组织或教师围绕课程思政进行探索创新，鼓励教师进行教学改革、教学研究、教学研修，在教学成果奖的评选与职称晋升上开辟绿色通道，让教学质量高、教学成效显著的教师能够脱颖而出，为专注课程思政的教师营造得到认可、获得尊重的良好氛围。这样才能够充分调动广大教师的积极性、发挥他们的智慧，让他们用心地结合课程的具体情况，做好价值引导、情感传递和行为示范。

总之，课程思政是一个动态开放的育人过程，课程思政的基本内核和生成逻辑，需要在实践中进一步提炼和完善，从而为未来的理论研究提供更加丰富的案例和样本，促进课程思政建设深入开展。

（张晨宇：北京理工大学人文与社会科学学院副教授；刘唯贤：北京理工大学人文与社会科学学院学生；原刊载于《中国高等教育》2021年第12期）

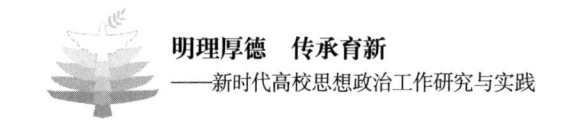

"四个正确认识"融入大学生红色实践的路径探索

郭惠芝

习近平总书记在全国高校思想政治工作会议上提出要教育引导学生树立"四个正确认识",即"正确认识世界和中国发展大势、正确认识中国特色和国际比较、正确认识时代责任和历史使命、正确认识远大抱负和脚踏实地",这"四个正确认识"从认识层面升华到情感层面,再到价值观层面和行为层面,层层递进,给高校开展大学生红色实践提供了新的育人目标和要求。

"四个正确认识"融入红色实践的内涵

2017年2月,中共中央、国务院印发的《关于加强和改进新形势下高校思想政治工作的意见》中指出要加强革命文化和社会主义先进文化教育,深化中国共产党史、中华人民共和国史、改革开放史和社会主义发展史学习教育,利用我国改革发展的伟大成就、重大历史事件纪念活动、爱国主义教育基地等组织开展主题教育,弘扬以爱国主义为核心的民族精神和以改革创新为核心的时代精神。这也为树立学生"四个正确认识"提出具体的工作指南,从中国共产党史、中华人民共和国史、改革开放史和社会主义发展史的学习中,正确认识"世界和中国发展大势"、正确认识"中国特色和世界比较",从弘扬以爱国主义为核心的民族精神和以改革创新为核心的时代精神中,正确认识"时代责任和历史使命",从纪念活动、主题教育中,正确认识"远大抱负和脚踏实地"。

社会实践是大学生思想政治教育的重要途径,红色实践是社会实践的一种形式,在本文中具体是指,以加强革命文化教育、弘扬爱国主义精神为主题,高校有组织有计划地组织学生走进革命老区、红色地区、发展新区,利用当地红色教育资源,让学生深入学习红色历史、感受红色文化、弘扬红色精神、传承红色基因的一项社会实践活动,旨在通过学习感知、观察体验、思考共情的深入实践,让学生坚定"四个自信",厚植爱国主义情怀,树立"四个正确认识"。北京理工大学从 2016 年起,在大学生中开展以传承红色基因为核心内容的大学生社会实践活动。学校在红色教育资源丰富的地区建立了一批大学生红色实践教育基地,并结合当地特点,开发了特色主题课程、体验活动和实践环节,每年组建若干个实践团队走进教育基地,开展沉浸式红色教育,形成了红色日记、红色课程、红色故事、红色影像等一系列学生实践成果,取得了很好的教育效果。

"四个正确认识"融入红色实践的现状思考

目前,红色实践逐渐引起高校的重视,但在研究过程中发现,高校虽然始终高度重视通过实践途径开展学生的爱国主义精神教育,但在工作过程中未能很好地区分红色实践与红色旅游、红色培训之间的区别,未能将"四个正确认识"的实践要求有机融入,存在走马观花、固定套路、形式单一等问题,影响了教育效果。

红色实践、红色旅游和红色培训在具体实施过程中相同的是"红色"的内容,不同在各项目的侧重点。红色旅游面向公众提供旅游产品,无须特定组织者,群众自发参与,以旅游形式为依托,在游乐观赏中受到红色熏陶。近年来,各地政府特别是革命老区,大力依托当地资源,发展了各具特色的红色旅游项目,给人民群众提供了感受红色文化的途径,兼具经济、文化和教育功能。红色培训面向一些有组织的群体,有明确的教育目的、较完备的课程体系,有些还有实践环节,具有实施主体的主导性,参与者被动接受程式化的内容灌输和信息传递,有一定的组织性、规划性和教育性。近年来,井冈山、延安等多地积极探索,建立培训学校,开发特色的红色培训课程,接待不同群体开展干部教育、员工培训等。红色实践作为高校实践育人的重要内容,由学校或学院统一组织,结合学生自发行动,以使学生学到知识、了解历史、体验文化、激发情感为目的,同时注重发挥个体的主观能动性,让学生带着问题去实践,带着成果去宣传,带着思考去行动,将学习、思考和行动结合起来,将个人学习和集体成长结合起来,注重前期学习、调研、讨论、指导和后期思考、总结、传播和行动,不仅通过立体化、沉浸式的体验更好地学到知识、升华思想,并能身体力行,做红色文化的传播者、红色传统的践行者,将红色精神融入思想、化成行动,具有自主性、互动性、传承性的突出特点。目前,很多高校开展了以红色教育为主题的社会实践,主要形式有读书活动、专题党课、调查研究、宣誓活动、讲解服务、故事宣讲、短剧展演、文化作品创作等。例如,清华大学将党员骨干培训、党课、读书活动与社会实践结合起来,带领学生亲身感受书中故事发生的环境,赴南京红色实践团的学生将调研成果制作成了中、英、日三语视频《南京痕迹——国殇八十载纪念短片》,取得了很好的传播效果;重庆高校结合当地红色资源,设置大学生红色教育基地,通过校内外相结合的方式开展红色教育;四川大学开展"红动1小时"社会实践活动,大学生走进中小学生的课堂,传播红色文化。

"四个正确认识"融入红色实践的路径探索

党的十八大以来,习近平总书记的红色足迹踏遍革命老区,弘扬革命文化,关怀老区人民,多次提出要铭记光辉历史,从革命的历史中汲取智慧和力量,用实际行动把红色基因一代代传下去。我校以培养"胸怀壮志,明德精工,创新包容,时代担当"的领军领导人才为目标,作出了在学生中大力开展"红色实践"的工作部署,以"追寻习近平总书记的红色足迹"和"探寻延安根,筑牢军工魂"为主线,先后在安徽金寨、贵州遵义、陕西延安等地建立9个大学生红色实践教育基地,从认知、情感、价值、行为层面探索研究红色实践贯穿"四个正确认识"的路径,运用当地的红色教育资源,将学校"延安根、军工魂"的红色基因有机融入学生红色实践过程;与基地共同开发系统化定制实践方案,制定了系统规范的红色实践指南,通过不同实践主题的选取、不同教育内容的确定、不同实践方法的应用将"四个正确认识"的内容分解到红色实践具体环节中;通过导读、学习、体验、讨论、总结等体验式的学习过程,在实践中不断让学生强化理解"四个正确认识"环环相扣、层层递进的逻辑层次。采用学校集体组织和个体自由组合相结合的方式,规范化设计、规模化指导,组织学生走进老区、故里和纪念馆,用前导化的理论指导、定制化的课程学习、沉浸式的情景体验、全系列的实践活动,用"革命红"层层渲染学生精神底色,并将教育影响从实践周期贯穿至整个学年,辐射到更多学生,增加了实践育人效果的持续性、实效性。

(一)学习历史,胸怀壮志,正确认识世界和中国发展大势

当今世界正处于大发展大变革大调整时期,面临百年未有之大变局,在政治、经济、军事、文化等领域都充满了风险和挑战。中国特色社会主义进入新时代,中国日益走近世界舞台的中央,国际地位不断提高、国际影响力不断扩大,面对

的是全球化的发展大势,大学生关于中国与世界的关系、国际社会的发展、人类文明的演进等方面需要树立正确的认识,从纷繁的世界格局和复杂的历史进程中看到世界和中国发展大势。我校建立了稳定的红色实践基地,充分挖掘校内外红色教育资源,建立了多模式学习课程体系。一是校内历史导读课,由团队指导教师指导学生通过历史文献研读,了解实践目的地的革命历史和红色精神,制定实践方案。二是基地精神溯源专题课,邀请当地专家深入解读红色精神和现实意义。三是现场教学观察课,带领学生走进曾经革命战斗的故里旧址和纪念馆,让学生从文字记录、历史图片、场景还原、情景演出、革命旧址、故事讲述中,加深对历史的理解。通过多模式的课程"学"的环节,引导学生向历史学习,了解中国人民寻求光明、争取民族独立的斗争历史,了解中国共产党艰苦奋斗、带领新中国走上社会主义道路的历史,以更好地理解过去的中国、现在的社会、未来的世界,感受中国人民近代以来对实现中华民族伟大复兴的梦想渴望,激发学生为实现中国梦不懈奋斗的内生动力。

(二)碰撞思想,创新包容,正确认识中国特色和世界比较

习近平总书记在与大学生的交流中多次强调了实践的重要意义,"在社会的大学校里,掌握真才实学,增益其所不能,努力成为可堪大用、能担重任的栋梁之材",在实践中"把学习同思考、观察同思考、实践同思考紧密结合起来"。学习历史的目的是以古鉴今,从历史中汲取当前社会发展所需要的经验教训和精神力量。红色实践按照"学习、思考、行动"的过程,将思考作为核心环节,让学生主动去学习知识,带着问题深入红色地区寻找答案,引导学生深刻理解中国从哪里来、要往哪里去,正确认识中国独特的历史、文化和国情,面向多元化的世界和全球化的竞争,能够坚定中国立场,坚守中国情怀,理性看待国际比较。在实践过程中组织若干次交流讨论会,学生们与指导教师充分讨论交流,向同侪学习,解开思想困惑,碰撞出思想火花,并将实践学习思考的成果通过视频、图片、文字等形式进行展示传播。学生们带着实践成果深入党团支部、班级宿舍讲述一段段触动人心的红色故事,影响更多的学生主动弘扬革命文化,传承红色基因。红色实践"思"的环节真正将学习、观察、实践同思考结合起来,让学生体会到"爱国,是人世间最深层、最持久的情感",爱国不是口头表态,而是要建立起与祖国同向同行、与人民同心同意的情感追求,"把自己的理想同祖国的前途、把自己的人生同民族的命运联系在一起,扎根人民,奉献国家"。

（三）传承精神，时代担当，正确认识历史使命和时代责任

人民是历史的创造者，中国革命的历史也是中国人民争取民族解放的奋斗史，习近平总书记说"要幸福就要奋斗"，"要坚持学以致用，深入基层、深入群众"。榜样的力量是无穷的，红色实践不仅带领学生走进红色地区，更是带领学生走近革命前辈，走进一个个可歌可泣的革命故事；走近老区人民，走近一个个生动鲜活的学习榜样，向人民学习，切身感受在中华民族站起来、富起来、强起来的伟大斗争中，坚忍不拔、浴血奋战的中国人民所展现的深厚爱国之情和伟大民族精神。红色实践基地按照不同的主题开展纪念馆设计志愿讲解、革命人物寻访、革命生活体验、田间劳动、群众调查、党旗宣誓等体验活动环节，让学生通过各种实践活动感受人民在辛勤劳动中形成的伟大创造精神和伟大奋斗精神，并将实践过程寻访到的触动心灵的素材，创作出一篇篇红色故事。在新生军训和入学教育中，开展红色故事讲述活动，使红色故事在新生中广为流传。红色实践将知识学习、实践观察同情感体验结合起来，让学生认识到中国特色社会主义进入新时代，每一个人都是新时代的建设者、参与者、见证者，体会到实现中华民族伟大复兴是中国人民历史使命和伟大梦想，更是一代代青年人接续奋斗的时代责任。

（四）立志笃行，明德精工，正确认识远大抱负和脚踏实地

高校的根本任务是立德树人，培养社会主义事业的建设者和接班人，需要引导学生树立远大抱负，成长为堪当民族复兴大任的时代新人。传承红色基因不能停留在书本上、屏幕里，更重要的是嵌入学生知识结构体系，融入学生的学习成长过程中，真正使之内化于心、外化于行。"红色实践"让大学生深入历史和人民，从红色文化和革命精神中汲取成长力量，将学到的知识运用到为实现人民对美好生活向往的奋斗实践中，将红色基因"遗传"并"复制表达"为一个个爱国为民的具体行动中。通过"学生发起、学校支持"的途径，以"走出去、请进来"的方式，一方面让学生走进红色地区，另一方面将红色资源引进学校，加强理论和实践指导，创新形式和载体，细化"五个一"实践成果：一堂专题思政课，一本红色故事集、一篇实践感悟、一份行程日记、一个实践手册，提升学生参与红色实践的实际体验，真正收获成长的精神力量，让红色实践的内容和方案不断传承、丰富和提升。围绕红色实践的主题，开展"红色实践线路设计大赛""周末文化体验""寄语中国""红色短剧""红色多媒体"制作等多种形式，打通红色实践上下游"产业链"，贯穿学生全年教育实践活动，激发内在主动学习的动力，提升外化

行动的自觉，升华对党和人民的情感，将爱国情转化为报国行，将实现中国梦的远大抱负化为日复一日脚踏实地的奋斗。

将"四个正确认识"全面融入大学生红色实践全过程，对于厚植学生爱国主义情怀，树立学生对人民的情感、对社会的责任、对国家的忠诚具有重要的意义。高校应进一步探索红色实践规范化指导长效机制，将红色实践有机融入思政课教育教学环节，扩大受教育覆盖面，拓展红色资源的育人作用，加强启发、学习、体验、讨论等主要环节的理论指导，持续深化教育效果，延伸教育范围，帮助更多学生从中国革命、建设和改革的历史进程中收获精神滋养，使红色基因渗进血液、浸入心扉、代代相传，在奋进中华民族伟大复兴中国梦的壮阔征程中拥有源源不断的坚定力量。

（郭慧芝：北京理工大学生命学院党委副书记、副院长；原刊载于《北京教育（德育）》2019年第6期）

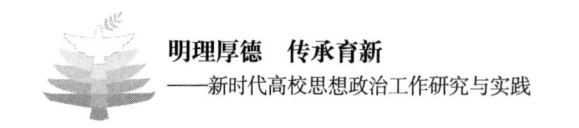

积极心理学视域下大学生心理危机预防策略探究

潘 欣 范文辉

积极心理学的内涵

积极心理学（Positive Psychology）兴起于20世纪末美国心理学界，创始人是美国当代著名的心理学家马丁·塞里格曼（Martin E. P. Seligman）。谢尔顿（Kennon M. Sheldon）和劳拉·金（Laura King）指出："积极心理学是致力于研究人的发展潜力和美德的科学。"该学科提倡以开放、欣赏的眼光去看待人的潜能和发展动机，认为无论是患有严重心理疾病的人还是身心健康的普通人，都应该构建积极乐观的心态，培养积极的心理力量，以积极乐观的心态去应对生活中的问题，通过积极的心理力量使内在的潜能得到最充分的发挥，从而让个体更加积极、更加阳光，真正成为一个健康幸福的人。

大学生心理危机

（一）概念界定

目前，国内学者对大学生心理危机的概念界定不尽统一，还没有形成一致的概念，有的定义为"大学生受到一些突发事件的刺激或者较难克服的困难一时无法解决，产生的短暂的心理困惑，经过长期的心理失衡状态就演变成心理危机"。有的则认为："在校大学生在应对那些自己无法克服心理冲突内或外部刺激内外部应激事件所产生的一种反应。"

（二）大学生心理危机的特点

1. 存在性。目前，在校大学生多为"95后"，人生观和价值观正处在形成阶段，很多抵御困难的心理能力还没有形成。加之进入大学后，关于人生重大问题的思考，例如未来的目标、人生的定位、生命的意义、价值与责任等，容易让大学生感到迷茫与焦虑，深化内心的冲突和矛盾，进而产生心理危机，说明大学生心理危机具有存在性的特点。

2. 潜在性。大学生心理危机在爆发之前，往往有一段隐蔽期，这期间，大学生已经出现一定程度的心理问题，有的还在一定程度上影响到大学生的生活，但是由于这些心理问题的负面影响较轻微，不易被发觉。随着心理问题的不断积累，在各种原因下不断堆积，最终发生了大学生心理危机事件，大学生心理危机才最终显现，这说明大学生心理危机具有潜在性的特点。

3. 突发性。由于大学生心理危机具有潜在性的特点，往往会让人忽略其爆发的可能性，而大学生心理危机爆发的条件一旦具备，就会呈现出迅速不可挡的态势，所以，大学生心理危机也总给人们留下突发性的特点。

大学生心理危机产生的原因

（一）突发的、不可抗的重大事件

突发的、不可抗的重大事件通常包括重大的自然灾害和社会伤害事件。这些重大事件的不可控和突发性，往往让人们无力反击，甚至因为太突然而出现应激相关障碍。以汶川地震、昆明火车站恐怖袭击、马航失联事件为例，以大学生的心理发展水平通常难以直面这样巨大的灾难，如果大学生本人经历了这些事件，抑或是亲属经历了这些事件，或多或少都会诱发不同程度的心理问题和心理危机，严重影响大学生的心理状态和健康成长。

（二）家庭情况

家庭情况，尤其是原生家庭情况，是大学生心理危机产生的主要原因之一。一是家庭经济情况。来自贫困家庭或是边远山区的大学生，入学后面对丰富多彩的大学生活，容易产生自卑心理，敏感脆弱的神经在外界各种刺激的冲击下，容易与周围的人和物产生距离感甚至抗拒，从而产生心理危机。二是家庭结构情况。和谐健全的家庭结构有利于大学生的身心健康成长，倘若在离异家庭或留守家庭中成长，在安全感方面会有所缺失，或多或少都会产生心理危机，入学后表现为对自己不自信和对他人不信任，难以融入宿舍、班级等集体生活中。三是家庭突发意外情况。家庭突然遭遇变故，尤其是父母或亲人突发意外将对大学生造成极

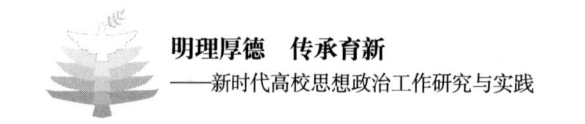

大的心理冲击，大学生可能会因为一时无法接受而出现心理危机。

（三）学业压力

进入大学后，专业课程的学习并没有想象中的轻松，学业上不断努力仍经受的挫败和成绩的不达标都容易导致心理危机的产生。这在要求上进的大学生群体中较为明显，这类学生通常会设定很高的学业目标，然后力争取得优异的学科成绩、素质拓展加分、实践加分等等。对自己要求极高的他们一旦在竞争中落败，往往会表现出无法接受，格外失望，亦会对自己产生自我怀疑，如果不能及时调整心态，极易产生心理危机。

（四）毕业困难

大学生顺利毕业不仅仅是多年求学生涯的答卷，还承载着家人亲友的期待。但每年仍会有一些学生因为没修够学分、毕业实习不合格、毕业论文（设计）不达标等原因不能按时毕业，这对大学生的身心将产生极大的冲击，容易引发愤怒和焦虑，产生心理问题和心理危机。

（五）就业困难

大学生就业是职业生涯发展中非常重要的阶段，就业顺利和找到满意工作的大学生心态积极，对学校、师长、同学、亲友多抱有感恩之心，对自己的未来和人生规划怀抱憧憬。而就业困难的大学生，面对多次求职失利的挫败经历，心理承受的压力可想而知，而且，随着毕业节点的临近，这种心理压力也将逐渐加大，若不能进行及时的心理疏导，容易引发心理危机。

（六）人际交往及情感受挫

人际交往和情感受挫也是大学生心理危机产生的主要原因之一。大学生进入大学之前已经形成一定的生活习惯、思维方式及处事态度，在日常的学习和生活中，难免会与同学（多见于舍友）意见不合，发生冲突，而有些学生又不愿意作出让步或者不能妥善解决，加之有的学生比较内向，这就增大学生出现心理危机风险。

（七）新媒体的负面影响

如今，大学生的学习和生活都离不开新媒体，新媒体的负面影响在一定程度上对大学生的心理成长产生不良效应。首当其冲便是网络游戏，大学生沉迷于网络游戏的现象非常严重，甚至占据了大部分学习和休息的时间，使得大学生的休息时间得不到保障，精神状态不佳，甚至一些传递着暴力的游戏还会误导大学生走向极端，产生一系列心理危机。其次，新媒体平台上存在的不实报道、错误言论，容易对大学生产生极大的心理冲击。一方面，不实报道、错误言论会对心智发育不够成熟的大学生产生误导，把大学生的言行引向怀疑、愤怒、仇恨的状态中，甚至仇视社会，敌视一切，长此以往，容易产生心理危机；另一方面，当不实报道、错误言论与大学生内心的想法不一致但是大学生本人又无法改变时，容易引发大学生焦虑不安的情绪，进而产生心理危机。

积极心理学视域下大学生心理危机预防对策

（一）提供积极的社会氛围，完善社会支持系统

首先，要建立健全有效的自然灾害预警防护机制，提高预测和监测自然灾害的能力，做好实施有效的防护措施，尽量将突发的自然灾害的破坏力降到最低，保护大学生及其亲友在内的广大群众的生命财产安全。其次，要建立健全有效的社会治安管理防范机制，尽量将群体性突发事件的负面影响减到最小，为大学生的成长提供一个安全稳定的社会环境。除此之外，还要建立健全积极的社会心理危机预防和干预支持体系，通过宣传片、社区走访、片区讲座等方式，加强宣传教育力度，提高大学生在内的群众的心理危机防范意识。同时，规范化建设心理咨询师队伍，通过提供政策保障、科学设置理论学习和临床实践课程、进行职业诚信教育等途径，整体提高心理咨询行业的专业性和可靠性，从而进一步提升社会心理咨询支持力度，弱化心理危机带来的负面影响。

（二）营造积极的校园氛围，为学生的学习和生活

首先，学校要加强专业知识和技能的指导，引导大学生树立切实可行的学业目标，并鼓励大学生稳扎稳打地为之奋斗，戒骄戒躁；同时，学校要为大学生提供相应的学业辅助支持，例如设立学生学业指导中心，设立专业课程小导师，为有学业困惑的大学生进行一对一无偿的知识讲解等，帮助学业困难大学生安全度过困惑期，避免大学生因学业压力过大而产生心理危机。

其次，积极开展并进一步完善大学生职业生涯规划的课程、讲座和一对一指导，引导大学生在严峻的就业形势下，树立合理的就业观，设定合理的就业目标，帮助其顺利就业，避免就业困难导致心理危机。

此外，要格外重视对大学生开展心理健康教育，通过开设大学生心理健康教育课程，举办心理健康讲座、沙龙、小型分享会等，向大学生普及心理健康知识，提高其心理保健意识。同时，进一步优化大学生心理健康教育课程的授课内容和授课方式，在授课内容的设置上，避免讲授负面内容和负面案例，以免有些学生"对号入座"，渲染不良情绪。可以把"心理情景剧""音乐治疗""舞蹈治疗""心理冥想术"等加入课程体系中，丰富课程内容，增加学生的积极心理体验。

重视心理健康教育与咨询中心的建设，其中包括温馨环境建设和日常事务建设，做好新生入学的心理健康普查工作，做好心理困难学生的日常咨询工作，做好全体大学生心理健康教育和人文关怀工作，使之成为大学生的积极心理体验中心。

重视心理健康教育队伍的建设和网格化管理，这支队伍不仅仅指大学生心理健康教育课程的专职教师、学生工作主管领导、班主任、辅导员，还包括大学生心理健康社团、各班级心理委员及各宿舍心理联络员，要加强这支心理健康教育队伍的建设，提高队伍的质量，提升网格化管理，确保大学生心理健康教育落实到位、大学生心理危机预防工作落实到位。

重视开展大学生心理健康素质拓展实践活动，通过精心的活动设计，发掘个体潜能，引导学生在活动中积极乐观地面对挫折，增强积极情绪体验，培养积极乐观的心理状态。

重视将积极心理健康教育理念融入专业课程教育，鼓励专业课程授课教师在课堂上融入积极心理健康教育元素，将课程教育与心理健康教育相融合，培养身心健康的建设者和接班人。

最后，要加强校园文化建设，营造积极美好的校园氛围。提升包括宿舍、食堂在内的各个活动场所的整洁度，为大学生提供健康的学习生活环境。构建积极和谐的校园文化氛围，团结向上的宿舍文化氛围，全过程、全方位为大学生提供积极的心理成长环境。通过校园广播、学生电视中心、校园新媒体平台、宣传栏等宣传途径，加大积极心理案例、乐观情绪的宣传力度，引导大学生以积极乐观的心态对己及人，将心理危机萌芽扼杀在积极向上的校园文化生活之中。

（三）营造积极和谐的家庭氛围，为大学生提供温馨友爱的成长环境

首先，家长要重视对大学生的引导和教育，关注大学生的学习、生活以及情感需要，给予大学生足够的关怀和安全感。其次，家长要以身作则，行为示范，以自己积极乐观的生活态度去影响大学生，不能一方面要求大学生积极乐观，不

怕挫折，而自己遇到问题却在大学生面前表现出逃避、消极的态度，这样反而会产生负面作用，使大学生在成长过程中就形成不良的心理状态。此外，家长要尊重大学生的想法和意愿，鼓励大学生进行倾诉与交流，帮助大学生解决心理困惑和烦恼，进而培养积极乐观的心态，预防心理危机的发生。

（四）加大对新媒体的监管力度，共建积极健康的网络新环境

首先，对网络游戏产业要加以引导和管理，优化网络游戏内容，防止大学生因沉迷网络游戏、受网络游戏误导而走向极端，诱发心理危机。其次，要进一步加大对网络言论的监督力度，必要时设立网络警察，及时删除不实报道和错误言论，避免对大学生的心理成长造成负面影响。此外，最重要的，可以充分发挥并利用新媒体的优势，拓展新媒体资源，对大学生进行心理健康教育。例如：开发有趣的高校心理健康 APP；开设在线心理健康测量系统，供学生自行检测，让学生了解自己的心理状态的同时也能做到对学生的隐私信息进行保护；建立心理健康教育公众号，定期发布有趣的心理健康知识和心理保健小贴士，开设形式新颖、样式活泼的心理健康网络直播课程和讲座，设立虚拟的心理咨询俱乐部等等。通过线上的积极引导，以大学生喜闻乐见的方式进一步深化心理健康教育，预防心理危机的发生。

（五）大学生本人要提高心理保健意识，积极进行自我教育、自我管理与自我监督

首先，大学生多数已是成年人，应该对自己的身心健康和行为负责，积极参与自己的身心建设，进行自我教育和自我管理，以积极乐观的心态安排好自己的学习和生活，预防心理危机的发生。其次，大学生要积极接受来自社会、学校、家庭、亲友的教育和引导，积极参加心理健康教育的相关活动，遇到心理困惑的时候及时寻求帮助，预防心理危机的发生。

大学生心理危机预防是一项复杂的系统工程，需要多方面的力量共同助力，积极心理学所倡导的积极因素，将有利于大学生构建积极乐观的心态，培养积极乐观的心理力量，形成积极乐观的心理品质，促进大学生群体的健康成长，进而为培养有理想、有本领、有担当的时代新人奠定坚实基础。

（潘欣：北京理工大学机械与车辆学院辅导员；范文辉：北京理工大学教务部副部长；原刊载于《教育现代化》2019年第89期）

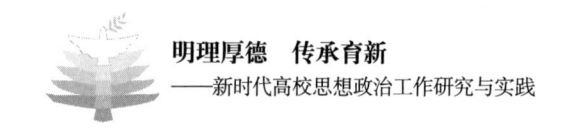

高校学生社区服务育人工作途径探析
——基于高校立德树人根本任务视域

陆宝萍　张　京

2020年，教育部等八部门印发的《关于加快构建高校思想政治工作体系的意见》中指出，要建立健全立德树人体制机制，将立德树人融入管理服务体系，推动"一站式"学生社区建设，探索学生组织形式、管理模式、服务机制改革，把校院领导力量、管理力量、服务力量、思政力量压到教育管理服务学生一线，打造集学生思想教育、师生交流、文化活动、生活服务于一体的教育生活园地。随着学生社区在高校人才培养中的作用越来越突显，如何紧紧围绕立德树人根本任务，进一步提升高校学生社区服务育人工作水平，逐渐成为高校学生工作者和后勤保障工作者研究的热点。

高校学生社区在人才培养工作中的重要作用

学生社区是以学生公寓为中心的校园学生生活、学习、群体活动的区域。高校学生公寓常常被称作大学生的"第一社会""第二家庭"和"第三课堂"。随着经济社会的不断发展、科学技术的突飞猛进、物质生活的极大丰富，高校学生公寓建设也得到了长足的发展，学生人均住宿面积和舒适程度较之以往得到了显著的提升，以学生公寓为中心的学生社区不再仅仅是学生住宿的地方。随着学生社区中自习室、活动室、多功能厅、减压室、音乐室、健身房、便民厨房、图书角等文化空间的建设和自助售货机、自助咖啡机、自助打印机、自助洗衣机等自助设备的引入，以及丰富多彩的学生社区文化建设，学生社区已经变成了学生学习、娱乐、交流、就餐、休息的重要场所。随着高校"学分制"等教育教学改革项目的推进，淡化了原有班级的概念，一个班级的学生上课时间和上课课程变得不再统一，学生社区成为学生集中度相对比较高的场所，思想政治教育工作等也向学生社区加大了延展力度，使得学生社区在高校人才培养工作中的作用也越来越重要。

高校学生社区开展服务育人的有效载体分析

随着高校招生规模的不断扩大，近年来新建的学生公寓楼也在不断增多，为了便于管理、形成特色，一些高校按照地域相近等原则将学生公寓楼群划分为学生社区进行管理。为了进一步深入贯彻落实全国高校思想政治工作会议精神和《中共中央国务院关于加强和改进新形势下高校思想政治工作的意见》，教育部制定了《高校思想政治工作质量提升工程实施纲要》，提出了构建"服务育人"等"十大"育人体系，指出服务育人要把解决实际问题与解决思想问题结合起来，围绕师生、关照师生、服务师生，把握师生成长发展需要，提供靶向服务，增强供给能力，积极帮助解决师生工作学习中的合理诉求，在关心人、帮助人、服务人中教育人、引导人。学生社区服务工作涉及学生日常生活的方方面面，为更好地发挥学生社区在高校人才培养中的重要作用，结合学生社区服务工作实际，需要对现有的高校学生社区服务育人的有效载体进行梳理。

（一）学生社区服务工作

学生社区是学生在大学期间生活的重要场所，平均每个学生每天有 8 小时以上的时间在学生宿舍内进行学习、生活和交流。学生社区开展服务工作的目标就是要为学生提供便捷的生活服务，早在 1984 年，当时的国家教委就提出了高校后勤"三服务、两育人"的工作宗旨，即"为教学服务、为科研服务、为师生员工服务"和"服务育人、管理育人"，这也逐渐成为高校学生公寓工作的指导思想，通过在给学生提供各种服务的工作过程中，开展育人工作。

（二）学生社区文化建设

随着高等教育教学改革的推进，"学分制"改革等举措的实施，学生社区已经成为目前学生在校期间集中度相对比较高的场所，为开展育人工作也提供了有力平台。学生社区文化建设是校园文化建设的重要组成部分，通过开展丰富多彩的文化活动，不仅可以丰富学生的课外文化生活，还能够有助于学生的品德塑造和行为养成，营造积极、乐观、健康、向上的学生社区文化，可以启迪学生心智，陶冶学生情操，促进学生全面发展，已经成为学校育人工作的一个重要平台。

（三）学生社区文化空间

随着高校后勤社会化改革的推进，各高校学生公寓建设得到了长足发展。为

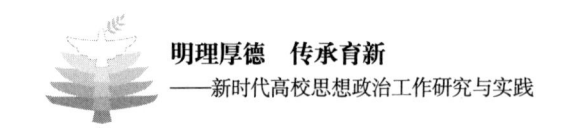

了满足学生的多元化需求和成长成才要求，各校也都在学生社区文化空间的建设上做了大量的工作，努力将学生社区建设成宜学宜居、宜智宜健的场所，在学生公寓成为学生"第三课堂"的同时，这些文化空间也在育人方面起到了重要作用。

（四）学生助管和自治组织

指导学生社区学生助管和学生自治组织开展学生自我服务是育人的一个重要载体，学生助管和学生自治组织来源于学生，能更准确地了解学生的需求，精准了解学生需求才能更有针对性地开展服务，提供靶向服务，避免出现"你给我，我不要""我要的，你不给"的情况。通过学生助管和学生自治组织带动广大学生主动参与自我服务，形成学生社区学生自我服务的良性循环。与此同时，学生助管和学生自治组织通过实际参与学生事务服务，更能理解学校的各项政策和规定，对于他们也是一种体验式教育。

（五）学生社区信息化建设

随着信息科学和互联网技术的发展与普及，学生公寓早已实现了网络进公寓，但是目前还存在着一些学生生活上的不便利，如办理入住手续难、报修难等。不良的用户体验将直接影响学生对学生社区管理服务工作的认同，甚至影响学校的对外形象。坚持问题导向，通过解决学生反映的在学生社区中住宿不便利的问题，打通信息"孤岛"，再造服务工作流程，让学生的生活变得更加便利，不仅会增强学生对学校的归属感和认同感，而且也是一种非常好的教育方式。

高校学生社区提升服务育人水平的工作途径

在梳理了高校学生社区中能够开展服务育人工作的有效载体的基础上，结合实际工作，进一步探索提升学生社区服务育人水平的工作途径。

（一）通过有温度的服务工作开展育人

学生社区在为学生办理日常事务服务中，要用爱心、热心、责任心、耐心和细心潜移默化地育人。如，在办理学生宿舍入住、调换和退宿等服务中，加强对学生的规则意识教育。目前各高校办理学生宿舍的入住、调换、退宿等相关手续都是依据相关规定的，在为学生办理学生宿舍相关手续的服务过程中，需要对学生讲清楚宿舍调整的工作原则，严格按规定办理，加强学生的规则意识教育。再如，在处理学生关于学生社区有关问题投诉的过程中，应加强对学生的行为进行养成教育。目前各高校由于住宿学生人数较多，为了维持良好的生活秩序，都有学生公寓管理办法或签订住宿协议等，当学生投诉有高空抛物、休息时间大声喧哗等情况时，要教育学生养成良好的行为习惯。

学生社区要聚焦学生反馈的问题开展精准化服务，同时致力于培养学生主动参与发现和解决问题。精准化服务要求准确地把握学生的需求，主动向前，多做一步，帮助学生解决生活上的不便利，努力在服务学生"最后一公里"上下功夫。如，有的高校了解到学生公寓洗衣房在公共洗衣机的使用上，有的学生不能及时将洗好的衣服取出，导致后面的学生无法使用洗衣机的情况，就为学生公寓洗衣房配置了存放洗好衣物的洗衣袋和塑料桶，打通了服务学生"最后一公里"的路。这样，不仅可以培养学生主动发现问题的能力，还能培养他们解决问题的能力，进而引导其他学生主动参与学生社区服务工作。

（二）通过创建学生社区文化开展育人

学生社区文化是高校校园文化的一个重要组成部分，能够对正处在成长阶段的大学生有着直接引领或者潜移默化的教育引导、约束同化和团结凝聚作用。建设学生社区文化要加强物质文化建设，要关注学生需求，完善学生公寓内的基础设施配置，加强学生公寓硬件建设和周边环境建设；要加强制度文化建设，正如邓小平同志所说："制度好可以使坏人无法任意横行，制度不好可以使好人无法充分做好事，甚至会走向反面。"要建立健全学生社区管理相关规章制度，抓好制度的执行，发挥制度文化的育人功能；要加强精神文化建设，以培养德智体美劳全面发展的社会主义建设者和接班人为目标，以社会主义核心价值观为导向，激励和培养学生营造良好风气、养成良好行为习惯，引导学生将外在要求内化为行为规范；要加强行为文化建设，引导学生形成正确的思想观念和行为准则，从而影响学生的文明行为养成，实现塑造品格、提升品质的目标。

（三）通过创建社区文化空间开展育人

文化空间不仅是学生在学生社区学习、交流的重要平台，还是学生在学生社区内休息、舒缓的重要场所。要通过学生社区文化空间建设，以文化空间为平台开展丰富多彩的文化活动，将教育融入学生的日常生活，达到润物细无声的教育目的。如，有的高校在学生社区建设了活动室，以活动室为平台开设了"悦生活"系列小课堂，有针对性地举办了美妆、瑜伽等讲座，得到了社区学生的好评。又如，有的高校了解到研究生日常学业压力比较大、缺乏减压措施，就在研究生学生社区中建设了减压室，配置了沙袋、减压画板和书籍、拼图等，用于帮助学生缓解压力、放松心情。此外，有的高校还在学生社区建设了研讨室、影音室、党建室、健身室、艺术工坊等文化空间，通过聘任学术导师、朋辈导师、通识导师和校外导师等方式，将优质的教师、学生榜样和校友等教育资源引入学生社区教育，开展了文化沙龙、学习研讨、高雅学术、手工制作等丰富多彩的文化活动，努力营造师生交流、朋辈交流、师学从游的氛围，以文育人，以文化人。

（四）通过指导学生自我服务开展育人

学生社区可以通过招募学生助管或者成立学生自治组织用以充实和强化学生社区管理和服务队伍。通过指导学生开展自我服务，引导学生实现从"人人为我"到"我为人人"的转变。通过前期学生助管和学生自治组织的主动服务，经过一定的政策导向和长期的行为引导，形成学生社区学生自我服务的良性循环。如，有的高校建有楼长、层长、宿舍长三级工作网络，有的高校设立学生助管联系学生宿舍工作网络。通过上述工作网络开展服务，发放"点对点，进宿舍、到床位"通知、发放公交卡、检查宿舍卫生等。有的高校建立了学生公寓微信答疑群，为学生及时提供在线答疑服务；有的高校设立了有求必应屋，为学生提供应急的物资（包括生活用品、学习用品、应急医药等）。

（五）通过推进信息化建设开展育人

高校信息化建设是通过流程再造来实现"让信息多跑路、让学生少跑腿"。目前，在居民家中已经实现了网上购物、手机购物等的情况下，有的高校学生宿舍费缴纳、学生公寓门禁授权等事务的办理还是线下办理，给学生的生活带来了不便利。随着信息化建设和智慧校园建设的不断推进，学生社区各项服务更要纳入信息化建设和智慧校园建设工作的整体规划中，为学生提供良好的用户体验。进一步推进学生社区信息化建设，需要梳理各项事务的工作流程和办理指南，通过流程再造，让数据在后台流转，实现线上办理，让学生少些线下的跑腿。与此同时，在这个过程中，学生通过阅读工作流程和办理指南来办理各项事务，可以引导学生自己解决自己的问题，对于增强学生的生活能力也很有帮助。

结语

高校学生社区建设要紧紧围绕着人才培养的中心工作，将情感温度融入日常的服务工作中，通过不断加强学生社区环境建设和文化建设，不断加强信息化建设和指导学生自治组织建设，努力提升学生社区服务育人工作水平，为学生提供便捷高效的生活体验与丰富的成长成才资源，使学生的获得感、幸福感、安全感更加充实，更有保障，更可持续。

（陆宝萍：北京理工大学学生工作部副部长；张京：北京理工大学学生事务中心干部；原刊载于《高校后勤研究》2021年第3期）

基于社会生态系统理论的
新时代高校研究生党支部建设研究

刘晓俏

党员教育管理是党的建设基础性、经常性工作。党的十八大以来，以习近平同志为核心的党中央高度重视党支部建设和加强党员教育管理工作，要求把全面从严治党落实到每个支部、每名党员。2018年10月，中共中央印发了《中国共产党支部工作条例（试行）》；2019年5月，中共中央印发了《中国共产党党员教育管理工作条例》，对党员教育管理的内容、方式、程序等做出规范，为新时代党员教育管理工作提供了基本遵循。高校肩负着培养社会主义建设者和接班人的重要使命，学生党支部是党联系群众的桥梁和纽带，是团结和凝聚广大学生的战斗堡垒。高校学生党员中，研究生党员数量多，党支部数量多，做好新时代高校研究生党支部工作对加强高校党的建设具有重要意义。

高校研究生党支部建设存在的问题

大学是立德树人、培养人才的地方，是青年人学习知识、增长才干、放飞梦想的地方。研究生是高校人才培养的重要对象，也是未来国家实现"两个一百年"奋斗目标，实现中华民族伟大复兴的中国梦的重要力量。近年来，研究生党建工作也出现了新的情况和问题。一是研究生党员身份荣誉感、责任感和先锋作用弱化，个别研究生党员在应该履行的责任和义务、先锋作用发挥等方面有所放松。另外，由于研究生党员比例在40%左右，其在研究生群体中不是十分突出，个别研究生党员的身份荣誉感被弱化。二是研究生党员参与活动积极性有待提高，党支部开展活动难度大。进入研究生阶段，学生科研压力较大，个别党员参加党建活动积极性不高，大多安排在闲暇时间或科研、学习之后，党支部开展活动很难找到公共时间。三是研究生党支部设置未能充分考虑研究生群体特点。日常学习生活中，同一个实验室或课题组的研究生接触比较多，而部分党支部设置是以班级或年级为单位，党支部成员之间联系不紧密、凝聚力不强。四是党支部开展思想引领工作难度大。研究生群体生源结构多元化，党支部成员毕业院校不同、年龄层次不同、学习和工作经历不同，党支部开展思想引领的影响力、感召力和说服力要求高。

社会生态系统理论及其对研究生党支部建设的启示

查尔斯·扎斯特罗是现代社会生态系统理论最著名的代表性人物之一，他将人的生存环境视为一个完整的具有层次性的社会生态系统，可划分为三种基本类型，即微观系统（Micro System）、中观系统（Mezzo System）和宏观系统（Macro System）。微观系统，是指处在社会生态环境中的看似单个的个人；中观系统，是指与个体相关的小规模的群体；宏观系统，是指比小规模群体更大一些的社会系统。个体与社会生态系统之间存在相互作用力，个体的行为与环境相互联系、相互制约、相互影响。社会生态系统如图1所示。

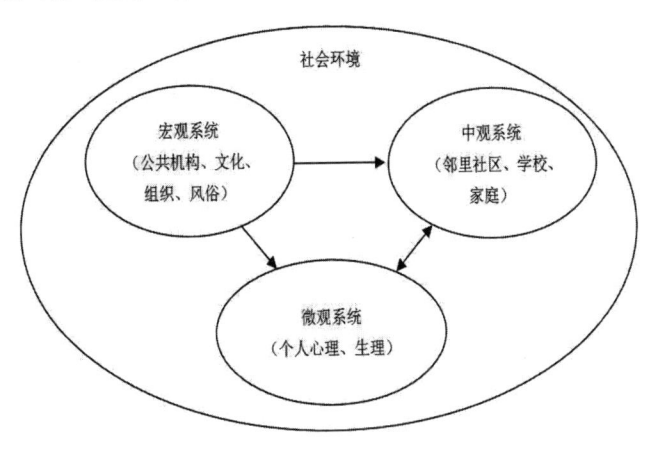

图1 社会生态系统

（一）对研究生党支部设置的启示

党的力量来自组织。高校党支部的基本任务之一，是保证监督党的教育方针贯彻落实，巩固马克思主义在高校意识形态领域的指导地位，加强思想政治引领，筑牢学生理想信念根基，落实立德树人根本任务，保证教学科研管理各项任务完成。可见，大学生党支部既是贯彻落实党的路线方针的关键"最后一公里"，肩负着培养社会主义建设者和接班人的重要使命，培养造就学生群体中的骨干力量和优秀代表，同时还要充分发挥战斗堡垒作用，带动周围师生凝心聚力、攻坚克难，取得教学科研上的进步。根据生态系统理论，与研究生密切接触的老师和同学等中观系统与研究生党员微观系统相互作用，在思想动态、行为活动、理想目标等方面都会相互影响。因此，在研究生党支部设置中，应以相对固定的学习群体或活动群体为划分标准，将经常活动或密切接触人群设置在同一个党支部。一种方式是将同一个课题组或实验室的研究生划分为一个党支部，一方面，有利于党员先锋模范作用的发挥，党员可以在思想和行动上很好地带动入党积极分子和普通学生；另一方面，可以起到良好的监督作用，普通学生对于党员的日常表现具有深入的了解和全面的考量。另一种方式是将师生党员编在同一个党支部，可根据师生党员的研究方向、学科归属等作为划分依据，充分发挥研究生导师的示范引领作用，促进师生在党建活动中相互交流、相互促进。师生党建工作同部署、同开展、同检查，师生党员在党建学习教育中，能够共同成长、共同发展。

党支部的合理设置，能够有效保证党建工作与专业学习的有机结合，尤其是在党支部工作中引入教师的力量，既有效提升党支部成员对于党建工作的重视程度，也进一步丰富党建工作内容，增加党建工作的吸引力和感召力。

（二）对研究生党支部党员教育的启示

研究生在日常学习生活中，接触最多的就是导师，研究生对于导师的崇敬和服从是无可替代的。导师也是研究生培养的第一责任人。然而，目前研究生党建工作没有充分发挥导师思想政治教育应有的作用。《关于深化研究生教育改革的意见》指出，要发挥导师对研究生思想品德、科学伦理的示范和教育作用。研究生导师党员普遍党龄较长，经过多年的学习和培养，具有更加扎实的理论基础、更加坚定的理想信念，对党的知识和理论有更加深入的理解。因此，要充分发挥导师的育人作用，构建师生党建共同体，不仅要从专业上进行教授指导，更要在思想引领方面发挥作用。教师党员在思想引领、党支部建设等方面带动研究生党员，在与研究生的交流沟通过程中，教师的示范作用得到强化，教书育人的工作理念更加凸显。

师生党建共同体的构建，能够有效解决党支部成员理论水平、理论基础参差不齐的情况。聘请教师党员为研究生党员的理论导师，可针对不同学生的思想状况、理论认识水平进行精准辅导、交流沟通，及时提升研究生党员的思想认识。此外，聘请教师党员为理论导师，尤其是聘请本课题组、实验室的教师党员为理论导师，可有效解决研究生党员注重专业学习，轻视党支部活动的情况。一般而言，研究生的学习压力大多来自导师，而师生党建共同体将党员教师一同纳入研究生党支部学习和活动范围，有利于获得教师对研究生参与活动的支持和理解。

研究生党支部建设实践路径

深刻把握研究生党建工作特点，聚焦研究生群体发展需求，针对研究生党员和党支部工作中存在的问题，应用社会生态系统理论，围绕党的组织建设、思想建设和作风建设三个方面，创新工作举措，探索建立"三位一体"党支部工作格局（如图2所示）。以师生"党建共同体"形成党建工作组织保障，以"书记课堂"的精准辅导形成党建工作牵引力，以强化作风建设的"亮牌行动"形成党建监督手段，建立研究生党支部"有牵引力、有监督、有保障"的长效工作机制。

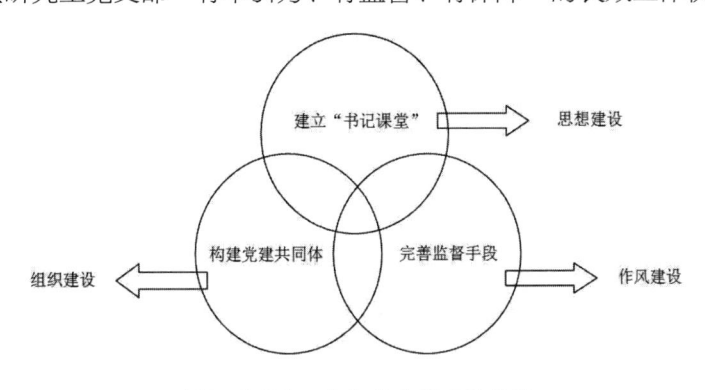

图2 "三位一体"党支部工作格局

（一）打造党建共同体，构建党建组织保障

习近平总书记强调，教师是人类灵魂的工程师，承担着神圣使命。传道者自己首先要明道、信道。高校教师要坚持教育者先受教育，努力成为先进思想文化的传播者、党执政的坚定支持者，更好担起学生健康成长指导者和引路人的责任。按照"师生党建一盘棋"思想，构建师生党建共同体，将研究生党支部和教工党支部进行一对一结对子。聘请教师党员为研究生党支部理论导师，或者聘请教师党支部为研究生党支部的理论导师团，导师团由多人组成，每个人各有擅长，对研究生的理论指导工作更加全面、深入；导师团主要开展党建思政工作，同时发挥个人专业特长，做好研究生的专业教育和学习帮扶。制定完善的帮扶机制，明确理论导师团每学期开展工作的频率，一般以每个月一次，一学期3～4次为宜。理论学习导师团开展工作的方式要灵活多样、喜闻乐见：可采取座谈或访谈等面对面的交流，研究生能够充分表达个人思想、困难需求等，导师团能够给予充分的

深入指导；可充分发挥网络优势，开展微信互动、QQ 群交流等。在这种机制下，研究生的党建工作和专业学习有机结合，在思想引领工作中，激发了学习动力；在专业学习中，树立远大理想信念。面对研究生的各种需求，导师团成员只有进行深入的学习研究，才能很好地将个人认识、知识理论传授给研究生，这本身对导师团成员也是一个成长和提升的过程。

（二）增强思想工作影响力，建立"书记课堂"

只有理论上清醒，政治上才能坚定。坚定的理想信念，必须建立在对马克思主义的深刻理解之上，建立在对历史规律的深刻把握之上。充分运用"三会一课"制度，尤其是党课，对研究生党员进行经常性的教育管理，突出政治学习和教育，突出党性锻炼。开展"书记课堂"，针对研究生党员思想和工作实际，确定主题和形式，回应研究生关切，注重用身边人讲身边事。构建传统讲授与翻转课堂、线上与线下、课内与课外相结合的学习形式，增强党支部工作的吸引力、感染力，增强党建工作牵引力。

学校各党支部书记要占领宣传阵地，针对中央和上级组织的最新精神、师生最为关注的问题等，进行党课设计，使学习时效性和针对性更强，促"泛泛学"为"精准学"，促"听人讲"变为"我来讲"，加强思想引领，牢牢把握党建工作的发展方向。党支部书记对党支部的人员基本情况、思想动态非常了解，对当前党建工作的要求和主要工作也非常清楚，党支部书记通过"书记课堂"应用朴实的话语、鲜活的事例，开展各类思想政治教育活动，及时传播正能量，能够起到很好的教育作用。

建立翻转课堂，"书记课堂"不仅要自己讲，而且也要让其他支部委员和普通党员讲。通过党课的准备、讲授等，促进党员对于党的知识、大政方针、时政热点等的认识和理解，增强学习的主动性。增加课堂的讨论、交流环节，使党员的思想认识在交流中碰撞提升，在讨论中迸发活力。

充分发挥新媒体平台作用，建立"互联网＋书记课堂"。开展网上微课，通过简短、明了的图片和视频，开展党课的教授。"互联网＋书记讲党课"，形式活泼，更容易激发起师生学习兴趣。同时，其不受时间和场地的限制，方便师生学习。注重课堂学习的延伸，线上建立微信交流群，线下建立定期研讨会机制，加深对于内容的理解，夯实理论基础，提升理论高度。

（三）完善监督手段，加强党员作风建设

党的作风是党的形象，是观察党群干群关系、人心向背的"晴雨表"。党的作

风正，人民的心气顺，党和人民就能同甘共苦。研究生在学生群体中占较大比例，研究生的言行在学生群体中具有较大影响力，尤其是对低年级学生的朋辈影响更大。加强研究生党员的作风建设，对强化全体学生党员的作风建设具有示范作用。因此，要建立科学、有效的监督方式，强化研究生党员的作风建设。开展党员亮牌，既要通过党员标识亮明党员身份，又要在日常活动中凸显党员身份。

开展党员亮牌、活动公示等，要求研究生党员将标牌悬挂在实验室或宿舍等显著位置，引入群众监督，促使党员自我鞭策，变"要我做"为"我要做"。开展亮牌行动，既可增强党员自信，又可增强党员在群众中的先锋模范作用。在日常党团、班级活动中，要充分彰显党员身份，强化党员意识。开展党员承诺践诺、党章党规书法比赛、朗读十九大、我画十九大等活动。

（四）制度保障

制定科学完善的理论导师培训制度。理论导师团的组成是多元化的，每个人开展工作的方式方法都有所不同，一方面，有利于传授多元化的知识；另一方面，也给工作标准化带来了一定的困难。因此，要制定科学完善的培训制度，开展有针对性的指导，使理论导师能够掌握与研究生沟通交流的行之有效的方式方法。明确理论学习的具体要求，使理论导师在具体工作中有章可循。开展理论导师准入制度，保证理论导师队伍的质量和水平。

制定操作性强、实效性好的激励约束机制，激发理论学习导师的工作热情。要求理论学习导师传递正能量，宣传正面典型。定期开展交流座谈，导师团成员之间相互交流成功经验做法、心得体会，促进工作提高。建立导师退出机制，淘汰工作热情不高、工作效果不佳的导师。逐步建立健全保障机制，在校院两级建立党建工作小组，聘请党务工作经验丰富的退休教师组成工作小组，负责组织开展理论导师的配备、管理、培训、考核等工作。

基于生态系统理论构建的"三位一体"研究生党支部工作格局，可充分发挥师生党员、学生群体的相互作用。师生共同体、"书记课堂"、党员亮牌等活动既实现了师生党支部的有效连接，又增强了师生党员的有效凝聚，教师党员在教书育人、开展思想引领工作的过程中，更注重为人师表、言传身教；同时，研究生党员的先锋模范作用得到进一步强化。

（刘晓俏：北京理工大学党委宣传部副部长；原刊载于《北京教育（高教）》2020年第4期）

"立德树人"视域下高校红色文化育人路径探索

和霄雯

国无德不兴，人无德不立。立德树人是教育的根本任务，对象是广大青少年群体，培养目标是德智体美劳全面发展的社会主义建设者和接班人。青少年阶段是人生的"拔节孕穗期"，最需要精心引导和栽培。习近平总书记在全国高校思想政治工作会议上强调，"要更加注重以文化人以文育人"。因此，在立德树人视域下，文化育人是高校思想政治教育这条"生命线"的重要组成部分。在长期的办学实践中，北京理工大学传承红色基因，落实立德树人根本任务要求，把红色文化教育作为人才培养的重中之重，为青年学生打好思想底色，奠定成才之基，走出了一条中国共产党创办中国特色新型高等教育的红色育人之路。

立德树人的重要意义

党的十八大报告首次将"立德树人"确立为教育的根本任务，党的十九大报告进一步指出，要"落实立德树人根本任务"。习近平总书记指出："高校立身之本在于立德树人。只有培养出一流人才的高校，才能够成为世界一流大学。"习近平总书记关于立德树人根本任务的重要论述，抓住了教育本质，明确了教育使命，为人才培养指明了方向。

（一）落实"立德树人"根本任务，要站在"国之大计、党之大计"的高度，解决培养什么人的问题

培养什么人，是教育的首要问题。马克思主义人才观认为，"培养什么人"是历史的、发展的，不是抽象的、静止的。"培养什么人"必然随着时代变化而发展变化，要根据具体的时代要求，培养能够推动时代发展、完成时代使命的人。我们党自成立之日起，就始终重视培养契合时代发展、时代需要的人才。当前我们的历史使命，就是实现"两个一百年"奋斗目标、实现中华民族伟大复兴的中国梦。

实现这个历史使命和宏伟蓝图，归根到底要靠人才。中国特色社会主义进入新时代，党的十九大提出，要"培养担当民族复兴大任的时代新人"，是面对新的伟大社会实践作出的重大部署和科学决策。

（二）落实"立德树人"根本任务，要把立德树人的成效作为检验学校一切工作的根本标准，解决怎样培养人的问题

要把立德树人融入思想道德教育、文化知识教育、社会实践教育各环节，贯穿基础教育、职业教育、高等教育各领域，学科体系、教学体系、教材体系、管理体系要围绕这个目标来设计，教师要围绕这个目标来教，学生要围绕这个目标来学。真正做到以文化人、以德育人，不断提高学生思想水平、政治觉悟、道德品质、文化素养，做到明大德、守公德、严私德。

（三）落实"立德树人"根本任务，要以建成"两个坚强阵地"为目标，解决为谁培养人的问题

放眼古今中外，每个国家都是按照自己的政治要求来培养人。我国是中国共产党领导的社会主义国家，这就决定了我们的教育要培养社会发展、知识积累、文化传承、国家存续、制度运行所要求的人，必须把培养社会主义建设者和接班人作为根本任务，培养一代又一代拥护中国共产党领导和我国社会主义制度、立志为中国特色社会主义奋斗终身的有用人才。

红色文化融入思想政治工作的价值意蕴

种树者必培其根，种德者必养其心。习近平总书记指出："共和国是红色，不能淡化这个颜色。"近代以来，红色具有浓厚的政治色彩，代表着社会主义运动的蓬勃发展。自十月革命以来，红色与中国共产党紧密相连，"旗帜"称为红旗，军队称作"红军"，毛泽东发表《中国的红色政权为什么能够存在？》的著名论述。红色是党旗、国旗、军旗的颜色，是无产阶级革命的象征，代表社会主义中国的发展方向。红色文化是中国共产党在革命、建设和改革中形成的宝贵精神财富，不仅是中国人民价值观念体系中的重要组成部分，更是凝聚国家力量和社会共识的重要精神动力。红色文化作为一种特定的文化形态，是中国民族精神的实践和文化表达，包括了红船精神、长征精神、延安精神、抗战精神、伟大建党精神等我们党团结带领全国各族人民在各个历史时期形成的百年红色精神谱系，凝结着

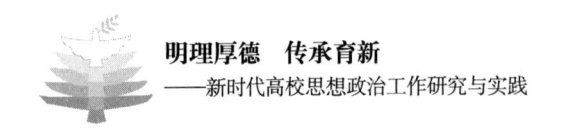

时代的核心价值元素，体现了先进文化的发展方向，具有重要的实践意义和教育意义。

筑牢红色文化立根基。红色文化是文化自信的底色，有鲜明的政治导向，蕴含着丰富的思想政治教育价值。将党的红色文化的内在属性与时代新人精神面貌塑造相契合，把红色文化贯穿大学生思想政治教育全过程中，能充分、有效地发挥其应有的思想政治教育价值，增强高校思想政治教育的时代感和实效性，有助于青年树立正确的政治意识，坚定正确的政治立场，牢固理想信念和思想根基，厚植爱国主义情怀，坚决"听党话跟党走"。

丰润红色文化重滋养。红色文化是高校文化建设的重要内容，坚持红色文化育人，能有效实现文化的教化功能，即以文化人，以文育人，以文培元，以红色文化影响和塑造人，可以通过抓好红色基因传承引领、文化设施提格提质、文化品牌培育凝练和文化传播融合高效等维度，使大学文化建设与办学发展高度"黏合"。

立德树人视域下的红色文化育人路径

面对新形势新任务，高校要加强红色文化育人，高度聚焦红色文化育人内容，系统构建红色文化育人体系，厚植大学生爱党爱国情怀，培养担当复兴大任的时代新人。例如，北京理工大学作为中国共产党创办的第一所理工科大学、新中国第一所国防工业院校，被誉为"红色国防工程师的摇篮"。在80年的办学历程中，学校始终以立德树人为根本任务，传承"延安根、军工魂"红色基因，赓续红色血脉，走出了一条中国共产党创办和领导中国特色新型高等教育的红色育人之路。

（一）立足"育什么"，高度聚焦教育内容

习近平总书记强调"革命传统教育要从娃娃抓起，既注重知识灌溉，又加强情感培育，使红色基因渗进血液、浸入心扉，引导广大青少年树立正确的世界观、人生观、价值观"。红色基因是中国共产党人特有的革命精神，是"立德"育人的重要价值来源，也是"树人"的精神源泉。北京理工大学围绕立德树人中心环节构建贯通高水平人才培养体系的思想政治工作体系，不断深化完善学校精神文化体系，积极弘扬党在各个历史时期尤其是延安时期奋斗中形成的伟大精神，将"延安根、军工魂"红色基因教育元素融入主渠道主阵地，挖掘学校红色文化资源，凝练红色基因传承的生动教材，深入开展延安精神和徐特立教育思想研究，积极组织实施学科专业史和国防军工特色文化研究，聚焦建校80周年实施"校史工程"

和校庆文化"四个一"工程,扎实开展珍贵校史资料数字化、办学媒体资源数字化和校史"口述史"采集等工作,将红色基因的精神内涵和师生先进典型作为鲜活案例融入思政课程和课程思政,形成红色基因鲜明的北理工特色文化育人体系。校史、军工史与教学案例紧密结合并纳入教材,校史校情教育成为新生入学、新教工入职必修"第一课",推动校史校情教育全覆盖。红色基因成为全校师生牢筑"四个意识",坚定"四个自信",为实现中华民族伟大复兴中国梦而奋斗的不竭精神动力。

(二)探索"怎样育",系统建构教育体系

高校人才培养体系涉及学科体系、教学体系、教材体系、管理体系等,而贯通其中的是思想政治工作体系。思想政治工作不是单穿一条线的工作,而是全方位的,无处不在、无时不在的,融入式、嵌入式、渗入式的,必须把立德树人融入思想道德教育、文化知识教育、社会实践教育各环节。北京理工大学将"延安根、军工魂"红色基因融入人才培养全过程,在课程育人、科研育人、文化育人、实践育人等"十育人"体系中凸出红色基因的牵引作用,打造以思想政治工作与学生日常教育相贯通、与学生社会实践相贯通、与校史校情教育相贯通、与学生党建相贯通"四个贯通"为代表的特色经验做法。学校与中国延安精神研究会合作,大力推动延安精神进思政课、进校史馆、进社团。秉承"延安根、军工魂"精神原点,引领红色基因育人实践,发起并牵头中国人民大学、延安大学等9校成立"延河高校人才培养联盟",打造新时代高等教育改革发展试验区,探索中国特色的红色育人之路。大力宣传在承担国家重大战略需求的国防任务中产生的"大先生""大团队"等典型人物,感染青年牢记学校光荣传统、强化国家使命担当,把先进技术"书写"在祖国尖端武器装备上。打造科教融合育人平台,提升学生军工实践能力,依托红色实践基地和军工企业开展"军工百团"社会实践,熔铸学生"军工品格"。组织拍摄大型纪录片《红色育人路》等优秀文化影视作品,推出《徐更光传》《丁敬传》《陈康白传》等优秀出版物,建成以徐特立像、延安石、校史步道等为代表的文化景观带,建设新校史馆、国防科技历史成就展、兵器精神展厅等红色基因鲜明的文化地标,打造特色文化符号,加强红色文化熏陶。红色基因滋养校园每一寸土地、融入教师每一个课堂、贯穿学生每一步成长。

(三)实现"育新人",铸魂育人成效显著

学校领军领导人才培养深深镌刻上红色基因的烙印,"延安根、军工魂"深入人心，成为北理工师生爱国奋斗的情感共鸣和广泛共识，为"双一流"建设提供了强大精神动力。青年学生自觉将投身国防、报效祖国作为青春选择和价值追求，一批批毕业生赴基层、入主流，到祖国最需要的行业和领域服务奉献、建功立业，就业竞争力持续保持在全国前列。"延河联盟"红色人才培养模式发挥了较好的辐射和示范作用，引发社会强烈关注，得到了教育部的高度认可。实践证明，落实立德树人根本任务，旗帜鲜明地坚持正确的价值导向和政治导向，重视红色文化的精神支撑和价值源泉作用，将红色文化融入思想政治工作，强化全员全过程全方位育人，就能培养出德智体美劳全面发展的社会主义建设者和接班人。

（和霄雯：北京理工大学党委统战部副部长；原刊载于《北京理工大学学报（社会科学版）》2021年9月第23卷）

新时代高校海归青年教师
思想政治工作的现实路径与思考
——以北京理工大学教师思想政治工作为例

胡雪娜　李华师

党的十八大以来，以习近平同志为核心的党中央高度重视教师队伍建设，强调要把建设政治素质过硬、业务能力精湛、育人水平高超的高素质教师队伍作为大学建设的基础性工作，把提高教师思想政治素质和职业道德水平摆在首要位置。在我国大力实施人才强国战略、加快建设中国特色世界一流大学的背景下，高校对海外优秀留学人才的引进力度不断加大，海外归国青年教师已成为高校实现人才强校的重要资源保证和智力支撑。加强海归青年教师思想政治工作，对提升高校教师队伍整体素质，提高人才培养质量、促进高等教育事业内涵式发展具有重要的现实意义。本文以北京理工大学海归青年教师思想政治工作为例，深入探讨在新形势、新要求下，高校教师思想政治工作的复杂性与现实路径，以期为当前高校教师思想政治工作探索提供新思路。

新时代高校海归青年教师思想政治工作面临的挑战

（一）深刻领会新时代教师队伍建设新要求

"四有好老师""四个相统一""四个引路人"等标准在理想信念、师德师风、专业素养、育人能力等方面对广大高校教师提出了全方位、系统化的要求。在新时代、新形势、新要求下，如何准确把握时代赋予的责任与使命，做好新时代高校海归青年教师思想政治工作（以下简称思政工作），是一项新的挑战。当前西方自由主义、历史虚无主义等思潮不断冲击教师思想，学术不端、课堂教学敷衍、师生关系异化等问题在高校时有发生，教书育人是教师安身立命之根本，但重教

书轻育人、重智育轻德育、重科研轻教学等现象在高校依然存在，只有把解决教师的理想信念问题作为核心任务，引导教师以习近平新时代中国特色社会主义思想为指引，坚持把提高教师思想政治素质和职业道德水平摆在首要位置，不断强化教师的育人意识，才能筑牢高校海归青年教师们的思想防线，从根本上解决这些问题。

（二）准确把握高校海归青年教师群体多元特性

调查显示，长期的海外求学生活，使海归青年教师在教师群体中呈现出其特有的群体特征。一是海归青年教师受中国传统教育和国外思想文化生活方式的多重影响，在世界观、人生观、价值观、道德观等方面呈现出多元的价值取向和开放兼容的思维方式。二是对中国共产党执政下的国家未来发展充满信心，具有强烈的爱国情怀，但同时也存在爱国主义认同与对中国特色社会主义的深度认知呈二元分化，对有关国家时政大势的小道消息和各种预判容易偏信，对个人生活工作状况的比较心理和情绪主动输出倾向明显，对思想政治工作的认可度和接受意愿均较低的问题。三是部分海归教师偏于专业研究，对学生思想教育涉及较少，加之国内外思想政治教育体系的差异，使其在育人过程中更加注重知识的传授而忽略思想政治教育的渗透。除此以外，因资源、平台等原因，部分教师在工作生活上时常感到压力重重，这些成了教师思政工作的新课题。

（三）有效运用高校教师思想政治工作内在规律

高校落实立德树人根本任务，做好教师思想政治工作是关键所在，让教育者先受教育，要求我们做到"因事而化、因时而进、因势而新"。对于主观意识相对成熟的工作对象，更需要我们准确把握思政工作内在规律。一方面，海归青年教师不仅是接受思想政治教育的客体，而且有着高度的自觉能动性，是开展学生思想政治教育的主体，如何在实际工作中最大限度地激发教师的自我教育主体性功能，实现从"要我做"到"我要做"的转变，是提升海归青年教师思政工作实效性必须要解决的问题。另一方面，如何针对海归青年教师的实际情况不断创新思政工作内容和方法，主动关注教师思想状况和现实需求，畅通教师利益诉求表达渠道，使教师思政工作始终保持开放宽容的状态，也是对教师思政工作者能力与胸怀的考验。

新时代高校海归青年教师思想政治工作路径的思考

（一）立足现实基础，转变工作理念

首先，"家国情怀、使命担当"在海归青年教师中有着广泛共识。纵观历史，中华民族深厚的文化价值底蕴是我们汇聚人才、凝聚共识的力量源泉，也必然成为教师思政工作的价值基因之所在。其次，教师思想政治状况与现实问题紧密相连，现实生活中教师们的思想状况不可避免地受到社会思想文化和个体发展现状的冲击，及时发现并反馈海归青年教师集中关注的问题，使实际问题的解决思路、进程、结果等成为思想疏通工作的催化剂，才能突破其认知瓶颈。最后，海归青年教师的职业特征、个体素质、思想认知等方面的特殊性和复杂性，决定了该群体的内在特性，只有将之与教师思想政治工作的切入点和深度、力度等问题密切联系，将思想政治教育规律与个体价值实现相结合，才能有效构建教师思政工作路径。

（二）立足系统功能，健全工作机制

一是深化师德师风长效机制建设，将师德评价考核作为海归青年教师职业塑造的重要契机，加强海内外、校内外联动，在招聘引进、晋职晋级等关键环节，强调严把政治关、师德关，将师德师风第一标准贯穿教师管理全过程。二是构建全生涯教师思政工作机制，丰富不同职业阶段的思政工作途径，通过分析海归青年教师在教学、科研、发展、评价等方面不同职业阶段的群体画像，对标建立教师个体全生涯发展状态档案，开展思政工作全生涯引导，将思政工作向纵深发展。三是健全全业务育师思政工作机制，注重相关部门的横向联动，营造全业务教师整体氛围，各部门特别是与教师直接关联的各业务部门共同发力，让海归青年教师感受到来自各层面的尊重与认可，从而树立正确的职业认同。

（三）立足主体视角，激发内在活力

一是突出教师的主体地位。传统的权威－服从式思想政治教育方式，对于高校海归青年教师群体是行不通的，只有建立在平等互动的健康关系下，才能有效推动教师在思政工作中的合作与共赢。时刻把尊重教师主体地位作为重要因素考量，尽可能创造更加开放的工作环境，让倾听和对话成为主旋律，建立在教师信赖基础上的思想政治工作，定会取得较好效果。二是使教师个体发展融入学校战略发展。教师对于职业的信仰与追求，更多是通过事业发展、未来愿景而不断内

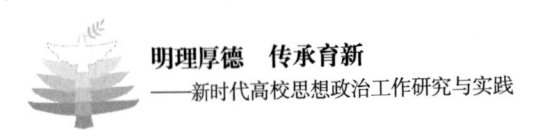

化和升华的，因此只有将教师思想引导当成学校的生命线来抓，才能增进教师对思想政治工作乃至学校建设发展的认同。在学校的发展建设中，结合教师重大关切，不断提升学校声音传递的有效性，扩大教师参与学校建设的广度和深度，才能让海归青年教师在学校找到归属感。

北京理工大学教师思想政治工作的实践探索

（一）加强组织领导，健全多方协同思政工作机制

学校成立党委教师工作部，充分考虑工作抓手和工作结合度，与人力资源部合署办公，全面负责统筹开展学校教师思想政治工作和师德师风建设。成立校院两级师德师风建设委员会，完善教师思政工作协同体系，强化党政部门间的横向协同和与二级党组织的纵向联动，逐步健全学校党委统一领导、党委教师工作部牵头组织、党政工团协同配合、二级党组织联动响应、教师党支部依托落实和教师积极参与相结合的"六位一体"教师思政工作落实机制，营造出多方协同、共同发力、共同推进的工作氛围。二级党组织作为教师思政工作的具体实施者，充分发挥基层党组织服务海归青年教师成长的作用，把解决思想问题与解决实际问题结合起来，提升思政工作的针对性和实效性。

（二）注重思想引领，构建全生涯思政工作体系

学校构建全生涯教师思政工作体系，将教师思政工作分为引导期、成长期和成熟期等若干阶段，把"师德与政治素养教育"等系列课程贯穿教师职业生涯全过程。引导期强化新入职海归教师理想信念、师德师风、校史校情教育；成长期强化海归教师责任担当，引导其积极参与学校招生、人才招聘等，融入学校建设发展，激发育人与科研活力，克服职业倦怠；成熟期强化海归教师服务意识，引导其服务国家重大战略、助力青年教师成长。在理想信念教育方面，立足"延安根、军工魂"红色基因，自2017年起，面向全体新入职教师、海归青年教师实施"寻根计划"，举办"觅寻延安根，重塑军工魂"延安培训班，将学校红色基因根植于每一位北理工人的内心。

（三）推进文化育师，营造尊师重教良好职业生态

学校坚持以正向引领为主导，不断拓展思政工作路径，打造凝心聚力思政工作品牌，着力营造尊师重教、崇德敬优的良好文化生态。构建以"懋恂终身成就

奖""特立教书育人奖"等为代表的学校教师荣誉体系，力求选树教师先进典型，开展常态化榜样带动，为海归青年教师树立榜样标杆和精神领袖。凝练推出"师缘·北理"教师节庆祝大会、"聆听师道"青椒主题沙龙、"微心声"主题征文等一系列教师思政工作品牌活动，讲述我校师者故事，营造尊师重教文化氛围，用榜样的力量、良好的氛围鼓励海归青年教师在岗位中成长成才。

（四）强化管理服务并举，夯实全链条教师服务保障

针对海归青年教师刚回国的适应期和开展重大科研任务的事业爬坡期，学校打造海归教师人才引育绿色通道，实施"人才入校通知单"制度，营造人才生态全链条，服务教师职业发展。一是政治吸纳，吸纳优秀海归青年教师加入党组织，让他们在组织上有依靠。二是生活关心，充分发挥相关部门、基层党组织多方面的保障作用，帮助解决海归青年教师的住房、家属工作、子女上学等问题。三是团队支撑，让海归青年教师早日融入团队，鼓励支持多学科交叉、跨领域科研团队建设，同时鼓励依托团队对接社会资源，加快科研成果转化。四是朋辈支持，充分发挥老中青传帮带作用，为海归青年教师提供交流平台，切实助力教师成长。

（胡雪娜：北京理工大学纪委办公室监督检查与审理室主任；李华师：北京理工大学教师发展中心副主任；原刊载于《北京教育（德育）》2020年第6期）

第二篇章

潜心实践　涵育新人

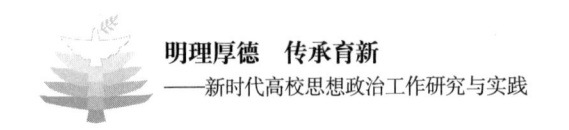

特色成果篇

建立新时代高校立德树人落实机制，走好中国特色高等教育"红色育人路"

北京理工大学党委

北京理工大学是党创办的第一所理工科大学、新中国第一所国防工业院校，记录着党立足中国国情、扎根中国大地办教育的足迹，是党办中国特色高等教育的生动缩影。近年来，面对党和国家对高校人才培养提出的新的更高要求，北理工深入研究总结1940年延安创校至今，以老校长李富春、徐特立等为代表的党的一代代革命家、教育家，扎根中国大地办大学、培养又红又专人才的历史经验，总结提出"红色育人路"理论体系，建立贯通人才培养体系的思想政治工作体系，创新基于"知情信行"四个维度、贯通"网上网下、课内课外"四个领域的创新方法体系，以之为基础，指导构建新时代立德树人落实机制，引领并形成多校联动、协同育人的红色育人新模式，为培养担当民族复兴大任的时代新人提供有效支撑。

一、奠定新时代立德树人落实机制的理论基础："红色育人路"理论体系

经过开展系统理论研究、实践检验和充分论证，在国内高校率先创造性提出党办高等教育"红色育人路"理论体系。基本内涵是"六个始终坚持"——始终坚持中国共产党的全面领导，始终坚持马克思主义的根本指导，始终坚持立德树人的根本任务，始终坚持教育报国的价值取向，始终坚持理论联系实际的优良学风，始终坚持艰苦奋斗、创新包容的办学风格，培养具有"胸怀壮志、明德精工、创新包容、时代担当"领军领导人才特质的社会主义建设者和接班人。独特优势集中在"四个方面"——发挥理论优势办学，始终坚持马克思主义指导地位；发挥政治优势办学，注重建强思想政治工作生命线；发挥组织优势办学，持续打造党组织坚强战斗堡垒；发挥密切联系群众优势办学，尊重并发挥师生的主体作用。

"红色育人路"理论体系聚焦立德树人的本质要求和核心要素，论证了中国特

色高等教育培养一流人才的科学性、实践性，为我们汲取优秀经验丰富拓展新时代立德树人落实机制提供了理论参照。

二、明确新时代立德树人落实机制的组织架构：贯通人才培养体系的思想政治工作体系

通过实施"三全育人"（全员、全过程、全方位育人）综合改革，推动学校一切工作紧紧围绕育人来设计。建立一个格局——建立了党委统一领导，党政工团齐抓共管，党委宣传部牵头协调、统筹推进，各学院各部门各单位主动参与、通力配合的"大思政"工作格局；建立以理论武装、学科教学、日常教育、管理服务、安全稳定、队伍建设、评估督导"七个体系"为核心要素、贯通融入高水平人才培养体系的思想政治工作体系，深化完善"四观、五育、六模块"立德树人理论与实践研究体系，克服立德与树人易出现的"两张皮"问题。陆续出台一批指导性文件——《关于加强和改进新形势下学校思想政治工作的实施方案》《学校思想政治工作质量提升工程推进计划（2018—2020）》《关于加快构建学校思想政治工作体系的实施方案》《关于新时代加强和改进宣传思想工作的实施办法》，把立德树人内化到大学建设和管理各领域、各方面、各环节。明确一套岗位职责要求——系统梳理归纳各个群体、各个岗位的育人要求，并将其作为职责要求和考核内容纳入教职工管理体系，通过建立规范、落实责任，推进教学、管理、服务等部门协同联动。

三、创新新时代立德树人落实机制的实践路径：基于"知情信行"四个维度、贯通"网上网下、课内课外"四个领域的创新方法体系

一是课程科研育人法，建立课程育人体系。深化教育教学改革，围绕专业设置与建设、人才培养模式、教学管理制度、教学手段与方法、教学质量监控保障体系等方面开展研究，以改促建，提高教育教学质量；推进课程思政建设，面向公共基础课、通识教育课、各类专业课程分类推进课程思政建设，选树一批示范课，构建课程思政圈层体系，强化不同课程之间的协同育人效应。建立科研育人体系，构建"价值塑造、知识养成、实践能力"三位一体的科研育人模式，构建"党委领导、教师引领、标杆带动"的工作机制和"师生校友协同、校企协同、校地协同"的双创工作格局，充分调动起教师在科研育人中的主体作用，将德育和思想政治教育融入科研实践过程中。

二是红色基因育人法，将红色基因融入学校精神文化体系。将"延安根、军

工魂"红色基因作为立德树人的生动素材,凝练出以延安精神思想内涵为基础的"北京理工大学精神",形成社会主义核心价值观和延安精神的"北理工表达",以"北京理工大学精神"为核心,以"延安根、军工魂"为内核,以校训、校风、学风为内容的精神文化体系,成为全校师生团结奋进的行动指南。建设浸润式文化育人环境,建成以新校史馆、国防文化主题教育基地、国防科技成就展展厅等为代表的红色教育场所和红色文化主题校园景观。以红色文化空间建设推动红色基因进教室、进社区、进食堂、进宿舍、进社团,营造浸润式红色文化氛围,在潜移默化中为师生打上红色基因烙印。

三是网络思政育人法。在课上,推进信息技术与思政课程深度融合,依托虚拟现实教学科研团队,积极加强思政课教学与大数据、云计算、虚拟现实、增强现实等现代信息技术深度融合,创建了"课内与课外互通、线上与线下互联、虚拟与现实互补"的三维立体教学新模式,建设集教学内容、过程管理一体化智慧教育平台和专用智慧教室,思政课教学从最开始的互动式教学逐渐走向虚拟仿真体验教学。在课下,丰富网络思想政治工作内涵和形式,建立以内容建设为根本、以先进技术为支撑、以立体化平台为保障的全媒体网络思想引领体系,全方位拓展教育渠道,面向建校八十周年和建党百年,相继推出《精工》《盛典》《回家》《进京》《第一》5部专题片,官微推送阅读量均达到10万+,在师生校友中产生了强烈情感共鸣。

四是实践参与育人法。面向学生,连续20年开展"德育答辩",自2018年始,连年面向全校学生组织开展"担复兴大任、做时代新人"主题教育活动,构建"学思践悟"相统一的教育体系。面向教师,坚持把师德师风建设摆在教师队伍建设首位,通过实施信念领航、师德固本、博学明智和大爱铸魂四个计划,构建全生涯教师思政教育体系、师德评价考核体系、全员培训发展体系和教师荣誉激励体系,多措并举"立师德、传师道、铸师魂",着力培养北理工"四有"好老师。

四、显著的育人效果和良好的社会反响

一是为全国高校人才培养模式改革提供路径选择。2020年北京理工大学举办"红色育人路"高等教育论坛,论坛获工业和信息化部、北京市委教育工委、中国高等教育学会及各兄弟高校广泛关注。为各高校扎根中国大地建设世界一流大学、推动新时代高等教育改革发展凝聚了思想共识、提供了智力支撑。北理工党委书记赵长禄、校长张军等领导专家学者围绕相关主题发表文章30余篇。

二是引领并形成多校联动、协同育人的红色育人新模式。2019年12月,北京

理工大学牵头中国人民大学、中国农业大学、北京外国语大学、延安大学等8所诞生于延安的高校成立延河高校人才培养联盟（简称"延河联盟"），发布《延河高校人才培养联盟宣言》。"延河联盟"充分调动9所高校在人才培养上协同合作、优势互补，走出一条鲜明特色的红色人才培养之路。

三是创新师生思想政治工作典型案例。"担复兴大任、做时代新人"主题教育活动获新闻联播、新华社、光明日报等报道50余次；获评2019年首都大学生思想政治工作实效奖特等奖。德育答辩制度自2003年实施至今，曾获中央领导认可、教育主管部门积极推广。VR技术应用于思政课受到人民日报、新华社等社会媒体广泛关注。教学改革成果"思想政治理论课智慧教育平台建设与教学改革实践"获北京市教学成果一等奖。2018年，北京理工大学机械与车辆学院入选首批"三全育人"综合改革试点院（系）。2019年，北京理工大学马克思主义学院获批北京市首批重点建设马克思主义学院。2021年，获评"全国高校思政课虚拟仿真体验教学中心"。

四是激发广大师生砥砺爱国情怀、勇担时代使命，自觉投身党和国家事业。毕业生中到世界500强企业、国家重点单位就业人数占直接就业人数的60%以上，基层就业人数逐年攀升。干部师生干事创业热情高涨，育人意识、育人投入不断增强，学生在中国国际"互联网+"大学生创新创业大赛三年两夺全国总冠军，持续在国内外重要赛事夺魁夺金，形成拔尖创新人才培养的"北理工现象"。2020年，学校获评第二届"全国文明校园"。

实施"党建扎根"工程，构建强根铸魂的高校党员发展与教育管理实践路径

党委组织部/党校

近年来，北京理工大学党委坚持以习近平新时代中国特色社会主义思想为指导，全面贯彻落实党的教育方针，坚持社会主义办学方向，落实立德树人根本任务，积极探索和创新基层党建工作，结合基层党组织和党员实际，提出并全面实施"党建扎根"工程，进一步激发了基层党组织和党员的内生动力，基层党组织战斗堡垒作用和党员先锋模范作用充分发挥，党建创新活力持续增强，基层党建质量稳步提升，高质量党建引领学校事业高质量发展，取得了明显成效。

一、背景与内涵

北京理工大学党委紧紧围绕立德树人根本任务，把握和遵循高校党员发展和教育管理工作规律，全面实施"党建扎根"工程，搭建"一工程·五计划"实施路径。高校基层党组织如同繁茂的木林，党员如同枝叶，基层群众就是肥沃的土壤，构成了生动的高校党员发展与教育管理"木林景象"。通过"培苗计划"，拓展本科生发展党员的新模式；依托"青藤计划"，搭建对优秀青年教师政治关爱的"三维平台"；"强干计划"，提升适应新时代的党务干部队伍的核心能力；"繁叶计划"，激发党员群体先锋模范作用的发挥；"硕果计划"，持续创新党员教育管理平台与载体，促进党建工作提质增效。党建扎根，立德树人，通过不断播种扎根、培苗强干、繁茂枝叶，让基层党建工作落地生根、抓稳抓实，展现了北京理工大学党委的"为党育人、为国育才"的理论与实践创新。

二、主要经验做法

（一）实施培苗计划，红色基因注入新生成长第一步

一是抓好前置教育，做好入党动员与培养的"最先一公里"。学校党委聚焦

学生成长，注重在工作中吸引优秀低年级大学生向党组织靠拢。针对新生入党环节实施红色基因前置教育，将党章党史专题讲座设置为新生入学教育的必修环节，开展"入党启蒙教育"专题党课，力争做到"早启蒙、全覆盖、常态化"。通过前置引导与教育，积极影响与引领优秀青年学生，实现递交入党申请书时间由入校后的 1~3 个月，前置到入学当天，出现了新生入学报到当天，学校就收到百余份入党申请书的现象。

二是优化日常教育，加强新时代大学生理想信念教育。聚焦家国情怀和使命担当，学生党支部在日常党员教育管理和积极分子的教育培养中，注重理论联系实际，坚持学做互进、知行合一。通过高质量、体系化的党课培训，促进习近平新时代中国特色社会主义思想学习由入眼、入耳走向入脑、入心，引领广大青年学生坚定理想信念，树立报国之志。辅助开展"使命在肩奋斗有我暨担复兴大任做时代新人"主题教育、"行走的党课"等实践教育，增强对低年级大学生的政治引领和政治吸纳。

三是实行经纬化管理，强化入党源头引领与全流程灌溉。构建经纬化全程灌溉培苗体系，把控"入党申请人—入党积极分子—发展对象—预备党员—正式党员"全流程，加强源头引领与过程管理，根据不同的发展阶段制定相对应的指标体系，融注红色基因，培根铸魂、启智润心，不断提升学生党员的整体素质。

（二）实施青藤计划，加强政治关怀引领青年教师成长

一是搭建理想信念教育平台，把政治引领和吸纳工作做实。以学校党委为核心，推进各职能部门在日常工作中把抓业务与抓思想政治教育、抓工作与落实"党管人才"原则紧密结合，在给高层次人才、优秀青年教师创造宽松的育人环境基础上，搭建理想信念教育平台，以思想政治教育为引领，定期向高层次人才、优秀青年教师宣讲党的历史、红色校史、新时期党的路线方针政策，利用多种形式开展红色主题教育和培训，把高层次人才、优秀青年教师的思想政治教育培训体系化、常态化和规范化。

二是搭建学术成长平台，把政治引领和吸纳工作做活。学校党委利用自身多方面优势畅通高层次人才、优秀青年教师为社会服务的渠道，拓宽其成长成才通道，创造更多高质量的社会实践和服务机会，激励高层次人才发挥专业优势、专业特长。在学校"双一流"建设和发展过程中充分调动高层次人才参与重大科研项目、学科建设、教育教学等方面的积极性，鼓励他们建言献策，使其在投身于社会服务和学校建设发展过程中进一步体会中国共产党强大的政治优势、组织优势和群众优势。

三是搭建生活服务平台，把政治引领和吸纳工作做细。依托教师党支部深入了解优秀青年教师的生活情况和个人成长需求，尤其重视其精神、心理层面需求，帮助其解决生活、工作、心理方面存在的问题，真正做到优秀青年教师有所需，学校有所应，使优秀青年教师真正感受到政治上得到信任、事业上得到帮助、生活上得到照顾、感情上得到温暖，增强其加入党组织的信念和决心。

同时结合学校实际，落实校领导联系优秀青年教师发展党员制度，针对发展对象，配备校领导政治导师，实现高质量政治引导；针对入党积极分子，落实党员领导干部和学术带头人联系培养教师积极分子制度，配备院系政治导师，实现梯队性政治引航；针对广大优秀青年教师群体，依托院系"双带头"党支部书记，实现关怀性政治引导，做到组织温暖广播种。逐步形成"学校党委—院级党委—党支部"三级引领梯队，全面增强对高层次人才和优秀青年教师的政治引领，有效提升各级基层党组织的政治吸纳能力。

（三）实施强干计划，队伍建设适应党建工作新形势

一是抓好"关键少数"，建强配齐党务干部队伍。在院级党组织书记选配时注重"政治强、业务强"的双强标准，在承担"双一流"建设重要任务的学院配备熟悉学科情况且有较强管理能力、政治素质过硬的党委书记，学术型党委书记占比达到65%。大力选配思想政治素质好、党务工作能力强、教学科研水平高的学科带头人和学术骨干担任教师支部书记，"双带头人"教师党支部书记比例持续保持100%；从优秀辅导员、骨干教师、优秀学生党员中选拔学生党支部书记。优化完善基层专职党务干部、专职组织员队伍岗位设置、考核制度。

二是强化责任落实，完善党建工作责任体系。自2014年在全国高校中率先开展院级党组织书记抓基层党建述职评议考核试点，学校党委持续深化述职考核体系，不断迭代优化述职考评长效机制，工作体系已常态化制度化，2020年实现院系级党组织书记现场述职第三轮全覆盖，党支部书记向基层党委现场述职第二轮全覆盖。同时依托党群工作扩大会议、校内巡视、党建工作专项督导检查等，与学校年度工作同部署、同落实、同检查，动态跟踪问效，指导督促责任落实落细。

三是注重能力锻造，提升党务干部能力素质。学校党委丰富工作载体，有针对性地提升基层党组织书记科学理论研学力、党课报告表达力、党日活动组织力、课程思政融合力、党建写作执行力等核心能力。每两周开展一次院系级党组织"书记工作坊"，定期开展"支书有约"党支部书记工作沙龙，围绕基层党建工作的重点和难点，"面对面"交换工作经验，"手握手"合力破解难题。疫情期间，组织

开展"书记在线"党建微讲堂,各级书记带头录制党课 100 期,将课程思政与党课有机融合,党组织书记通过"同行同学同讲",自身业务能力得到有效提升。

(四)实施繁叶计划,教育管理促进先锋模范作用发挥

一是加大教育培训力度,提高党员队伍的整体素质。学校党委坚持分级分类、多渠道、多形式、重质量、求实效的党员教育管理培训方法,坚持统抓统管到位、目标要求到位、保障落实到位"三个到位",加强组织领导;把握重点专题、重点内容、重点对象"三个重点",贴近岗位实践;以讲好党课为主体、以配合活动为辅助、以信息手段为支撑拓宽"三个渠道",提升培训实效;盯住责任落实、盯住制度建设、盯住考核督导"三个环节",严格过程管控。打造"延河干部讲堂"培训品牌,建设"引航""铸魂""赋能"三大板块,形成一套课程体系,组建一支稳定的师资队伍,形成"5311"干部素质培养体系建设。

二是创新教育活动载体,带领党员凝聚力量服务师生。激发基层党组织创新教育管理载体,为党员提供特色优质平台。基层党组织涌现出一批特色教育平台。"一诺四微"党员再教育"闭环"工作机制,通过签订"党员承诺书"、"微"读书打卡、"微"党课录制、"微"榜样选树和"微"行动在线,教育党员励志、立言、力行,提升党员自身党性修养。"党建导师制",基层党组织通过组建党建导师库,组建了一支以"双高"(党性修养高、教学科研水平高)为特点的党员导师队伍,多方面指导学生党员和入党积极分子成长成才。"移动党建阵地",在学生科技创新活动中依托各个团队建立临时党支部,让学生党员在活动中发挥骨干模范带头作用,锻炼入党积极分子综合能力和素养,实现学生党建与学生科技创新融合发展。

三是选树党员榜样先锋,打造"党建榜样"长效引领机制。学校党委坚持选树模范榜样,两年一次组织开展全校党内表彰,评选表彰先进党组织、优秀共产党员、优秀党务工作者,彰显先进基层党组织战斗堡垒作用和优秀党员先锋模范作用。注重利用文化宣传阵地,把榜样的先进事迹宣传与各项主题活动结合起来,充分展现先进典型的业绩贡献和精神风貌,充分展示广大党组织和党员在各项工作中取得的丰硕成果,强化示范作用,激励和动员广大党员积极进取、接续奋斗,推动全校形成见贤思齐、争做先锋的良好氛围。

(五)实施硕果计划,平台载体驱动基层党建提质增效

一是规范融合"线上"平台,提升党员教育管理工作实效。2019 年,学校党

委建设了"北理工党建云",搭建"三会一课"记录、经验交流展示平台,打造了组织生活"线上模式",加强对党支部组织生活的指导督促,提高对党支部指导的时效性和针对性;逐步形成数字党建社区,加强党建经验交流和分享,为基层日常与创新工作开展奠定坚实基础。同时,建立了党费缴纳系统,提高党员缴纳党费的意识和效率。每月编制电子刊物《党建动态》,加强学习交流,浓郁党建氛围。推进"数字党建"交流展示平台建设,计划形成数据完备、内容准确、更新及时、使用便捷的智慧党建交流展示平台。

二是创建培育示范性党组织,发挥基层党组织保障带动作用。学校党委分类选树建设两批具有示范性的院级党组织"党建工作室"14个,坚持协同带动,推进党建研究、实践探索、培训交流等党建工作,实现优质资源共享,并进行建设成果开放式观摩机制。实施教师党支部书记"双带头人"培育计划,重点培育工作室9个,发挥示范引领、辐射带动作用。坚持软件建设和硬件建设相结合、统筹规划和分步实施相结合、整体提升和品牌塑造相结合,培育建设学校"党建工作样板支部"100个,打造特色,做出样板,坚持成果推广示范。

三是理论与实践并行推进,持续增强基层党建创新活力。学校党委实施党建研究和实践创新活动"双轮驱动",注重打造基层党建工作品牌,持续总结凝练学校基层党建工作品牌,发挥党建创新成果集群效应,激发基层组织活力。组织开展"一党委一品牌,一支部一活动"建设,各院级党组织结合实际建设一个鲜明的特色品牌,每个党支部有主题鲜明、内容丰富的特色活动,凝练推广基层党建工作经验。总结凝练"五色"组织生活创新模式,形成以学校"党委组织部督导—学院党委指导—党支部组织"的特色模式,基层党建创新活力持续增强。

三、主要成效

实践证明,学校实施的"党建扎根"工程,丰富了高校党员发展与党员教育管理的理论阐释,构建了强根铸魂的党员发展与教育管理实践路径,有效推动了学校党的建设和思想政治工作,为培养德智体美劳全面发展的社会主义建设者和接班人作出贡献,取得了明显的工作成效。

一是党员发展质量与数量稳步提升,党员的先锋模范作用进一步增强,党建成果丰硕。近年来,北京理工大学各级党组织建设工作进一步规范,党组织的战斗堡垒作用和党员的先锋模范作用进一步增强,以党员发展和党员素质为面向的基层党的建设质量进一步提高,不断涌现出一批先进基层党组织和党员先锋榜样。三年来,获评教育部全国党建工作标杆院系2个、样板支部3个,全国高校"双带头人"教师党支部书记工作室 1 个，全国高校"百个研究生样板党支部" 2 个，获评北京市先进基层党组织 1 个，北京高校先进党组织 3 个；获评北京市优秀共产党员 1 名，北京高校优秀共产党员 4 名，北京高校优秀党务工作者 1 名。2021年，学校党委获评"北京市党的建设和思想政治工作先进普通高等学校"。"延安根、军工魂"精神文化内核持续巩固，学校获评教育部中华优秀传统文化传承基地，获评第二届"全国文明校园"。

二是为党育人为国育才能力不断提升，以师生党员为核心的党建引领事业发展成效凸显。为党育人、为国育才能力不断提升，培养了一大批具有北理工特质的堪当民族复兴重任的时代新人。党员在各领域中先锋模范作用凸显，学生在中国国际"互联网+"大学生创新创业大赛中三年两夺全国总冠军；在全球机器人挑战赛、无人驾驶方程式大赛等国内外高水平创新创业竞赛中连续夺冠；毕业生就业竞争力保持在全国高校前列。以党员为核心的科技创新团队，在重大科技创新征程中持续立功，不断把先进技术应用在祖国尖端武器装备上。北京理工大学党委持续涵育了学校风清气正的政治生态、崇尚真理的学术生态、和谐美丽的宜学生态，拔尖人才培养成效显著，学科建设水平稳步提升，师资队伍建设量质齐升，重大科技创新持续立功，国际开放办学层次跃升，和谐文明校园加速构建，大学治理体系日臻完善，学校整体办学水平、社会贡献度和国际影响力持续提升。学校党委书记在 2020 年全国组织部长会议上做了典型发言。

三是具化"培苗—青藤—强干—繁叶—硕果"实践路径，构建具有高校特色的"党建扎根立德树人"基层党建理论阐释。"一年树谷，十年树木，百年树人"，高校党建以立德树人为根本，扎根中国大地，为党育人，为国育才。"党建扎根"工程的实施为高校基层党建提升党员发展数量与质量，创新党员教育管理载体，做出了有益实践。高校的党建工作与政府部门、企业等单位的党建有共性的地方，但更具备独特性。基层党建质量的提升，离不开党员质量的提升，要打造坚强的组织体系，就要激发出各级党组织和全体党员干部的力量。高校党的建设就像树的成长，"求木之长者，必固其根本"，固根强本，全程灌溉，才能让这棵"党建"大树根深叶茂、叠翠千丈。

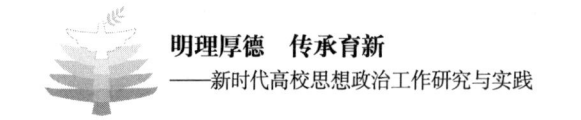

坚持"四个逻辑"相统一
推动"三全育人"综合改革

党委宣传部

党的十八大以来，高等教育进入新的发展阶段。习近平总书记围绕高等教育改革发展发表了一系列重要论述，为进一步加强和改进高校思想政治工作提供了发展方向和根本遵循。在这一时代背景下开展的高校"三全育人"工作，是破解高校思想政治工作不平衡不充分问题的重要抓手，对推动新时代高校思想政治工作改革创新、建立并完善贯通高水平人才培养体系的思想政治工作体系、培养德智体美劳全面发展的社会主义事业建设者和接班人具有重大意义。

一、主要举措

一是深化"大思政"工作格局。学校党委加强顶层设计和统筹谋划，建立党委统一领导，党政工团齐抓共管，党委宣传部牵头协调、统筹推进，各学院各部门各单位主动参与、通力配合的"大思政"工作格局；陆续出台《关于加强和改进新形势下学校思想政治工作的实施方案》《学校思想政治工作质量提升工程推进计划（2018—2020）》《关于加快构建学校思想政治工作体系的实施方案》《关于新时代加强和改进宣传思想工作的实施办法》，深化"十育人"工作机制，推动全员全过程全方位育人。注重明确各岗位育人职责，系统梳理归纳各个群体、各个岗位的育人要求，并将其作为职责要求和考核内容融入整体制度设计和具体操作环节，推进教学、管理、服务等部门协同联动，推动"三全育人"工作责任体系落地落实。

二是持续深入开展思想引领和价值引领。坚持用习近平新时代中国特色社会主义思想武装青年学生，以习近平总书记强调的"六个下功夫"为着力点，引导学生增强中国特色社会主义道路自信、理论自信、制度自信、文化自信，立志肩负起民族复兴的时代重任。面向全校师生开展"担复兴大任，做时代新人""永远跟党走奋进新征程"等主题教育活动，注重加强工作方式手段创新，针对价值多元、思想多变、传播方式多样的时代变化，结合实际探索适应新形势的新方式、新方法、新手段和新机制，努力形成师生参与度高、适用性推广性强、工作实效性突出的育人模式和特色品牌。

三是加强师资保障和育人队伍建设。坚持"教育者先受教育",把马克思主义理论学科、思想政治理论课建设纳入学校发展规划和重点建设项目,在进人指标上向思政课教师倾斜,实行思政课教师职称评审单列计划、单设标准、单独评审,保障"三全育人"试点单位相关工作的经费支出,为加强和改进学校思想政治工作创造良好条件。加强"三全育人"工作专门力量建设,建立由党务干部、专兼职辅导员、思政课教师、其他课程教师、管理服务人员等共同组成的"三全导师"工作队伍,将优秀师资力量转换成实现"全人教育"的关键力量。

四是加强"三全育人"考核评价。立足新时代的新形势、新任务、新要求,科学评价与判断学校思想政治工作质量效果。完善考核评价体制机制,把开展"三全育人"工作作为领导班子和领导干部、各级党组织和党员干部工作考核的重要内容,加强监督考核,严肃追责问责,把"软指标"变成"硬约束"。量化评价指标体系,坚持政治评价与业务评价相统一、客观评价与主观评价相统一、结果评价与过程评价相统一、定性评价与定量评价相统一的方式,针对学生、教师等不同主体设计指标体系,为高校思想政治工作质量评价理论与实践推进形成有益参照。

二、工作成效

一是明确了"三全育人"的政治站位和本质要求,形成全校育人共识。通过深入推进"三全育人"综合改革,学校各学院、各职能部门都将"三全育人"工作纳入重要议事日程,将其作为加强改进工作的重要契机,与日常开展的思想政治、人才培养、科学研究等各项工作的有机结合,扎扎实实落实好工作责任。各育人主体充分认识到,推进"三全育人"不仅仅是一项思想政治工作,而是涉及人才培养方方面面的全局性任务,并结合自身工作实际找到了育人的切入点、结合点,把工作的重音掷地有声地落到育人上。

二是创新了师生思想政治工作典型案例,充分发挥示范引领作用。"担复兴大任,做时代新人"主题教育活动获新闻联播、新华社、光明日报等报道50余次;获评2019年首都大学生思想政治工作实效奖特等奖。德育答辩制度2003年实施至今,曾获中央领导认可、教育主管部门积极推广。VR技术应用于思政课受到人民日报、新华社等社会媒体广泛关注。教学改革成果"思想政治理论课智慧教育平台建设与教学改革实践"获北京市教学成果一等奖。2018年,北京理工大学机械与车辆学院入选首批"三全育人"综合改革试点院(系)。2019年,北京理工大学马克思主义学院成功申报并获批北京市首批重点建设马克思主义学院。2021年,获评"全国高校思政课虚拟仿真体验教学中心"。

三是激发了广大师生爱国情怀、时代担当，自觉投身党和国家事业。毕业生中到世界 500 强企业、国家重点单位就业人数占直接就业人数的 60% 以上，基层就业人数逐年攀升。干部师生干事创业热情高涨，育人意识、育人投入不断增强，学生在中国国际"互联网+"大学生创新创业大赛三年两夺全国总冠军，持续在国内外重要赛事夺魁夺金，形成拔尖创新人才培养的"北理工现象"。2020 年，学校获评第二届"全国文明校园"。

三、典型经验

一是以学理逻辑引领教育内容，凝聚广泛育人共识。遵循学理逻辑，传递科学理论的魅力，增强思想理论的说服力，才能让理论入脑入心，转化为指导实践的强大力量。"理论只要说服人，就能掌握群众；而理论只要彻底，就能说服人。所谓彻底，就是抓住事物的根本。"青少年阶段是人生的"拔节孕穗期"，最需要精心引导和栽培。必须用好马克思主义和习近平新时代中国特色社会主义的真理力量，以透彻的学理分析回应学生，以彻底的思想理论说服学生，引导师生建立价值共识，自觉成为先进思想文化的传播者、党执政的坚定支持者。

二是以实践逻辑带动教育对象，协同个人成长和国家社会进步。遵循实践逻辑，综合运用马克思主义唯物论、辩证法、认识论的指导，坚持理论与实践的辩证统一，让科学的理论既成为学生成长成才的指导思想，又成为行动指引，推动学生把小我融入大我，在集体中成长，在与国家社会发展同频共振中实现自身价值。思想政治工作的对象是人，要做好这项工作必须具备有科学的对象意识，深入把握高校教学和科研规律，深入把握青年学生的成长规律，深入把握高校师生的心理特征和思维方式，既要解决"思想问题"，又要解决"实际问题"。坚持以学生为本，以德立人、以情感人、以理服人，关心学生的成长，促进学生的进步，在潜移默化中做好思想政治教育工作。

三是以管理逻辑优化教育行为，形成协同育人合力。遵循管理逻辑，综合考虑计划、组织、指挥、协调和控制等管理活动的基本要素，形成开展工作的基本规范，以组织实施的规范化促进教育行为的科学化，才能让"三全育人"工作更加科学、严谨，实现教育的实效性事半功倍。高校思想政治教育是一个复杂的系统性工程，要做好这项工作需要好的"穿线人"对思想政治教育的整体规划进行提升。通过建立合理运行的"大思政"工作机制，动员学校各方育人力量协同演奏好"三全育人"工作的大乐章，构建贯通高水平人才培养体系的思想政治工作体系，真正实现全员、全过程、全方位。

大学文化建设如何与办学发展高度"黏合"

党委宣传部

党的十九大报告明确提出，要"加快一流大学和一流学科建设，实现高等教育内涵式发展"。建设一流大学，培养一流人才，必须要有一流的大学文化。面对新时代的使命任务，高校应注重从精神文化传承引领、文化设施提格提质、文化品牌培育凝练和文化传播融合高效等"四个维度"，抓实抓好大学文化建设，使之与办学发展高度"黏合"，构建特色鲜明的一流大学文化。

"十三五"以来，北京理工大学始终高度重视大学文化建设，谋篇布局，制定发布"十三五"文化建设规划等指导意见，坚持高位推动、基层导向，把大学文化作为"双一流"建设的重要内容，做到同规划、同部署、同落实、同检查，在精神文化体系、校园文化设施、文化品牌培育和文化传播能力建设方面进行了积极探索，为高校建设一流大学文化提供了实践参考。

一、传承精神文化，引领师生思想

底蕴深厚、特色鲜明的精神文化，能为一流大学建设凝聚起强大的精神力量，更是大学落实立德树人根本任务不可或缺的思想基石。因此，精神文化体系的构建、完善和传承是大学文化建设的重中之重。学校始终高度重视精神文化体系建设，不断丰富完善，并做好传承与宣传，引领师生思想成长。学校建立了以校训、校风和学风为主体，以"延安根、军工魂"为内核，以"北京理工大学精神"为核心，以"延安精神""徐特立教育思想""红色育人路"研究为理论基础，与时俱进、持续完善的特色精神文化体系。在强健有力的精神文化引领下，红色基因已经成为学校文化的鲜明特色，为学校办学发展注入不竭的精神动力。

在此基础上，学校还高度重视用红色文化涵育一流人才，不仅全面覆盖新生入学教育、新教师上岗培训，使之成为师生干部教育培训"必修课"，还初步建立了覆盖全体北理工人的校史校情教育体系，传承红色基因已经成为北理工人的自

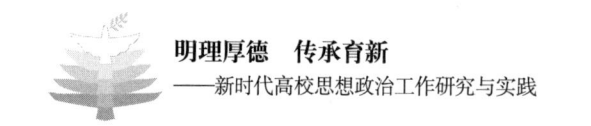

觉行动，落实、落细在办学发展的方方面面。学校通过扎实开展校史资料数字化、办学媒体资源数字化和校史"口述史"采集等三大"校史工程"，为精神文化传承和一流文化内涵建设打下坚实基础。

二、建好文化设施，塑造校园品格

文化从来不是空中楼阁，一流文化必须要有高水平的设施孕育承载。大学校园正是通过一处处文化设施来表达大学文化的内涵，形成校园品格，并以此来辐射影响广大师生，也实现对大学文化的传承涵育。"十三五"以来，结合学校发展整体规划，学校持续加强校院两级文化空间、平台和校园文化景观等建设，推动校园文化设施群落初步形成。学校相继建成新校史馆、艺术馆、国防文化主题广场、新体育馆、大学生媒体中心、社团文化广场等一大批设计现代、功能先进、底蕴深厚的大型文化设施，总面积达到 24000 余平方米，文化设施水平得到全面提升。学校设立专项经费，支持基层特色文化空间建设，让文化空间走近师生、融入师生学习工作之中。

学校结合书院制改革，着力构建宜学宜居的书院社区，初步建成覆盖九大书院的社区空间格局。学校坚持加强校园文化景观建设，推动中关村校区文化景观"中轴线"、延安办学旧址精神文化传承教育基地、北理工国防文化主题教育基地（良乡）建设，打造了"一轴两基"为核心的北理工红色文化生态圈格局，实现文化景观"见人、见物、见精神"。

三、涵育文化品牌，浸润师生气质

大学文化建设应立足师生文化需求和成长发展需要，做好顶层设计，将文化建设与学校各项工作打通、联通、畅通，通过积极培育、凝练校园文化品牌，使其显现规模效应，不仅推动校园文化活动蓬勃开展，更让优秀文化浸润大学校园，涵育广大师生。学校通过对校园文化品牌的建设培育，实现了文化辐射的规模化和全覆盖，推动文化建设注重内涵质量发展，聚合成多元化的文化品牌矩阵，形成了以"时代新人说"、青春榜样、心理健康节、"一二·九"歌咏比赛为代表的思政类文化品牌，以"百家大讲堂""特立论坛"为代表的学术类文化品牌，以"师缘北理""我爱我师"为代表的师德类文化品牌，以世纪杯、科技文化周为代表的科技类文化品牌，以深秋歌会、北湖音乐节、"大影赛"为代表的文艺类文化品牌，以体育文化节、"延河杯"为代表的体育文化品牌，以国际文化节为代表的国际文化品牌，以"百团大战"、社团文化节为代表的社团文化品牌。学校主动把握师生特点，积极培育"北理故事""聆听北理""延河星火一分钟"等一大批网络文化品牌，打造了开学典礼、毕业典礼、毕业季婚礼等校园文化品牌。

学校通过建引结合，强化创新实践和制度保障，推动中华优秀传统文化有力融入教育教学，开设通识课程群和网络课程，形成了培养理工科大学生文化艺术素质的传统文化实践教学体系，获评"全国普通高校中华优秀传统文化传承基地"，打造具有学校特色的传统文化活动品牌，将传承中华优秀传统文化融入书院社区、融入学生生活，培养一流人才。

四、讲好奋进故事，文化流传致远

让大学文化形成有力传播，实现弘扬主旋律、传播正能量，始终是大学文化建设应思考谋划和抓实抓牢的工作重点，应着力加强宣传体系建设，不断壮大校园主流舆论，让讲好大学故事、传播大学文化成为工作常态。学校坚持通过推动宣传工作提质增效，提升文化传播能力。近年来，学校推动校园媒体融合向纵深发展，建设了媒体融合特色鲜明的学校中英文网站、新闻网等宣传平台，抓住新时代媒体传播特点，建立了由官方微信、微博、抖音、B站、强国号等为核心的官方新媒体矩阵，创新推出"融媒聚焦"专题，构建了内外联合发力、线上线下协同、传统媒体与新媒体融合发展的传播格局。

学校紧跟时代脉搏，坚持以师生为中心的创作导向，坚持在师生身边创作、到师生身边宣传，优秀作品不断涌现，文化传播的"最后一公里"畅通无阻。学校打造了"阅读北理""新闻特写"等品牌栏目，对外宣传量质齐飞，网络优秀文化作品不断涌现，北理工的声音传得更开、传得更广、传得更深入。

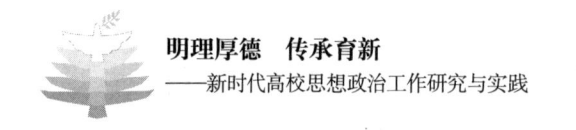

将思政优势转化为师资队伍建设成效的理论与实践
——"四融"促进与"四度"提升

党委教师工作部/人力资源部

党的十八大以来,以习近平同志为核心的党中央高度重视学校思想政治工作。围绕培养什么人、怎样培养人、为谁培养人这个根本问题,习近平总书记先后发表一系列重要讲话、作出一系列重要指示批示,系统、科学、深刻地回答了事关新时代学校思政工作的一系列方向性、根本性问题,为教育战线加强思想政治工作提供了根本遵循,指明了前进方向。教师是立教之本、兴教之源。加强教师思想政治工作既是建设高素质师资队伍的应有之义,也是提升高校思想政治工作整体质量的关键一环。

北京理工大学党委深入学习贯彻习近平总书记关于高等教育重要论述,抓牢抓好思想政治工作生命线,将思想政治工作融入管理、教育、服务等教师工作各板块,将师德第一标准贯穿入职、考核、晋升等教师成长各环节,确保教师思想政治工作开展落实有抓手、组织保障有机制,有效提升教师思想政治工作实效,为建设一支政治素质过硬、业务能力精湛、育人水平高超的新时代高素质教师队伍夯实根基。

一、经验做法

(一)建立上下贯通、部门协同的体制机制,推动教师思政工作与师资队伍建设深度融合

一是加强顶层谋划。遵循高等教育规律和教师发展规律,站在学校改革发展大局中系统做好教师思想政治工作的整体规划。学校于2017年6月成立党委教师工作部,与人力资源部合署办公,为开展教师思想政治工作和师资队伍建设提供机制保障。将做好教师思政工作作为"人才强校"战略的重要内容,在制定和实

施"十三五""十四五"队伍建设专项规划和"双一流"建设方案中,将教师思政工作与师资队伍建设工作同谋划、同部署、同落实。推动教师思政工作融入学校"大思政"工作格局,在校院两级成立教师思政工作和师德师风建设委员会,构建学校党委统一领导,党委宣传部牵头,党委教师工作部统筹,教师发展中心、校工会等多部门协同,各二级党组织具体落实的教师思政工作机制。加强思政队伍建设,实行引聘晋升单列指标、单独评审,推动思政队伍"量质双提"。

二是完善制度体系。制定学校《思想政治工作质量提升工程推进计划(2018—2020年)》《关于加快构建思想政治工作体系的实施方案》等文件,将加强教师思政工作作为重要内容统筹推进。坚持教育、宣传、考核、监督、激励、惩处一体化设计,细化制定教师职业道德规范、师德建设长效机制实施办法、师德"一票否决制"实施细则、师德考核实施办法、新进人员思想政治和师德师风考察工作办法等制度文件,编制首本《教师手册》,为推动教师思政和师德师风建设常态化、制度化提供制度保障。

三是加强监督指导。将教师思政工作和师德师风建设列为党委常委会常设议题,定期听取工作汇报,高位推进工作落实。充分发挥教师思政工作和师德师风建设委员会统筹协调作用,着力解决教师思政工作的难点瓶颈问题。将教师思政工作和师德师风建设作为学校党群工作会、院部(处)长联席会部署工作时的重点内容,压实推进工作任务。将教师思政工作开展情况作为校内巡视、年度工作考核、二级党组织书记抓党建述职等环节的重要内容,与师资队伍建设工作同考核、同监督,层层压实教师思政工作责任体系。

(二)打造内涵丰富、形式多样的平台载体,推动教师思政工作与师德师风建设深度融合

一是打造品牌项目。充分发挥教师节等重大节日和入职荣休等关键时刻的感召效应,形成"师缘·北理"师德教育品牌项目,表彰一线榜样教师,宣传先进典型事迹;4年来共计表彰1200余人次,其中表彰教书育人先进典型540余人次、学术创新先进典型260余人次、党建思政先进典型170余人次、优秀人才先进典型230人次。自2017年起,面向全体新入职教师开展"延安寻根计划"教育培训,邀请学校党委书记、校长讲授"师德第一课""入职第一课",组织开展党史专题报告、参观革命旧址、聆听先辈事迹等实践活动,强化理想信念教育,系好教师职业生涯"第一粒扣子"。聚焦青年教师成长需求,依托校院两级平台,开展"聆听师道"青年教师主题沙龙,邀请教学名师、学界前辈等优秀教师代表分享为师之道,为

青年教师成长成才搭建平台。

二是创新路径方法。连续五年面向师生校友举办"微心声"品牌征文活动，发掘工作在一线、奉献在基层的教职工典型，通过图文漫画等形式讲好北理工师者故事。组织开展"时代楷模"彭士禄先进事迹报告会，举办"讴歌建党百年，勇立时代新功"北京市教育系统劳模事迹报告会暨师德大讲堂，举办"我/我们的育人故事"讲述活动，充分发挥榜样示范引领作用。结合疫情防控形势，在线上平台推出"延河公益讲堂"，邀请毛二可院士等12位专家学者，在网络云端科普科学知识，弘扬科学家精神；开设"雁行思政"线上教育平台，打造"求是讲坛""精工研习营""鸿鹄学堂"等板块，开展培训交流活动300余场。

三是激发基层活力。以教师党支部为单位，持续深入开展"做新时代'四有'好老师和'四个引路人'"学习实践活动，涌现出"铸国防军工魂 传北理新家风"、"匠心育人"教师党支部主题党日等一系列特色学习实践活动。在全校教师中开展"三全育人我争先"学习教育活动，组织教师开展一次立德树人专题学习、共上一堂思政示范课、进行一次师生面对面谈心交流、做好一次育人实践自我检视。材料学院党委搭建"青年教师季""绿色匠心——青椒·沙龙"等交流平台，着力营造"人尽其才，才尽其用，用有所成"的环境氛围。数学与统计学院党委打造"九章计划""教师成长沙龙""思政教育进数学课堂"等品牌活动，设计"教师入职口袋书"，切实助力教师生涯成长发展……各学院结合单位特点和学科特色，让活动多起来，让氛围浓起来，着力引导教师落实立德树人根本任务。

（三）构建科学有效、执行有力的制度体系，推动教师思政工作与教师评价考核深度融合

一是把好引聘关口。深入贯彻落实《关于加强新时代高校教师队伍建设改革的指导意见》《关于加强和改进新时代师德师风建设的意见》等文件精神，不断提升教师思想政治素质和师德师风考察评价实效性，制定《新进人员思想政治素质和师德师风考察工作办法》，完善多部门联动工作机制，夯实人才引进政治把关的责任体系，多方位多维度加强新进人员的综合考察，把好新进人员尤其是所有海外引进人才的政治关、师德关。

二是强化过程考核。落实《深化新时代教育评价改革总体方案》要求，构建以思想政治素质和师德师风表现为第一标准，岗位职责为驱动，质量实绩为导向的人力资源管理服务体系，确保思想政治素质和师德师风考核贯穿教师专业技术职务评聘、岗位聘用、绩效考核、评选表彰、推优评选等教师成长发展全过程、

各环节,做到"凡引必审""凡推必审""凡评必审"。建立基层党支部、二级党组织、学校党委三级审核机制,把好教师队伍政治关、师德关。

三是完善分类评价。制定实施《北京理工大学教职工思想政治素质和师德师风分类评价实施细则》,从思想政治素质、职业道德素养、学术道德素养和个人道德素养等四方面建立评价指标体系,按专任教师、辅导员、其他专技人员、管理人员等岗位类型进行思想政治素质和师德师风分类评价;坚持多维度评价原则,将定性评价与定量评价相结合,提高评价客观性、公正性,推动评价标准化、规范化。

(四)坚持师生为本、从心重情的工作理念,推动教师思政工作与人才生态营造深度融合

一是构建荣誉体系。遵循新形势下教师思想政治工作规律,聚焦正向引领,建立健全教师荣誉体系。2018年,设立人才培养最高荣誉"懋恂终身成就奖"。86岁仍执教三尺讲台的两院院士王越先生和一辈子扎根雷达事业中国工程院院士毛二可先生先后获评,在全校教师中树立了"立德树人、教书育人"的榜样标杆。2021年,设立并开展了首届"三全育人"先进典型表彰,发掘并遴选"三全育人"先进集体10个、先进个人59人和标兵5人,进一步完善学校教师荣誉体系,强化精神激励,引导广大教师坚守教书育人初心使命。

二是加强典型选树。不断加强教师典型榜样选树宣传的体系性设计,深入工作一线,充分挖掘平凡岗位典型事迹,讲好北理工师者故事。每年推出典型人物专题报道,多层次选树宣传优秀教师典型,由点及面,由表及里,形成院院有榜样、榜样在身边、人人可学做的良好局面。近几年,涌现出"全国高校黄大年式教师团队"信息安全与对抗教师团队、"全国模范教师"薛庆、"北京市先进工作者"王成、"首都精神文明建设奖"黄广炎、"北京市师德先锋"王涌天,"视教书育人为生命"的光电创新教育实验基地退休教师张忠廉,课程思政教学研究专家彭熙伟、嵩天等一大批教师先进集体和个人。

三是注重氛围营造。持续推动平台载体的创新性拓展。用好线上线下宣传平台,制作推出《写给师者的歌》师生朗诵、《一路有"理"》《感恩每一个光荣的名字》微视频等原创作品,举办三全育人先进典型、优秀教师风采展,多渠道、全方位弘扬北理工优秀师道文化。着力激发广大教师的情感性共鸣。抓好教师节等重大节日和入职荣休等关键节点,制作"师缘·时课"教师专访微视频10余期,分"致敬""初见"两个板块向荣休教师致敬,展示青年教师风采,深刻记录北理工教师从教之路上的重要时刻,提升教师荣誉感、责任感、归属感。

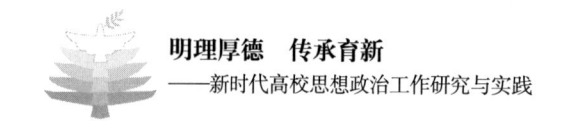

二、工作成效

一是有效提升工作力度，工作责任体系层层落实。加强教师思政工作的顶层设计，建立"上下贯通、左右协同"的体制机制，推动教师思政工作与师资队伍建设深度融合，确保工作有抓手、可落实。完善了教师思政工作的制度体系，推动教师思政和师德师风建设常态化长效化，为教师思政工作开展提供制度保障。建立健全"闭环型"监督考核体系，抓好关键节点、关键环节，持续夯实教师思政工作网络责任体系，高质量推动教师思政工作。

二是有效提升工作广度，教师行为世范蔚然成风。拓展平台载体，打造"师缘·北理""聆听师道""微心声"等教师思政工作品牌项目，面向全体教师推出内涵丰富、形式多样的实践活动，拓展教师思政师德教育平台资源，矩阵式推进"延安寻根计划""师德第一课""入职第一课""师德大讲堂""雁行思政"等线上线下教育交流活动，开展"三全育人我争先"等实践活动，全方位提升教师思想政治素质，引领广大教师落实立德树人根本任务，将思想政治工作实效转化为教书育人实效。

三是有效提升工作效度，师德第一标准深入人心。突出思想政治素质和师德师风表现第一标准，突出立德树人成效评价内涵，持续完善制度体系建设，科学制定人才评价标准，细化师德分类评价实施细则，有效推动师德考核评价落实落细，提升教师思想政治素质和师德师风考核实效性，引领教师职业生涯发展。

四是有效提升工作温度，尊师重教氛围日益浓厚。以荣誉激励为牵引，构建完善"懋恂终身成就奖""三全育人"先进典型等在内的教师荣誉体系，多层次多维度选树宣传优秀教师典型，抓好教师入职、荣休等关键节点，开展"师缘·時课"教师专访，激发教师情感共鸣，从心重情厚植师德涵养，营造尊师重教氛围，推进教师思政教育走深走心走实。

三、项目成果

聚焦提升教师思政工作实效性和健全师德建设长效机制，加强教师思政工作方法与路径研究，形成研究成果，为高校教师思想政治工作的开展提供理论和实践参考。

一是经验做法形成辐射带动。2018年9月，受北京市教育工委委托，学校承办北京市高校教师思想政治工作座谈会，受邀介绍学校工作经验和成效。2018年12月，高校教师思想政治工作成就与经验暨首届党委教师工作部部长工作研讨会在京召开，学校党委教师工作部部长受邀做专题报告，重点介绍学校教师思政工作的典型做法。2019年3月，新华社就高校海归教师群体思政工作来校开展专题调研，学校党委教师工作部负责同志接受采访并介绍学校经验做法。

二是研究成果得到普遍认可。2018—2020年，完成北京高校思想政治工作研究课题，形成研究报告，在《北京教育（德育）》《湖北大学学报（哲社版）》等发表多项研究成果。参与编制《北京高校教师思想政治工作规划（2018—2022年）》，对高校教师思想政治工作开展和高校党委教师工作部的建设与发展起到了积极推动作用。

三是典型案例受到广泛宣传。2018年以来，举行四届"师缘·北理"教师节庆祝大会，颁发两届"懋恂终身成就奖"，举办四届退休教师荣休仪式和新入职教师入职宣誓仪式，均受到新华社、光明网、北京日报等多家主流媒体的宣传报道。在"学习强国"等平台推出多篇教师思政和师德师风建设专题报道。王越院士"课比天大，德教双馨"微视频获评教育部关工委2020年"读懂中国"最佳微视频，并在中国教育电视台展播。党史学习教育官网登载报道北理工面向教师群体开展的"思想课""育人课""师德课""教法课"等创新举措。

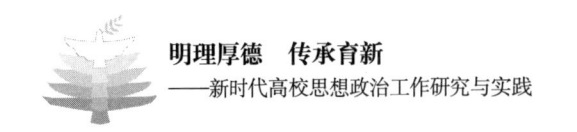

构建爱国主义教育长效机制
培养堪当大任的时代新人

学生工作部

爱国主义是中华民族的根和魂。北京理工大学坚持把爱国主义教育作为人才培养的重中之重，牢牢把握大学生理想信念"总开关"，探索建立新时代爱国主义教育长效机制，使爱国主义有效转化为青年学生求学报国的坚定信念、精神力量和自觉行动。自2018年以来坚持每年在全校开展"担复兴大任，做时代新人"主题教育活动，将爱国主义的主题主线贯穿始终，让新时代爱国主义教育有机融入人才培养各方面、全过程，努力探索培养担当民族复兴大任的时代新人的北理工方案。

一、开展理论大学习，树起思想旗帜

精准聚焦学习内容，明确学习主题，发布学习指导材料目录，指导青年学生围绕习近平新时代中国特色社会主义思想，围绕党史、新中国史、改革开放史、社会主义发展史，以理论学习点亮思想明灯。建强思政课关键课程，加强思政课教育"四个贯通"，组织思政课教师到第二课堂、到学生活动场所讲现场思政课，把思政课的学科优势转化为学生思想教育的资源优势。不断拓展学习阵地，创新党团支部联学、学院书院联学、"延河联盟"高校联学、大中学校联学等学习形式，与全国6个省市10余所重点中学和"延河联盟"9所高校开展联学活动。将规定的学习内容纳入党团支部"三会一课"组织生活，纳入新中国成立70周年庆祝活动、中国共产党成立100周年庆祝活动、服务保障2022年北京冬奥会组织实施过程和新冠疫情防控志愿服务等工作中，把学习活动办在爱国主义教育基地、办在庆祝活动训练现场、办在疫情防控前线。

二、开展时代新人标准大讨论，凝聚青年共识

契合青年正确成长方向和路径引导视角，四年来，讨论主题主要围绕时代新

人特质、北理工精神、优秀学风养成和时代新人成长标准,引导学生走传承红色基因的求学报国之路。运用群众路线的组织实施方式强化参与,从每个团支部、学院到学校,自下而上层层开展大讨论,通过自主讨论、互相启发,激发青年学生成长成才的主体意识和内生动力。加强讨论成果的灵活运用拓展成效,讨论过程形成的高频词汇、行为准则,为青年学生学习发展提供科学规划。学校在2019年举行基层团支部"时代新人"标准大讨论开放观摩活动,2020年发布"青春奋进十大行动",2021年举办"党的旗帜就是奋斗方向"师生宣言发布活动,受到新华社、光明网等社会媒体关注报道。

三、开展时代新人践行活动,激发责任担当

立足学生社会实践和创新创业两个重要方面打造"国情实践大课",围绕振奋爱国精神、激发报国热情,每年组织千余支团队万余人次师生参加"青年服务国家"社会实践活动,组织5000余人次师生参加创新创业实践活动。组织5058名师生深度参与新中国成立70周年庆祝活动,组织715名师生深度参与中国共产党成立100周年庆祝活动,组织600余名师生深度参与2022年北京冬奥会筹办工作,组织选拔学生骨干参与教师科研团队,为庆祝活动提供装备技术、模拟仿真技术支持,全过程加强参与庆祝活动队伍人员的爱国主义教育。动员师生迅速投入疫情防控应急科研攻关,组建校内外学生参与志愿服务、宣讲等工作,化"疫情危机"为"思政契机",投入新冠疫情防控工作中,接受沉浸式爱国主义教育大课洗礼。加强成果推介展示,以身边人身边事强化对学生的启发和带动。把社会实践、创新创业等形成的宝贵成果有效转化为开展爱国主义教育的生动素材,运用线上线下载体平台传播展示。

四、开展"时代新人说"大宣讲,传递奋进力量

开展广泛覆盖的基层宣讲活动,以"人物、故事、精神"为主线,自下而上遴选优秀讲述人员普遍开展支部"轮讲",用身边事感染教育身边人,并组织学院宣讲、校级宣讲。三年来组织院级以上宣讲100余场。丰富宣讲的形式载体,打造精品讲述活动,成立时代新人宣讲团,组建新中国成立70周年庆祝活动和中国共产党成立100周年庆祝活动优秀成果宣讲团;持续推进"青年大学习"网上主题微团课,推出"小康路上看中国"系列公开课;产生一批舞蹈、话剧等形式多样的文化讲述作品。培育特色校园文化宣讲作品,丰富"讲起来"的形式内涵,拍摄《青春为祖国歌唱MV》,发布当天点击量即超10万+;录制并上线时代新

人宣讲微课 8 期；推出新时代爱国主义教育活动原创主题曲《时代新人说》，受到"首都教育"公众号推介；"延河颂"交响合唱音乐会、"青春在党旗下闪光"舞蹈展演、"传承延安精神"网络合唱等标志性活动，获首都百万师生网络歌咏比赛一等奖，成果得到人民日报、新华社、央视新闻联播等媒体广泛报道。组织千余名师生共同参演建校 80 周年纪念晚会，打造一堂穿透时空、振奋人心的爱国主义教育思政课。

五、北理工青年传承红色基因，展现时代风貌

一是经受住重大任务考验，在奋斗实干中践行理想信念。在服务保障党和国家重大任务活动中，北理工创造了建校以来学校参与历次庆祝活动人数和任务数之"最"。参与活动后，全校师生爱国奋斗热情空前高涨。新冠疫情突如其来，学校把持续开展爱国主义教育的工作成果转化为推动师生全力投入疫情防控阻击战的强大力量，研发推出了自主护理机器人等一批抗疫"黑科技"以及 20 余项学生创新创业成果。组建学生党员战疫先锋队，组织动员 2500 余名学生在各自家乡投入抗疫工作当中。

二是熔铸起信仰信念信心，在一言一行中砥砺红专品格。提升了学生的思想水平和政治觉悟，2018 年以来，大一学生提交入党申请书比例持续上升。拓展了学生的认识视角和思维方式，学生聚集在哪儿，思想引领就跟进到哪儿。专题调查显示，82% 的参与学生认为自己加深了对社会热点事件的理解认识，更加关注国计民生。建强了学生工作基层组织和骨干队伍，主题教育活动在全体学生党支部、团支部全覆盖推进，激发了基层组织活力。激发了学生创新创造精神和爱国奋斗热情，学校学风校风更加积极向上，大学生双创项目在国内外屡获大奖，毕业生到基层就业人数逐年上升。

三是沉淀了思政教育经验，在模式方法上形成创新示范。2019 年年初，学校在北京高校宣传教育工作会议上作交流发言，系统介绍学校以主题教育活动为载体开展大学生思想引领的经验做法。工作特色材料《系统化构建时代新人教育格局》《北理工坚持"学理、认识、成长、管理"四个逻辑相统一提升大学生主题教育活动科学性实效性》被"北京教育信息"收录。2018 年以来，新华社、光明日报、人民网、中国教育报、中央电视台等社会媒体报道北理工爱国主义教育动态 100 余次。2019 年，《以大学生主题教育活动为载体，建立健全高校新时代爱国主义教育长效机制》获第六届首都大学生思想政治工作实效奖特等奖。

建立"四维一体"管理体系，建强辅导员工作队伍

学生工作部

北京理工大学以习近平新时代中国特色社会主义思想为指导，把立德树人成效作为检验工作的根本标准，以提高政治素质、增强履职能力、引导专家化职业化成长、促进科学化规范化流转、持续保持队伍活力和可持续发展动力为目标，把辅导员队伍建设与提高学生思想政治工作水平、提高人才培养质量、促进青年教师成长紧密结合，积极探索创新，确保长效投入，努力建设一支"爱党爱国、立德树人、博学创新、敬业爱生"的高水平辅导员队伍。

一、精心选聘，涵养辅导员队伍的源头活水

按照专兼结合、以专为主的原则，不断丰富多元化用人模式，不断拓宽选聘来源渠道，足额配备到位。

一是强化准入机制，把好入口关。从严把握岗位职责和任职条件，以政治标准作为辅导员选聘的首要标准，注重从政治素质、业务能力、心理素质等方面全方位进行考察。完善选拔程序，严格落实辅导员招聘制度的相关规定，进一步推进招聘流程标准化、规范化。

二是持续招聘应届毕业生，不断补充新鲜血液。科学做好专职辅导员的年度进人计划，学校在进人指标、进京指标等方面，对专职辅导员予以倾斜。注重不断改善队伍结构和提升学历层次，积极吸纳优秀应届博士毕业生入职从事专职辅导员工作。

三是吸纳部分新入校青年教师任职，壮大新生力量。从教学科研岗教师中选拔具有一定管理才能的教师担任"双肩挑"专职辅导员。设立"思政博士后"类别，进一步扩大专职辅导员队伍来源。推动专兼职一体化培养使用，鼓励优秀青年教师、优秀学生兼职从事辅导员工作。

目前，学校辅导员师生比为 1∶181，专职辅导员中有博士学历33人（占比

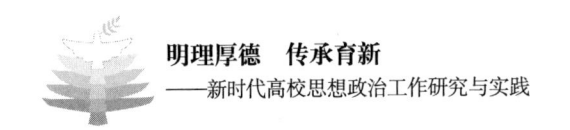

24%，含思政博士后 8 人）、高级职称 7 人（占比 5%）、高级职员 34 人（占比 24%），比例较往年有明显提升，队伍结构进一步优化。

二、精准培养，促进辅导员专业化成长、多元化发展

加强辅导员发展体系建设和平台搭建，通过开展培训、组织研修、打通发展渠道等方式实现精准培养，保证辅导员工作有条件、干事有平台、待遇有保障、发展有空间。

一是不断完善培训体系，搭建专题与常规交织、普适与专业并行的培训平台。近年来，通过组织参加教育部思政司、北京市教工委等校内外培训，并依托学校建设的北京市辅导员研修基地举办"北京市新上岗辅导员培训""党建与学生基层组织建设"等，培训量每年达到 600 余人次，实现专职辅导员全覆盖。

二是高度重视学生工作研究实践，提升育人工作能力。2016 年至 2019 年，每年支持辅导员赴德国、西班牙等境外的著名高校开展学生教育管理相关专题交流活动，参与人数总计 56 人。在学校教育教学改革项目中设立学生思想政治工作专项，支持辅导员结合实际开展课题研究并进一步申报教育部、北京市课题，总结经验、提炼规律、培育成果。跨院系组建辅导员工作室，围绕专题开展研究和实践交流，促进辅导员梳理品牌、交流提升。

三是打通多元化发展通道，增强工作和发展动力。在专职辅导员职称、职员评审中，坚持单列计划、单设标准、单独评审，搭建适应辅导员岗位特点的职业发展道路，该政策实行以来，8 人获评辅导员系列高级职称或高级职员。打通辅导员向专任教师、党政管理干部等多渠道转岗通道，在保持学生工作队伍整体稳定性的前提下，选拔多名辅导员到党政机关、企事业单位挂职锻炼，支持优秀辅导员多元发展，有效激发辅导员成长动力。

近年来，辅导员获评全国辅导员年度人物提名奖、全国高校思想政治工作优秀论文征集一等奖、北京市高校辅导员素质能力大赛奖等多个重要奖项，获批教育部人文社会科学研究项目等。

三、精确考核，激励辅导员担当作为

着眼强化对辅导员的日常监督管理和年度考核评价，推进日常监督和年度考核结果运用，让辅导员时刻保持履职尽责、担当作为的使命感和迫切感。

一是持续完善考核激励制度，激发工作动力。建立科学完善的考核评价体系，坚持师德师风"一票否决"制，做到定性与定量相结合、部门考核与服务对象满

意度测评相结合、重点工作与常规工作相结合、平时考核和年度考核相结合。对新聘专职辅导员实施"预聘制",组织专兼职辅导员签订岗位工作目标书,强化目标导向、可实施性和结果运用,激励辅导员担当作为。

二是注重做好日常管理,建立工作督导机制。实施辅导员工作作风专项提升任务,定期发布作风通报,督促辅导员贯彻落实好"十个一"等工作要求,并将作风通报与考核工作相结合。坚持实施辅导员流转和退出机制,将近年来考核结果不达标、人岗不相宜的专职辅导员进行了转岗或依法依规解聘,充分保证了队伍战斗力。

四、精细保障,激发辅导员新动力新活力

将制度保障贯穿辅导员队伍建设始终,将关心关爱覆盖辅导员工作生活全方面,将辅导员队伍建设保障工作落实落细。

一是校党委高度重视,形成关心支持辅导员队伍建设的合力。校党委将辅导员队伍建设作为教师队伍建设和"三全育人"综合改革的重要内容,与学校思想政治工作统筹推进,加强督促检查,营造关心和支持辅导员工作的有利环境和氛围。学生工作部协同党委组织部、人力资源部,围绕辅导员队伍建设做好统筹规划、政策保障、动态调控。

二是建立科学完善的制度体系,保障辅导员队伍建设有序开展。根据上级有关规定,制定并及时修订校内文件,形成《北京理工大学辅导员管理办法》以及《北京理工大学辅导员岗位补贴发放实施细则》《北京理工大学辅导员考核实施细则》《北京理工大学兼职辅导员管理实施细则》等制度。

三是积极为辅导员的工作和生活提供保障,尽可能减少其后顾之忧。根据辅导员队伍建设需求保障经费投入,足额发放各类规定范围内的辅导员津贴补贴,积极支持辅导员开展国(境)内外培训研修、项目申报研究等。在书院社区建设中,兼顾工作和生活功能设立社区辅导员公寓,落实"辅导员住社区"制度,助力"一站式"学生社区建设。

作为开展大学生思想政治教育的骨干力量和学生日常思想政治教育和管理工作的组织者、实施者、指导者,辅导员任重而道远。学校将继续高度重视和支持辅导员队伍建设,带领广大辅导员恪守爱国守法、敬业爱生、育人为本、终身学习、为人师表的守则,围绕学生、关照学生、服务学生,不断提高学生思想政治工作水平。

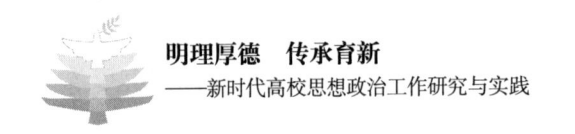

"六位一体"心理育人路径探索与实践

心理健康教育与咨询中心

加强大学生心理健康教育是高校落实立德树人根本任务的重要举措，是一项长期性、系统性工程。然而，在以往的教育实践中，高校心理健康教育工作存在着系统性不足的倾向。一是重视学生心理危机发生后的问题解决，而相对轻视对心理问题的预防；二是重点依靠学生工作部门推进心理健康教育工作，各部门、院系之间的协同性不足，在体制机制的保障方面力量不够；三是心理健康教育专职教师和辅导员是学生心理健康教育的骨干力量，其他教职工参与相对较少，缺少全员育心的合力。为了破解心理健康教育工作实践中遇到的难题，北京理工大学深入构建了"六位一体"的心理健康教育工作体系，以加强组织领导为统领，加强顶层设计，通过体制机制建设增强心理健康教育工作的系统性，从而推动形成全员、全过程、全方位的心理健康教育新模式。

北京理工大学坚持育心与育德相统一，持续深化"服务对象全面向、心理教育全过程、专业培训全覆盖、教育主体全参与"的"四全"心理工作格局，落实教育教学、实践活动、咨询服务、定期普查、预防干预、平台保障"六位一体"工作体系，强化"校—院—班级（实验室）—宿舍"四级心理危机防控机制，坚持科学性与实效性相结合、普遍性与特殊性相结合、主导性与主体性相结合、发展性与预防性相结合，培育学生自尊自信、理性平和、积极向上的健康心态，促进学生心理健康素质与思想道德素质、科学文化素质协调发展。

一、加强组织领导，形成协调育心机制保障

北京理工大学党委坚持定期研究、指导学生心理健康教育工作，从教育教学、课外活动、危机防控、宜居校园等方面全方位部署工作，形成统一领导、分工负责的工作合力。加强制度建设，制定《关于进一步加强和改进学生心理健康工作的若干意见》《全面推进学生心理素质提升工作实施办法》《学生心理危机预防与干预工作实施细则》等校级文件，为学生心理健康教育工作提供制度保障。坚持

"三全育人"工作理念，强化学生工作部、心理健康教育与咨询中心、党委宣传部、保卫部、教务部、研究生院、良乡校区管理处、校医院、法律事务室、物业管理与后勤服务公司等部门的协同，不断完善校院两级工作模式，加强学校与学院（书院、研究院）的工作联动。

二、发挥课堂主渠道作用，提升课程育心质量

面向所有本研新生开设心理健康教育公共必修课，本科生为32学时，研究生为8学时，实现心理健康课程教育全覆盖，面向全体本科生开设"原生家庭与人格成长""社会心理学与个人成长"等心理健康教育选修课。注重提升课堂教学质量，开发心理健康慕课，开展心理健康课程相关教学研究，探索"慕课＋翻转课堂＋实践活动训练"的教学模式，增强学生的体验感和参与度，不断丰富心理健康教育素材库，激发学生学习兴趣。充分利用网络新媒体宣传学生作品"我的自荐广告""爱的锦囊"等课程成果，延展课堂教育效果。

三、开展宣传活动，搭建活动育心平台

每年组织开展"5·25"大学生心理健康节、"9·25"新生心理健康月等，形成心理健康教育实践品牌，年均开展各类心理健康教育活动约120场，年均覆盖学生约3万人次。将心理健康教育与体育、美育、劳育相结合，通过开展心理素质拓展、身心联结瑜伽团体、中秋雅集游园会、美术疗愈体验课、手作尤克里里、手工烘焙坊等活动，增进学生积极心理体验。积极拓展线上线下传播渠道，组织创作、展示心理健康宣传教育作品；主动占领网络心理健康教育新阵地，建好融思想性、知识性、趣味性、服务性于一体的新媒体平台。年均发布心理健康教育网络文章200余篇，年均累计阅读量12万余人次。

四、规范服务流程，优化心理咨询服务

组建专业能力过硬的专兼职心理咨询师队伍，优化心理咨询服务平台，在两校区分别设立心理咨询室，形成心理咨询的值班、预约、转介、重点反馈等机制，通过个体咨询、团体辅导、电话咨询、网络咨询等多种形式，向学生提供高质量心理健康指导与咨询服务。完成中关村校区心理咨询室环境改造，进一步优化个体心理咨询与团体心理辅导功能，形成安全保密、环境舒适、氛围放松的心理工作空间。在良乡校区建成1000平方米心理素质户外拓展场地，提供菜单式心理素质拓展服务，满足学生多样化需求。

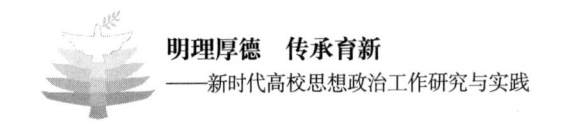

五、加大普查排查力度，及早发现心理隐患

在学生信息系统设置学生心理危机动态监控模块，全年定期并结合重点时段开展心理普查排查，重点做好新生普查、"五困"学生排查和毕业生排查，及时发现可能存在的心理隐患。充分利用信息化手段进行学生心理状态分析，对存在消极悲观情绪的学生及时开展干预工作。

六、强化心理危机预防，筑牢安全稳定防线

强化心理危机干预的会商联动机制，针对棘手问题进行相关部门与学院（书院、研究院）集体研判，探讨制定心理危机学生问题解决方案，有效提高心理危机处置的水平。在两校区开设心理门诊，持续推进医校合作、家校合作，及时转介疑似患有心理或精神疾病的学生到专业机构接受诊断和治疗。对学校高层楼宇采取一定的技防手段，对校园偏僻区域、水面周围等监控设备做好观察和维护，建立安保联动机制，力争第一时间发现风险隐患。

七、强化保障服务，加大综合支撑力度

按要求配备心理健康教育专职教师，加强对兼职心理咨询师的管理，完善选拔、考核和激励机制，定期开展心理督导。对新入职的辅导员、本科生学育导师（班主任）、研究生导师等开展心理健康教育基本知识和技能全覆盖培训，每月举办辅导员心理工作督导会，加大对学生心理委员、宿舍管理员、校园安保人员等心理健康教育培训力度，编制心理工作手册，规范工作流程。按照不少于每年生均35元的标准设立年度工作经费。

"红色铸魂、传承初心"
——北京理工大学将课程思政建设深度融入一流专业建设和人才培养格局

教务部

作为中国共产党创办的第一所理工科大学,北京理工大学继承发扬延安时期的教书育人传统,大力弘扬"延安根、军工魂"红色基因,紧紧围绕立德树人根本任务,聚焦用好课堂教学"主渠道"、建强教师队伍"主力军"、推动课程思政与思政课程同向同行主要目标,从体制机制建设、教学示范体系完善、教师教书育人能力提升等方面协同发力,致力于构建以思想政治理论课为核心、以素质教育课程为滋养、以示范性专业课为辐射的全面覆盖、类型丰富、相互支撑的课程思政大格局,不断提升课程育人实效。

2017年,学校发布《关于加强和改进新形势下学校思想政治工作的实施方案》,成立由党委书记和校长担任组长的工作领导小组,全面推进课程育人。2018年,发布《北京理工大学思想政治工作质量提升工程推进计划(2018—2020年)》,大力推动以"课程思政"为目标的课堂教学改革。2019年,印发《推进思想政治理论课建设工作方案》,始终坚持思政课程与课程思政同向同行,在课堂主阵地塑造学生正确的世界观、人生观、价值观。2020年,学校先后发布《北京理工大学"课程思政"建设实施方案(2020—2022年)》《关于加快构建学校思想政治工作体系的实施方案》等文件,揭牌成立"课程思政教学研究中心",全面推进课程思政建设。

一、将课程思政建设与拔尖人才培养改革一体化推进

学校将建好"课程思政"作为落实立德树人根本任务、有效提升人才培养能力的重要举措,明确在校党委统一领导下,各有关部门、学院协同配合落实相关责任,推动课程思政与思政课程同向同行。每年设立课程思政专项教改项目,将课程思政建设与拔尖人才培养改革一体化推进。

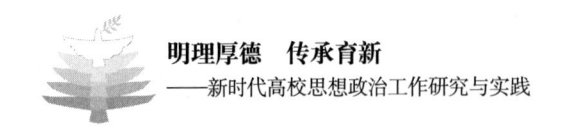

成立未来精工技术学院，校长、中国工程院院士张军担任院长，学院瞄准"智能无人＋"领域"卡脖子"关键核心技术，秉承"立德铸魂、基础熏育、交叉融合、优教精学"理念，着力培养具有批判性、前瞻性、颠覆性和创新性思维的领军领导拔尖人才；加强"示范引领"，张军院士、樊邦奎院士分别开设素质选修课，32学时全程为学生讲授，树立了立德树人的示范典型。成立"延河联盟"课程思政委员会，建成特色红色育人平台"延河课堂"；加强教材建设，获评全国优秀教材7本，两院院士王越89岁高龄坚守讲台，他主编的专业核心课教材《信息系统与安全对抗理论》，是国内外唯一论述网络空间安全与对抗理论的教材，获首届全国优秀教材一等奖。

二、以优势学科引领培育课程思政"延安根、军工魂"品牌

学校注重将"延安根、军工魂"红色基因融入课程建设，编制《北京理工大学课程思政责任点汇编》，更新培养方案和课程大纲，形成"学科、专业、课程、大纲"四维一体全覆盖。基于兵器类、材料类、机械类等特色优势学科，充分挖掘和运用相关学科专业课程所承载的思想政治教育功能，将课程思政点纳入教材讲义的必要章节、课堂讲授重要内容和学生考核关键知识，重点打造一批突出"延安根、军工魂"红色文化育人的课程思政示范课。《汽车车身结构与设计》《内燃机原理》《材料科学发展史》由"老中青三代人"讲授，接续传承"献身国防、为国铸剑"的家国情怀和使命担当。

学校将红色育人资源与信息化技术相结合，助推辐射推广，建设"课程思政"红色育人平台——延河课堂，将示范课程、示范案例、红色校史分模块展示，平台上线2年来，校内外学生点击学习已达30余万人次。2020年中国大学MOOC平台发布"年度MOOC排行"，北京理工大学的选课热度在全国排名第二，其中校级课程思政示范课程"Python语言程序设计"以138万选课人数排名全网第一，"国家科技生态安全"等课程思政内容广为传播。

三、建立课程思政驱动一流专业、一流课程孵化长效机制

学校以一流专业、一流课程建设为抓手，注重课程内容的整塑优化和课程育人教学方法及实践路径的改革创新，构筑课程思政反哺人才培养的长效机制。2019年推进课程思政建设以来，涌现出一批课程思政建设优秀案例。推动建成101门课程思政专业核心示范课，50门课程思政网络示范案例，30门课程思政素质教育示范课，30本课程思政实践研究教材专著。其中"流体传动及控制基础""沟通的

力量""工程伦理""新能源车辆原理与应用技术"4门课程获评国家级课程思政示范课。思政类相关成果获得2018年北京市教学成果奖一等奖、二等奖。学校连续两年推荐的一流本科专业全部入选，获批国家一流课程39门，课程育人效果凸显。

四、加强课程思政教学研究和教师能力提升

推动课程思政建设成果的理论转化，立项出版一批课程思政教学研究教材专著，如《红色基因 不竭动力——北京理工大学文化建设的传承与思考》《奋进在红色征程上——北理工精神笔谈》《口述北理》等，教师积极投入教学育人研究实践，在《中国大学教学》《教书育人》理论专刊等发表理论文章和教改论文若干。

帮助教师全方位提升课程思政能力，研究制定教师课程思政建设能力提升系统化培训方案，从传承北理精神、掌握理念方法、学习优秀经验等方面入手，综合运用午餐工作坊、线上直播、专题训练营等多种形式开展学习培训，组织编写了《课程思政十五问》《北京理工大学课程思政重点元素解读》《课程思政建设重要参考文献汇编》等，2020年至今共举办课程思政相关专题培训40场，覆盖教师2500余人次。学校课程思政建设和红色育人实效被光明日报、新华网、北京电视台等多家主流媒体广泛报道。

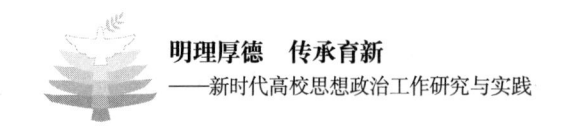

科教融合强化协同育人
青创报国激发使命担当

学生创新创业实践中心

一流大学以一流学科为前提，而一流学科平台必然是该领域人才培养体系与科技创新体系强耦合并互相提升的系统。北京理工大学坚持发挥党建和思想政治工作优势，深化"价值塑造、知识养成、实践能力""三位一体"人才培养模式改革，强化全员全过程全方位育人，以"延安根、军工魂"打牢创新创业人才精神锚点，将"大科研"与双创教育深度融合，创新科技成果转化和校企、校地合作模式，将科技创新优势转化为人才培养优势，将教师学术研究能力转化为学生创新创业能力，激励引导师生把先进技术写在"国之重器"上，把创新成果应用在社会主义现代化国家建设的伟大事业中。

一、传承红色基因，打牢创新创业人才思想根基

学校继承和发扬延安时期中国共产党领导高等教育的一系列办学经验，形成了厚植红色历史文化传统的创新创业人才培养特色。比如，坚持"德育为首"，将"延安根、军工魂"教育延伸到科研、教学及管理的各个环节，激发学生强国强军理想；常态化开展爱国主义教育和激励活动，通过举办行业名家论坛、开展企业见习、社会实践，引导学生树立科技报国理想。

二、坚持"大科研"引领，创新创业育人成效显著

学校依托雄厚的科研实力和学科优势，将"大科研"与双创教育深度融合，在学校传统优势学科、特色学科中孕育孵化学生创新创业增长点。比如，机械与车辆学院车辆工程专业建设培育了学生智能车、节能车、方程式赛车等"三车"为代表的双创团队，将学生创新兴趣点与学科专业前沿方向深度对接，孵化出的学生科技创新成果在国内外科技创新大赛上夺魁夺杯夺金，以"中云智车""枭龙科技""酷黑科技"为代表的双创项目实现了从创新到创业的落地转化。又如，

学校宇航学院、机电学院培育的"飞鹰队""机器人队""航模队"在国际双创赛场连续四年夺魁。

三、以"三个坚持"践行"四个服务",科技成果转化的"北理工模式"实现标杆引领

学校始终坚持党委领导,建立科学高效的决策机制;坚持创新引领,不断探索符合规律的新机制;坚持服务一流,与学校发展建设同频共振。在"三个坚持"总体思路下,形成了从原始创新、技术开发、成果转化的完整创新链,构建了科技成果高效转化的生态系统,打造了具有鲜明特色的科技成果转化"北理工模式",特别是组建学科性公司的创业活动取得了显著成效。继理工雷科、理工华创重组上市,近三年又培育出理工导航(已启动科创板上市)、艾尔防务、致晶科技等一批重大科技成果转化项目,支持和服务科研人员、大学生开展创业活动。

四、创新校企、校地合作模式,高强辐射的科学研究和成果转化平台持续发力

紧密围绕"京津冀协同发展""粤港澳大湾区建设""长江三角洲区域一体化发展"等国家战略,确立以京津冀板块、环黄渤海板块、东南沿海板块、中南及大湾区板块、长江上游经济带板块、中西部丝路经济带板块等六大板块为主的合作发展战略布局。学校通过外派研究机构建设,以培育创新创业生态为主基调、以提升创业带动就业能力为主旋律、以科技创新引领"双创"发展为主引擎,持续发力,提升外派研究机构创新服务能力,大力实施创新驱动发展战略,推动"大众创业、万众创新"不断升级,凝心聚力打造双创发展新高地。目前建有 14 个外派研究机构,累计建设面积 56.9 万平方米,获地方政府支持累计 42.55 亿元。外派研究机构引培并举,共吸纳带动地方就业超过 500 人次,主要以高层次人才、专职科研人员和孵化企业人员为主,支持创新创业投入超过 1 亿元,近三年共孵化企业超过 20 家。

五、扎根祖国大地、勇攀科技高峰,在全国高校中打出了一面"青创报国"的旗帜

一是立德树人成效显著。长期以来,学校坚持教育教学科研育人同步推进,学生科创报国热情高涨,思想素质、知识素养、创新能力同步提升,课程育人、实践育人、科研育人、科教融合育人的人才培养特色落地见效。建成了以"装甲

车辆设计""航天器发射技术""电气传动课程设计"等为代表的一批校内"学科育人示范课程",结合课程特点在课程体系中有机融入课程思政元素,形成了贯通学科专业知识的创新创业教育课程思政群。涌现出了中云智车联合创始人青年教师倪俊,枭龙科技创始人兼 CEO 毕业生史晓刚,中国光学领域最高荣誉之一"王大珩光学奖"和 2017 年工信部创新特等奖获得者博士生付时尧、国科天迅创始人房亮、酷黑科技徐彬、圣威特科技杨涛等一批优秀青年典型。胸怀壮志、明德精工、创新包容、时代担当,成为北理工青年共同的奋斗追求。

二是就业创业表现突出。近年来,北理工毕业生踊跃投身基层、投身党和国家建设的重点行业和领域实现求学报国梦想。到国防系统就业人数占直接就业人数持续稳定在 1/3,到国家重点单位、世界 500 强企业的就业人数占直接就业人数的比例超过 60%。北京理工大学近三年的《毕业生就业白皮书》显示,在用人单位对学校毕业生的满意度方面,对学生的专业知识水平、创新能力、团队协作能力、实践动手能力等方面的评价较高,"非常好"和"比较好"的占比稳定在 87% 至 93% 之间。北理工学生创新实践能力和综合素质受到用人单位赞誉。

三是创新创业屡获嘉奖。在"大科研"引领下,学生"双创"成绩显著,以学校智能车、节能车、方程式赛车等"三车"为代表的双创团队斩获多个大奖,并实现了从创新到创业的转化。累计获中国"互联网+"大学生创新创业大赛 6 金 2 银 5 铜,特别在第四届比赛中同时获总冠军和季军,创造了大赛记录;累计获"挑战杯"全国大学生创业计划竞赛和"创青春"全国大学生创业大赛 8 金 8 银 3 铜。获奖数量和质量均位居全国前列。"飞鹰队""机器人队""航模队"在国际双创赛场连续四年夺魁。学校先后获评"北京地区高校示范性创业中心""北京市首批深化创新创业教育改革示范高校""全国第二批深化创新创业教育改革示范高校"和"全国创新创业典型经验高校",首批入选"高等学校科技成果转化和技术转移基地",昆明北理工科技孵化有限公司被工信部评为"国家小微型企业创业创新示范基地""国家中小企业公共服务示范平台"。

四是社会影响逐渐扩大。目前学校共有以知识产权入股孵化的重点学科性公司 21 家,总市值逾 110 亿元,年均吸纳和带动重点人群就业超 500 人次,创造了显著经济社会效益,形成了一些先行先试的典型案例。完善开放共享机制,服务创新创业企业。打造"众创空间—孵化器—加速器"全链条孵化体系,目前入驻北理工科技园区企业包括学校师生创办的企业和其他人员创办的企业共 351 家,吸纳和带动重点人群就业超 20000 人次。中央电视台、新华网、光明日报、中国青年报等十余家主流媒体多次报道了学校创新创业工作，引起广泛关注。学校受邀在 2019 届全国普通高校毕业生就业创业工作网络视频会议上作创新创业专题发言。西北工业大学、哈尔滨工程大学、华南理工大学、宁波大学、长春理工大学、北京工业大学、中国地质大学（武汉）、上海理工大学、燕山大学等全国 10 余所院校赴学校开展创新创业工作调研。

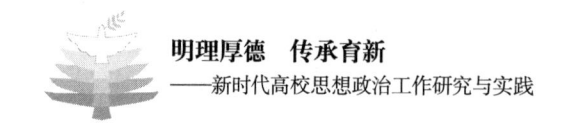

"建党百年，强国有我"
——在服务保障建党百年实践中提升思政育人效果

校团委

在庆祝中国共产党成立100周年活动中，北京理工大学承担重要服务保障任务，学校党委第一时间统筹谋划，认真做好顶层设计，明确工作目标，在保证实效性，圆满完成上级指派的各项任务基础上，兼顾教育性，形成系统有效的工作方法和思政育人模式，把组织师生高质量完成建党百年服务保障任务作为增强"四个意识"、坚定"四个自信"、践行"两个维护"的具体体现，作为进一步厚植师生爱党爱国情怀的重要契机，严格按照北京市委要求将各项责任落实到位，上好这堂特殊的教育大课。

一、聚焦根本任务，创新育人抓手

学校始终坚持思政教育和专业教育两手抓，将师生参与服务保障任务作为外化教育成果、延伸教育课堂、创新教育形式的有力平台。结合服务保障建党百年任务技术需求，学校发挥学科优势，选拔科研骨干承担了庆祝大会仿真和焰火等重要任务。北京理工大学数字与仿真技术实验室主任丁刚毅教授带领团队师生应用数字表演技术构建了三维仿真系统，对大会细节和央视转播画面等进行了全要素、全方位、全流程的设计仿真，并设计开发了"证件及坐席管理系统""人群态势分析系统"，实现全部人员信息实时查询及三维展示，确保集结疏散工作精准有序，为庆祝大会、文艺演出提供了有力的技术支持，为指挥部提供了决策依据。在庆祝中国共产党成立100周年文艺演出"伟大征程"中，来自北理工爆炸科学与技术国家重点实验室的师生用高超的专业技术为观众呈现出美轮美奂的焰火表演，缤纷绚烂的焰火"100"采用了高空特效技术，五颗造型完美五角星采用了低空焰火亮点技术，竖立的"1921—2021"字样，采用了阵列式礼炮结构。师生们将在专业领域数十载的深耕与收获用于服务保障建党百年实践中，为重大任务提供了创意支持与科技保障，进一步激发了青年学子"科技报国"的使命担当。

二、提高政治站位，发挥组织优势

北京理工大学党委压紧压实建党百年庆祝活动服务保障工作责任体系，接到任务后第一时间召开党委常委会专题研究部署，成立专项工作组，主要领导靠前指挥，组织完善"队伍建设、严格训练、疫情防控、思政教育"一体化工作体系。召开专项工作会议，对庆祝活动服务保障作再动员、再部署，进一步压实主体责任、树牢底线思维、提高政治站位。

在服务保障建党百年任务师生中成立了十余个临时党团支部，做到每项任务有支部，每个小组有党员，发挥基层党支部战斗堡垒和学生党员先锋模范作用，定期组织支部活动，开展"唱支山歌给党听""共同庆祝政治生日"等主题党日活动，党员骨干亮明身份、亮出承诺，带动团员青年在实践中学起来、唱起来、讲起来、做起来，深入学习中国共产党百年党史，使学习成果入脑、入心、入行，知党恩、颂党情，在工作中展现出良好的精神风貌。在服务保障建党百年任务中涌现出一批榜样人物：广场献词团负责教师高子淇眼部手术后坚持带队，没有落下一次训练；广场合唱团张若晨同学拄拐参加校外合练，不因个人问题影响整体效果；广场合唱团王启雯继高中参与新中国成立 70 周年庆祝活动后，再次参加建党百年庆祝活动，其"红色传承，青春奉献"的事迹获广场活动指挥部简报报道。这些榜样典型在组织内部形成积极正向的引领和激励，参训师生自觉以昂扬的精神状态完成建党百年服务保障任务。

三、强化思想引领，突出育人特色

北京理工大学党委结合"学百年党史、知红色校史、育时代新人、干一流事业"的党史学习教育总体安排，突出红色育人特色，在参训师生中组织开展"永远跟党走、奋进新征程"主题教育活动，广泛开展以党史为重点的"四史"学习和北理工与党同向同行的校史学习。组织参训师生集中观看学校党史学习教育原创纪录片《红色育人路》，开展党史学习专题讲座、"时代新人说"等活动，激发了师生们爱党爱国热情，坚定了信仰信念信心。

学校从承担本次建党百年服务保障任务的 2 个科研团队、6 个师生群体中选拔表现突出的个人，组建了"青春在党旗下闪光"师生宣讲团。庆祝大会结束后，师生宣讲团第一时间走进学生党团支部、书院学生社区、各类学生社团开展为期三个月的集中宣讲。他们将参与建党百年庆祝活动的宝贵经历和精神财富传递给广大青年，集中宣示新时代青年为中华民族伟大复兴而奋斗的决心，广大青年师

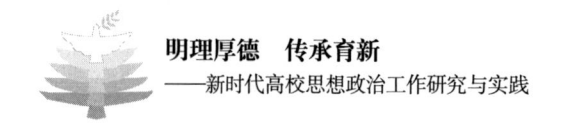

生深受教育和鼓舞。

学校精心选派具有特色代表性的师生代表参与"首都教育系统服务保障中国共产党成立100周年庆祝活动宣讲团"。7月14日，在首都教育系统服务保障中国共产党成立100周年庆祝活动首场宣讲会上，北京理工大学计算机学院教师黄天羽讲述了自己在庆祝活动中承担的多项仿真任务。在宣讲最后她激动地说，"我们把最精湛的技术献给党的百年华诞，书写下了北理工人坚定跟党走的拳拳之心。"这正是北理工人在重大任务面前迎难而上、勇于担当、善于作为的真实写照。

"社团进社区"强化学生社团的政治引领和育人功能

校团委

北京理工大学自2018年起实施"书院制"改革，大一至大三年级学生全部进入书院进行大类培养、大类管理。学校完成5000余平方米的书院社区建设，为社团入驻提供了有力保障。按照"一书院一社区，一社区一文化"建设目标，结合社区面积功能、专业教育特点、学生成长需要和社团发展现状，80余个校级社团进驻6个书院社区。书院社区参与学生社团工作指导，将思想教育、专业教育融入学生社团活动，更好发挥第二课堂育人功能。推动"社团进社区"改革，是从客观实际出发，将规范创新学生社团管理与书院制育人模式下学生社区建设相结合，重点解决学生社团活动的物理空间、内容供给和长效机制三大问题。同时，学生社团进驻将增强书院社区软实力，为打造社区"家文化"提供有力支撑。

一、工作做法

为有效应对"社团进社区"面向的学生群体多、数量大、覆盖广，社区建设情况不平衡等难点和问题，分三个阶段压茬推进，确保各环节有效衔接。

第一阶段是学生社团入驻书院社区空间。进驻社区空间，推动社团建团。按照"一书院一社区，一社区一文化"建设目标，考虑社区面积功能、专业教育特点、学生成长需要和社团发展现状，80余个校级社团分类进驻6个书院社区。按照"共享使用、申请使用、保障使用"的原则，社区与社团签署资源使用协议、建立考核制度，社团在社区的活动场地、物资存放场地实现网格化管理。

第二阶段是书院社区参与指导学生社团工作。选择试点书院参与学生社团的日常工作指导，将思想教育、专业教育融入学生社团活动，更好发挥第二课堂育人功能。书院参与学生社团年审注册，根据需要将入驻社团与书院原有学生组织进行整合。在社区成立功能型社团团支部，专职团干部任团支部书记，进驻社区的社团负责人是支部成员。团支部在党组织的领导下开展政治学习和思想引领，把党的工作融入学生社团组织，指导社团负责人牢牢把握学生社团的发展方向。

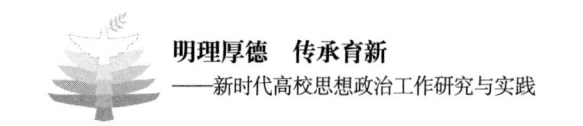

疫情防控期间，校团委和书院共同指导社团通过网络开展线上"社团巡礼""风采展示""行走课堂"等活动，在吸引学生参与线上课外活动的同时加速学生社团融入书院社区。

第三阶段是形成"社团进社区、课上课下一体化"长效机制。强化建章立制，优化配置资源，实现学生社团网格化管理，培育校级精品活动，面向全校学生提供成长服务，社团创建"一社一品"，社区形成"一区多品"。社团成员在社区参加创新创业、社会实践、志愿服务、文体艺术等综合素质拓展活动，加强课上课下一体化建设，社团活动与学术研究、专业发展、能力提升相融通，将专业兴趣优势提升为人才培养优势。

二、工作成效

一是强化学生社团政治引领和育人功能。学生社团每年吸纳学生6000余人次加入，开展各类活动吸引师生2万余人次参加，成为学生培养兴趣爱好、锻炼实践能力、提升综合素质的第二课堂重要平台，成为强化思想引领、培育社会主义核心价值观、传承弘扬优秀校园文化的工作阵地。

二是发挥全员育人作用，形成齐抓共管的协调联动长效机制。从思政课教师、专业课教师、体育课教师、人文素质教育教师、辅导员等教师队伍中选聘政治素质高、业务能力强、有较强责任心、对学生工作充满感情热情的优秀教师担任学生社团指导教师。目前，有10名思政课教师，10名专业课教师及人文素质教育教师、30名辅导员、学工干部及30名体育部教师担任相应社团指导教师，指导学生社团健康有序发展。

三是增强学生对人才培养模式的认同感和获得感。将学生社团工作进一步深度融入学校"大思政"工作格局，强化全体教师干部将思政工作融入教育教学全过程，融入社团日常指导工作中，有效增强了学生对学校"价值塑造、知识养成、实践能力"三位一体人才培养模式的认同感和获得感。

通过强化学生社团线上线下阵地管理，开展学生社团负责人培训会，通过宣贯文件、交流经验、共话发展等做法，正确处理好引领与凝聚、活动与活力、团结与协作等要素关系，切实将思想政治教育融入学生社团建设及管理各方面，促进学生德智体美劳全面发展。

"五维一体"科技领军人才培养长效机制建构

宇航学院

北京理工大学"飞鹰"科技创新团队结合长期人才培养实践经验与成果，依托"揭榜挂帅"，创新"教—学—赛—研—用"五维一体的航空航天类科技领军人才创新培养模式，形成了以思想政治教育引领科技领军人才培养的北理工模式。一是集中打造"揭榜挂帅"培养新思路，将敢于争先、敢于揭榜贯穿于学生培养的课程教学、学术研究、高端竞赛、社会服务全流程中，引导学生树立远大志向，瞄准国际科技前沿，亮剑国际顶级赛场，勇于探索"无人区"。二是建立"课内+课外""校内+校外""国内+国外"大协作的多维度科技领军人才培养体系，汇聚全社会、全行业顶尖资源，帮助学生树立科学研究服务于国家社会急需的基本思路。三是建立以"八个一"为核心的科技领军人才培养机制，通过引导学生在校期间深度参与并完成一个科研项目、一次国际高端竞赛、一次社会实践、一门课程助教、一次国际学术交流、一次外场试验、一篇高水平学术论文、一个发明专利，通过理技融合培养急需复合型人才。通过以上措施，形成了以又红又专为"榜"，以培养科技领军人才为"帅"的"教—学—研—赛—用"五维一体科技人才培养"延河飞鹰"模式雏形，引起了社会广泛关注，产生了引领作用。

一、围绕"沉浸式"思政教育新模式，将思政教育与专业教育有机融合

北京理工大学"飞鹰"队自组建之日起，就将思政教育贯穿于学生培养全过程，与专业教育有机融合。通过组织学生学习老一辈北理工人艰苦奋斗、创业报国的故事，引导学生传承"延安根、军工魂"红色基因，以服务国家为使命；通过课程讲座、高端会议、学术指导、大师现身说法等方式，引导学生树立人生榜样，养成奋斗向上精神；通过组织学生参加国际高端科研赛事、科研项目和社会服务，在实际工作中培养学生社会责任感以及执着求真、勇于探索的品格，真正实现思政

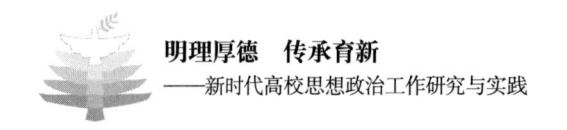

教育与专业教育的深度融合。

二、聚焦"国家急需+创新引领"的主动型思维新理念，将"揭榜挂帅"理念贯穿于创新人才培养全流程

"飞鹰"队结合航空宇航专业天然的多学科交叉优势，面向无人机、人工智能、"互联网+"等高水平国际竞赛需求理论，以提出问题并解决问题为导向，设计"竞赛任务—科学问题—团队研究—技术应用"驱动的"以学生为中心的"人才培养模式，开展竞赛实践线下小组，建立日常学术活动和孵化机制。通过参与高水平竞赛将学生被动接受导师交予课题，转变为主动在导师课题大方向下选择自己感兴趣的研究课题，其主观能动性与主动创造力将得到最大限度的发挥与释放；通过不同学科、不同团队、不同个体间思想的碰撞，促进应用牵引下的理论教学迭代更新，实现教、学、研、用的交叉融合，以竞赛贯穿于教学培养方案的实施过程中，牵引培养学生创新能力和知识水平的提升；邀请北方工业、航天科工等企业的一线工程师和高管参与辅导学生竞赛，为学生提供基于工程实践需求的宝贵经验，帮助学生更好地实现技术与应用的结合。

"飞鹰"队以国际高水平赛事为抓手，探索前沿技术"无人区"，走出一条以参加高水平国际科研竞赛带动人才培养的新模式。近年来，"飞鹰"队积极参加大型科研赛事，通过与国内外顶级研究机构同场竞技，引导学生在对比之中寻找双方差距、发觉自身优势，形成迎难而上、舍我其谁的主动思维，更好地实现前沿关键技术的吸收、整合和突破，同时以国际赛场为平台，激发学生民族责任感与自豪感。

三、创新"学术+技术+应用+国际化"科技领军人才培养新思路，创造"教—学—赛—研—用"五维一体实践教学优质条件

"把论文写在祖国的大地上，把科技成果应用在实现现代化的伟大事业中"是广大科技工作者的使命和责任。"飞鹰"队立足国家建设需求，坚持通过参加无人系统领域高水平科研竞赛实现科研成果转化，不让"技术突破止步于比赛结果"。在基础研究方面，"飞鹰"队通过引导学生立足实际需求，凝练高水平科研赛事中的科研问题，开展技术研究，形成高水平科研论文与创新发明专利，推动前沿基础研究；在成果转化方面，"飞鹰"队通过为学生搭建平台，促成前沿技术集成落地形成科技成果，服务国家重大急需；在服务社会方面，紧密围绕国家重大战略目

标，提炼科研赛事中的关键技术，研发基于智能无人平台的科技产品，为地区经济转型发展提供智力支撑；同时鼓励学生参与青少年科普事业，组织学生前往中小学开设讲座和科技创新课程，培养青少年创新精神的同时强化团队学生社会责任感，推动团队学生向复合型人才迈进。

四、建立"校企合作、国际协作"的特色协同育人新路径，构建国际交流实践平台群

以高水平国际竞赛为牵引，"引进来、走出去"，培养具有国际视野的科技领军人才。与国际知名高校建立研究生联合培养机制，合作开发智能无人系统领域科研合作项目，促进前沿技术合作，拓展学生国际化视野，实现多渠道全面提升特色协同育人效果；通过与行业领军企业建立校企联合人才培养机制，实现针对学生的因材施教与个性化培养。

五、面向国家重大急需，坚持前沿基础研究、瓶颈技术、创新人才培养与社会服务并重，取得突出成果

团队以高水平科研竞赛为牵引，突破智能无人系统领域核心关键技术并推进转化应用。针对无人机与地面车辆自主协同需求，在 2017 年阿布扎比举办的国际无人系统挑战赛中击败了卡内基梅隆大学、宾夕法尼亚大学、佐治亚理工学院、苏黎世联邦理工学院、帝国理工学院、法国国家科学中心等国际顶级科研机构获得冠军。首次实现了基于机载感知技术的无人机在运动车辆上高精度可靠自主起降并投入应用。2020 年 2 月新冠疫情期间，团队作为唯一一支代表中国参赛的队伍，克服疫情期间物资保障不到位、核心成员无法归队的重重困难，参加在阿布扎比举办的国际无人系统挑战赛，以全场唯一满分成绩获得冠军，成功卫冕，引起强烈国际反响，获央视专题报道。2018 年参加"无人争锋"智能集群挑战赛，并取得优异成绩。

高度重视科教融合，双创育人，推动前沿理论研究，形成科技成果服务社会急需。"飞鹰"队近五年通过凝练国际高水平赛事中的科学问题，立足国家建设实际需求，发表 SCI 收录论文 30 余篇，申请发明专利 40 余项。团队提炼自 MBZIRC2017 的异构协同自主降落技术已经在军民两用无人机自主化起降平台得到应用；受 MBZIRC2020 赛事牵引，立足"低慢小"无人机防控需求创新研发"猎鹰"无人机防控系统，获得第六届中国国际"互联网+"大赛全国总决赛金奖、

首都地区高校大学生优秀创业团队一等奖，形成研究生重点科技项目若干。团队围绕国家脱贫攻坚战略目标，研发基于无人机集群的农田精准管理系统，服务于山西吕梁、河北阜平、吉林柳河等多地农林植保工作，相关实践获2020年首度优秀社会实践项目。

艺心向党，同向育人：
北京理工大学推进美育思政创新实践

人文与社会科学学院

北京理工大学将审美教育与立德树人目标相结合，围绕"美"、立足"美"，打造"红色领航：艺术精品鉴赏与家国情怀教育"美育思政课程，运用艺术手段开展思想政治教育，探索形成"讲台－舞台－平台"育人模式，扎实推进美育育人改革创新。

一、将思想政治教育融入美育课程，拓展美育育人模式

北京理工大学的前身是延安自然科学院，是中国共产党创办的第一所理工科大学，新中国第一所国防工业院校。学校充分挖掘80余年办学治校历程中积淀的深厚红色基因，并将其作为加强学生美育教育的源头活水和生动素材，融入"红色领航：艺术精品鉴赏与家国情怀教育"课程，构建了"讲台—舞台—平台"育人模式。

"讲台"：第一课堂育人主渠道，重点呈现"个性化订制"教学课例过程。确定教学主题，选取教育元素，邀请美育专家，形成课例思路，引领学生完成从感性到理性的审美体验、知识养成、价值引领的教学环节。"舞台"：邀请本校大学生艺术团、艺术社团根据课程主题和团体专长，有针对性地参与课堂并进行教学展示。"平台"：依托"延河高校人才培养联盟"平台汇聚各方育人资源，实现普通学生"见大师、鉴经典、塑价值、品审美、育人文"教学目标。"内容"：聚焦"校史＋四史"内容，在潜移默化中完成对学生爱党、爱国、爱社会主义的红色价值塑造，增强学生的爱校荣校情怀，实现"以美育人、以文化人"的目标。

二、精心设计课例内容，发挥经典艺术作品育人功能

课例是美育育人课程的关键。在课例设计中，课程团队紧密结合党和国家政

策方针、时事热点，遵循马克思主义历史观和审美观，从艺术学科、艺术学术、艺术话语体系和艺术实践四个维度，引领学生在理性感性两个层面感受百年来中国共产党团结带领全国各族人民取得的伟大成就，在美的潜移默化中引导学生增强"四个意识"、坚定"四个自信"、做到"两个维护"，实现成长成才。

2020年，正值北京理工大学建校80周年。课例设计充分发掘、融入校史校情，开设校史话剧《从延安走来》，校歌《延河情》和科技服务国家《国家虚拟数字仿真团队》三个主题讲座，以及《红色文艺的延安风骨与中国大学的红色基因》和《红色现代舞剧"话说南泥湾"的现代意识兼谈延安自然科学院南泥湾大生产运动》两期拓展讲座，深度展现了学校在80余年办学历程中走出一条立足中国国情、扎根中国大地的"红色育人路"的辉煌历程。

三、建设美育共同体，汇聚育人合力

课程团队坚持尊重学生主体地位，激发教师教书育人的主导作用，充分发挥学科育人资源优势，汇聚社会育人合力，通过邀请校外专家和协同校内资源，打造"学生—教师—学科—社会"美育共同体，提升美育育人实效。

在面向授课对象的7轮调研中显示：用艺术开展思想政治教育的模式受到广泛欢迎，"亲切、生动、有趣、接受度高、希望红色系列长期办下去"是高频反馈评价；红色讲座进一步端正了入党积极分子的入党动机，坚定了学生党员的入党初心；红色讲座激发了学生的学习热情，加深了青年对党和国家的认同，吸引更多大学生积极向党组织靠拢；将课堂学习与社会实践、党团日活动、科创活动相结合，产出育人成果，学生综合素养能力得到进一步提升。

"红色领航"课程分别获得教育部和北京市的美育改革创新案例一等奖，获得北京理工大学教育教学成果二等奖，在全国高校思想政治工作网宣传推广，连续六轮在学校教学评价中为优秀。中国高等教育学会美育专业委员会会长杜卫评价："以艺术为主线，串联起科技、劳动、红色文化、传统文化等有教育价值的元素，请各个领域有一定代表性的专家教授主讲，并辅之以直观可感的艺术展示，符合大学生美育的特点和要求，值得肯定！""红色领航"领的是美育的航，带领大家努力实现人生的审美化。课程团队受邀参加2019年北京市高校马克思主义学院调研团与北京理工大学马克思主义学院调研活动；参与2020年北京理工大学建校80周年红色育人路教育论坛，与中央美术学院、中央音乐学院、中国戏剧学院马克思主义学院负责人就美育思政进行分享交流。

创设"知、情、意、信、行"数字课堂，打造虚拟仿真思政教育教学新模式

马克思主义学院

习近平总书记强调，"要落到把思政课讲得更有亲和力和感染力、更有针对性和实效性上来，实现知、情、意、行的统一，叫人口服心服""要运用新媒体新技术使工作活起来，推动思想政治工作传统优势同信息技术高度融合，增强时代感和吸引力"。作为党创办的第一所理工科大学、新中国第一所国防工业院校，北京理工大学始终把为党育人、为国育才作为第一使命，围绕立德树人中心环节，不断提高人才培养能力水平。多年来，学校秉承"以学生为中心、以技术为动力、以体验为源泉、以认同为旨归"的理念，发挥学校计算机科学与技术学科、光学工程学科等多学科交叉优势，结合新时代大学生"数字生存"特点，创设"知、情、意、信、行"数字课堂，打造思政课虚拟仿真教育教学新模式，获批全国高校思政课虚拟仿真体验教学中心，在思政课改革创新尤其是全国高校马克思主义理论学科类虚拟仿真思政教育教学方面形成了示范效应和推广价值。

一、创设"知、情、意、信、行"数字课堂

北京理工大学从 2009 年起开始探索思政教育教学与信息技术的融合创新，是全国最早将虚拟仿真技术运用于思政课教学的高校。近年来，学校党委牢牢把握用习近平新时代中国特色社会主义思想铸魂育人这一主线，坚持和加强党对学校工作的全面领导，通过构建"大党建""大思政"育人格局，构筑了学校党委、职能机构、二级学院和师生联动的工作机制，将党的组织优势有效转化为创新虚拟仿真思政教育教学的建设优势。在学校党委的支持下，项目团队将学党史、悟思想与深化思想政治工作改革创新相结合，将跨越时空的沉浸式、交互式、全息式虚拟仿真教学环境贯穿思想政治教育全过程，打造了思想政治教育内容与信息技术深度融合的思政教育教学新模式，即：以 VR、AR 等现代信息技术为辅助创设数字课堂，完善"知、情、意、信、行"环环相扣的教育逻辑链条，推动思政教育教学实现从"知"到"行"的教育效果。

（一）知课堂：深刻认识习近平新时代中国特色社会主义思想的核心要义

"知"即为通晓、明白，"知者行之始"，有知方有行。团队打造阐释理论、讲授知识的"知课堂"，帮助学生深刻领会习近平新时代中国特色社会主义思想的理论品格和真理魅力，以政治性、学理性引领虚拟仿真思政教育教学模式的创新。"知课堂"是数字课堂的理论载体，学生通过移动教学 APP、数字资源共享库增强对新时代党的创新理论的深入学习，提升理论教学实效性。讲政治、讲党性是"知课堂"理论学习的根本立场，借助信息技术使理论内容图形化、理论资源数字化的目的是辅助理论讲授，让思政课讲得更有理论针对性。另外，"知课堂"在教学内容体系设计上遵循学生认知规律、共情规律，推动课程思政和思政课程共筑的数字思政大课堂。具体做法包括：第一，通过课程思政将名家讲座内容转化为数字资源。学校以"百家大讲堂""名家领读经典"活动协力打造"课程思政大课堂"，聘请院士、名家领读经典、解读理论，已故的彭士禄院士更为我们留下宝贵的影像资料，是弘扬新时代科学家精神的数字资源。数十位学科专家、时代榜样等为学生讲授《〈资本论〉的内容、方法和意义》《马克思思想的政治哲学阐释》等学理性与实践性并重的热点问题，通过录屏分享、影音记录等数字转化成为适用于虚拟仿真体验式教学展示的素材。第二，通过思政课程应用移动教学 APP 实现数据管理。团队开发了移动教学 APP"知行健"，该 APP 具有考勤、调研、讨论等教学管理功能，内置 AR 扫描识别功能和数字图书馆，以信息技术覆盖学生课内课外的数字生存空间，为学生提供以"中国抗击疫情体制机制之优越性""中国全球治理方案之价值""中国全过程民主之价值"等现实案例开发的数字课件，满足学生"学好经典解答现实问题"的理论需求，将使学生在数字环境中增强理论水平，在主客同构的理论认知中走向情理交融的情感接纳，增强学生道路自信、理论自信、制度自信、文化自信。

（二）情课堂：厚植爱党爱国爱社会主义的真挚情感

情之所系，心之所至。团队打造以情育人、以情化心的"情课堂"，帮助学生升华感情体验，厚植爱党爱国爱社会主义的真挚情感，以启发性、引导性营造虚拟仿真思政教育教学的共情氛围。"情"课堂是数字课堂的情感载体，学生通过 VR 课程、体验教学，启迪对家国情怀、人生理想中蕴含的真情实感，实现与爱国爱党爱社会主义的情感共振。讲情怀、讲感情是"情课堂"的基本特点，团队运用虚拟仿真技术开展沉浸式体验教学营造故事分享、情节设计、学生体验的共情氛围，追求春风化雨、润物无声的育人效果，让思政课讲得更有亲和力。另外，"情"课堂的教育教学实践重视将社会主义核心价值观具象化、微观化以涵养心灵的作用,力求实现对学生的思想观念进行有情怀、有温度的引导,帮助学生在纷繁复杂的价值观念中树立正确的价值追求。具体做法包括:立足校情校史,深挖"延安根、军工魂"等精神文化资源。植入 AR 技术,将校园文化美化优化亮化工程与信息技术相结合,将红色记忆与虚拟仿真技术结合,在校园中设置 AR 三维技术呈现的景观群图文信息,增强新校史馆、艺术馆、国防文化主题广场等校园文化设施的软实力功能,相继获批教育部中华优秀传统文化传承基地、北京市爱国主义教育基地。此外,团队还开发了系列体验教学课程,包括使用头戴式设备和传感器的"重走长征路",给予学生体验攀爬雪山陡峭悬崖的视觉感受;以"扶贫攻坚战"为主题的 VR 交互体验课"悬崖村脱贫故事"等。

(三)意课堂:深刻理解和认识中国共产党为什么能

意之所向,心之所往。要从"知"的层面走向理解和意会,离不开持之以恒、矢志不渝的追求。团队打造"意课堂"的目的旨在帮助学生在理论与情感贯通、情理交融的基础上深刻领会、理解为什么历史和人民选择了中国共产党,"中国共产党为什么能",以现实性、超越性相统一为原则设计体验式数字教学空间,让思政课讲得更有感染力。具体做法包括:一是搭建用八块全景式屏幕覆盖地板、墙面、天花板的浸入式空间。团队以"践行初心使命,奋进复兴征程"为主题开发数字课件,在浸入式多屏数字教室打造《习近平新时代中国特色社会主义思想在中华大地的生动实践》等一批趣味性和历史性并重的数字课程,让学生在身临其境中感受"中国共产党为什么能""中国共产党为什么行"的现实旨归,激发其勇担复兴大任的历史使命感和坚定意志力。二是团队从"现实的人"出发关照学生现实生活境遇与思想道德状况,鼓励学生体验 VR、AR 课程后,以微视频的形式在移动教学 APP 和思政课堂上展示,形成虚拟仿真体验教学分享和网络短视频链条式的数字传播,增强思政教育教学的育人效果,促使学生由深刻理解走向坚定信仰。

(四)信课堂:坚定共产主义远大理想和中国特色社会主义共同理想的信仰

筑牢信仰之基,锻造具有铁一般信仰是"信课堂"的思政育人目标。团队坚持以历史真实为依据,发挥思想政治教育历史教学、理想信念教育的感召合力,打造"信课堂",力求让学生在体验教学中形成稳定、执着的理想信念,达到德润人心的育人成效。课程设计以培育理想信念、树立崇高追求为价值遵循,以应用虚拟仿真技术的全息人、数字人为载体,选取延安精神、崇高信念为主体的教学实例开发虚拟仿真体验教学内容。具体做法包括:第一,开发 VR 虚拟人课程"老校长徐特立为大学生讲延安精神"。在课程中"徐特立老校长"的形象是由虚拟仿真技术 3D 技术构建的全息人、虚拟人,授课场景为虚拟构建的延安窑洞背景,教学内容结合历史教学史料设计,这种独特的虚拟人授课方式打破了时空限制,"复活"了历史人物,提升了思政教育教学育人过程的历史性和趣味性。第二,以第一人称为视角的 VR 演讲类课程"青年马克思宣读共产党宣言"。通过 VR 技术模拟马克思宣读《共产党宣言》的虚拟场景,让学生在沉浸式的课程体验中深度感受中国革命的艰辛、青年马克思的远大理想和人生抱负,在历史和现实的互动中思考国家发展和个人发展,从而增强学生对中国革命的归属感和认同感,提升了思政课教学效果。体验教学后再设计配以"新时代、新思想与青年的新使命""当前世界经济问题与中国的道路自信"等主题党课讨论,帮助青年学生深刻领悟国家发展与个人发展的关系,使青年学生深刻体会世界变局和中国特色社会主义道路的先进性,从而坚定广大青年的四个自信,并以更积极的心态走出课堂,投入社会主义事业建设的具体实践中。

(五)行课堂:做勤于实践,勇于担当历史使命的时代新人

行是知之成,认识的成效最终需要实践检验。"行课堂"的目的在于"知"的实践,督促学生以身体力行践行理想信念,最终从虚拟仿真构建的体验教学空间走向现实生活的实践。受教育者利用现代化传感装置,在计算机模拟的虚拟环境中交互以获得身临其境的感受和数字化行走体验,以发挥调动肢体的行动力,让学生在数字空间中调动身体和思维,让思政课讲得更有实效性。概言之,即以 VR 头戴式设备、传感器等外设帮助学生用肢体语言体验虚拟仿真场景,从而完成个人价值塑造、知识养成和实践能力提升的整个教育过程。例如,"重走长征路"虚拟课程利用"红军长征过程"构建虚拟场景,让学生扮演一名亲历长征的红军战士,使其在虚拟空间与其他战士交流互动,感受战友牺牲的悲痛,体验失足掉落悬崖的绝望,进而感受长征战士的坚忍不拔、众志成城、百折不挠的精神,获得最为直接的体验。数字课堂的体验教学激发学生起而行之的动力,激发学生对革命精神、时代精神的强烈好奇心,激发学生迈开双腿深入政府部门、县域乡村等现实场景,体会从课内数字体验走向课外社会实践投身于社会主义建设的热情。在"行课堂"的激励下,团队教师带领学生参与工信部调研,并指导学生完成《党的政治建设与中国特色新型工业化道路研究》,使青年学生充分感受新时代国家部委的历史使命和改革实践;教师带领学生深入山西省方山县进行调研,指导学生完成《宏观经济分析与县域经济发展——以方山县为例》讲座课件,使青年学生充分体会新时代脱贫攻坚的伟大历程。

二、打造虚拟仿真思政教育教学新模式

（一）体现扎根中国大地办教育的目标，切实提升思政育人实效

一是教育教学手段创新孕育时代新人。依托"知、情、意、信、行"数字课堂打造的虚拟仿真思政教育教学模式以学习成果为导向，践行"显隐结合"的教学理念，教育教学手段由"教师为中心"向"学生为中心"转变，把被动学习变为主动学习，让学生在不知不觉中实现入脑入心的教育目标，发挥了思政课培根铸魂、启智润心的教育功能。近年来，学校学生使命担当意识显著提升，积极投身祖国最需要的行业和地区：建国70周年庆祝活动中，北理工创造了高校直接参与人数之"最"；获首都高校思政课社会实践组织奖8项、特等奖4项，参与人数、团队数、获奖数量位居全国前列；进入国防行业就业生比例长期超过三分之一；学生积极递交入党申请书，党员比例位居首都高校前列。

二是建成了优质的数字化教学共享资源。运用信息技术构建了集多学科交叉融合的数字教学资源，开发了思政课移动教学教辅APP，该软件呈现出丰富的教学内容、新颖的学习方式、高效的教学管理等特点，在数字共享资源的有力支撑下，学校建成国家级一流本科课程2门，孵化"环境经济学""法理学专题"等10门精品网络课程思政精品共享课，受到中国学位与研究生教育学会的报道推广。2021年，学校承接教育部哲学社会科学研究重大委托课题研究项目，聚焦思政课改革创新，推进"虚拟仿真+红色基因"教育，建设全国思政课教育教学红色资源案例库。

三是建构了思政教育教学新形态。深度适应学生认知特点，通过精细、科学的虚拟仿真体验设计，实现真实情景再现，有效激发学生情感，同时记录学生在动态学习、学习反馈、作业情况的多层面大数据分析，掌握学生的学习规律和特点，实现学生世界观、人生观、价值观的积极建构，在此基础上出版《新媒体环境下高校思想政治教育教学研究》等著作及系列论文，成果获北京市教育教学成果一等奖，建设的"重走长征路——理想信念虚拟仿真实验教学"获首批国家级一流本科课程。

（二）使新时代思想政治理论课"活起来"，持续发挥示范效应

一是受到学生的充分肯定。"知、情、意、信、行"数字课堂符合新时代大学生的求知特征，广大学生受益匪浅，团队成员的评教分值和教学效果均达到优秀。调研反馈发现，从前期"情商加油站""我素我行"教辅软件，到现在的虚拟仿真思政教育教学模式，学生能够在新媒体环境下进行体验式学习，大部分学生愿意接受这种教育方式。团队研发的需佩戴VR头盔、可共享的虚仿课程"理想信念虚

拟仿真实验——重走长征路"入选"国家虚拟仿真实验教学项目共享平台"，获评首批国家级一流本科课程，充分肯定了思想政治教育虚拟仿真体验教学的价值（体验浏览量达 37160 人次，5 分制评分达 4.9 分）。团队于 2021 年获教育部批准设立为 5 所全国思政课虚拟仿真体验教学中心之一。

二是得到专家同行高度认可。教育部和北京市相关领导及其他高校同行也给予了充分好评，中国人民大学教授、虚拟仿真实验教学创新联盟执行副秘书长张威认为北理工的虚拟仿真教学创新了思政课教学新形态，北京科技大学彭庆红教授、中央财经大学冯秀军教授、中国地质大学杨峻岭教授、北京工业大学李东松教授、中央民族大学孙英教授等认为北京理工大学的虚仿课程成果达到国内领先水平。

三是形成全国高校辐射带动。近年来，相关成果已在全国 80 所高校推广应用，覆盖学生 50 多万人。学校接待 40 余所高校思想政治理论课教学部门负责人来访，接待 60 余所高校思想政治理论课教师来校参加交流培训，团队成员受邀在世界慕课大会等教育部、北京市等主办的研讨会上介绍经验，在全国思想政治理论课教学领域起到了示范作用。

（三）进一步完善了新时代思想政治教育体系，服务经济社会形成重大影响

一是建立了课程标准推动机制改革。团队作为教育部虚拟仿真实验教学联盟马克思主义理论类学科组主任单位，牵头编制《虚拟仿真实验教学课程建设指南（2020 年版）》的马克思主义理论类部分，制定思想政治教育虚拟仿真课程建设标准，共设计虚仿课程 144 项。

二是供给了新时代虚拟仿真思政教育方案。成果依托全国高校思政课虚拟仿真体验教学中心、北京市互动媒体艺术工程技术研究中心、北京市高校思想政治理论课示范点等平台，先后举办政府委托的"北京高校思想政治理论课青年骨干教师培训班"20 余期，为中组部、公安部、中核集团、新浪网等单位提供了线上线下培训，虚拟仿真技术应用于奥运会开幕式、70 周年国庆会演彩排，在全国产生较大影响。

三是媒体广泛关注。本成果在实施过程中，得到中央电视台、人民日报、光明日报、人民网、新华网等核心媒体多次报道，2021 年人民网以专题形式对北理工思政课虚拟仿真体验教学进行专题报道，在全国产生了广泛影响。学校获第六届首都大学生思想政治工作实效奖特等奖，高质量通过北京高校党建和思想政治工作基本标准检查，2021 年获评北京市党的建设和思想政治工作先进高等学校。

■ 工作案例篇

健全"师生纵横支部+"合力育人长效机制

党委组织部 / 党校

面对新形势、新任务、新机遇、新挑战，北京理工大学党委组织部结合学校实际情况，积极推进形成了"12345""师生纵横支部+"合力育人的长效机制，即搭建1个平台，坚持2个规范，覆盖3个方向，发挥4方面作用，做好5个助力，发挥"大党建"工作格局优势，切实提升组织育人实效。通过合力育人长效机制的构建与基层师生党支部的实践，进一步提升了思想政治教育效果，激发了师生党支部的新活力，提升了基层党支部建设质量，实现了党建、思想政治教育与专业教育一体化和双向融合。

一是搭建1个平台：党委组织部建设了校内外联动共建平台，形成了以学生党支部为中心，与同源教师党支部、机关教职工党支部和离退休教职工党支部等多种类型教职工党支部结对共建的组织模式，共建共享共促进，促进支部育人体系的建构及功能实现。

二是坚持2个规范：党委组织部坚持做好2个规范，即规范基本制度、规范组织生活。以不断完善制度体系建设，督促指导基层党组织严格落实组织生活制度，规范开展"三会一课"等组织生活为实践基础，强化组织共建规范性，推动支部联动共建。

三是覆盖3个方向："师生纵横支部+"以全校党员师生为主体，辐射带动全校师生，"横"向覆盖全校不同类别支部，实现跨学院跨部门、机关支部与学生支部间的共建，发挥资源协同作用，实现"共建共享共用"；"纵"向突出同质同源同实践，实现同一个系别、课题组的师生党支部间的互动与共建，发挥党建引领作用，以党建促业务、促学风、促教风；校外支部共建，围绕创新创业、社会实践等主题，进一步扩展育人半径，丰富组织育人实践路径。

四是发挥4方面作用：通过"师生纵横支部+"建设，以教工党员带动学生党员，以学生党员带动团员青年，突出发挥培根铸魂、启智润心、固本强基、筑牢堡垒、先锋堡垒、示范引领、凝心聚力、务实笃行等4方面的育人作用，形成师生同心同向的育人氛围。

五是做好5个助力：党委组织部以"师生纵横支部+"联动，发挥师生"支部+"资源协同优势，同时以二级党组织书记"书记工作坊"、基层党支部书记"支书有约"工作沙龙、基层党务实践指导"支部赋能驿站"、独具创新的"五色"组织生活、打造组织生活线上模式的"党建云"平台等5项工作为抓手，进一步推进结对共建，推进基层党建经验推广与实践，发挥引领示范作用。

党委组织部通过理论研究与实践探索，建立了"师生纵横支部+"联动机制，不断加强和改进组织育人模式的方式、方法和载体，推进形成组织育人机制，使党员教育管理工作达到最佳效果，发挥基层党组织落实立德树人根本任务的重要作用，将组织作用发挥渗透"三全育人"全过程中，进一步提升基层党支部的建设质量，提高党建育人成效。

同时，将组织育人机制运用于实践工作中，组织各基层党委、党支部结合特色及"一党委一品牌，一支部一活动"建设，积极协调资源，丰富活动内容，个性化开展"支部+"工作。各基层党委同频实践落实，结合学院特色及品牌特点，合理设置党支部，丰富活动载体，拓宽服务面向，有序组织开展各类活动，指导和监督组织育人工作的开展，确保育人工作落实到人。比如，宇航学院党委创新推广"1+1+X"党支部共建模式，探索教师党支部与学生党支部、科研院所、高校、事业单位党支部共建交流。以"1"批优秀党员教师、"1"个学生党支部，"X"个共建模式，以党支部学科专业背景为结合点，将优秀党员教师以"党支部指导教师"形式参与融入学生支部中去，以立德树人为根本出发点指导学生支部开展党建工作，为学生传铸魂之道、解人生之惑、答学术之疑。信息与电子学院党委为建立师生共建模式良性运行的联动机制，以党建导师制拓宽党建新思路，打造了党建导师制度，即为所有学生党支部聘任"院士领衔、党政领导参与、教授为主"的专业党员教师团队担任党建导师，建成党建导师库近100人，指导30个学生支部年均开展党建导师理论指导活动200余次。以党建导师和联系学生支部为抓手，促进党建导师所在教工支部协同参与，形成了"党委班子、行政班子成员人人联系学生支部、教工支部个个与学生支部共建"的党建共促共进良好互动机制。设计与艺术学院造型艺术系党支部充分发挥教师党员的经验优势，运用自己学科背景，带领低年级学生党支部共同开展"'艺'颗红心永向党、笔墨青春颂百年"、"传承老街文化,赓续红色血脉"献礼建党百年胡同墙绘等共建活动,在专业学习、思想道德、职业规划等各个方面引导学生。

通过"师生纵横支部+"合力育人长效机制的构建与基层师生党支部的实践,得到了较好的工作成效。首先进一步提升了思想政治教育效果。通过构建组织育人平台,打破了原有学生党支部的组织结构和平台的限制,充分凝聚育人合力,充分发挥了教师对学生的政治引领、专业指导及生活帮助等,将党支部建设与育人工作有效融合,大力提升了学校思想政治工作质量,实现了党建、思想政治教育与专业教育一体化和双向融入,育人成效凸显,提升立德树人效果。

其次,进一步激发了师生党支部的新活力。师生支部共建优化了基层组织结构,师生支部联合开展同一党日活动、同一主题学习、同一实践活动等加强师生党员交流,提质增效同质活动,师生导学相长,促进了师生党支部的优势互补、资源共享及功能整合,进一步激发基层党建工作新活力,是一种加强基层党组织建设的有效形式。

再次,进一步提升了基层党支部建设质量。"师生纵横支部+"合力育人长效机制,既能为学生支部提供学习、实践等多种资源,拓展党建平台;又能合并师生党支部活动同类项,在师生时间集约化中实现组织效果最大化,更好促进教学科研与育人工作。一方面避免学生支部活动单一,缺少引领,另一方面避免教工支部活动内容匮乏,缺乏活力,二者联动共建,发挥支部共建合力,既克服各自支部的短板不足,又全面提升了双方支部的活动质量。

"五微一体"网络思想政治教育创新实践

党委宣传部

习近平总书记高度重视运用新媒体新技术推动宣传思想工作特别是高校思想政治工作改革创新,强调"要运用新媒体新技术,推动思想政治工作传统优势同信息技术高度融合,使思想政治工作联网上线,增强时代感和吸引力"。面对互联网时代对意识形态和思想政治工作的新挑战,北京理工大学党委坚持因事而化、因时而进、因势而新,遵循教书育人规律,遵循大学生成长规律,遵循互联网传播规律,通过以"微党课""微故事""微心声""微团队""微阵地"为体系的"五微一体"网络思想政治教育新模式,创新思想政治工作教育载体与表现形式,充分调动教师和学生两个主体互动的积极性,推动思想政治工作内容的源头活水和教育载体的灵活多样相辅相成、相得益彰,有力回应互联网时代广大师生的精神文化需求,拓展思想政治工作空间。

一、制作"微党课",释放信仰能量

在"大思政"工作格局下,发挥思想政治课教师与思想政治教育工作队伍协同作用,针对当前思想政治教育需要及社会热点话题,录制"微党课"视频,如由马克思主义学院思政课教师录制的《浅谈共产主义信仰》《传承优良家风做合格共产党员》,由计算机学院党委组织录制的《不要让历史成为任人打扮的小姑娘》《从当前意识形态斗争看开展"两学一做"的必要性》等。同时,充分运用"学习强国""青年公开课"等网络资源及"慕课"等形式,打造不限学习人数、不拘学习形式的"小课堂"。"微党课"借鉴渗透式教育理念,将隐性教育与显性教育有机结合,在注重教育内容目的性、系统性的基础上,将教育的方式手段转化为学生喜闻乐见的形式和语言,使得教育过程更加宽松和谐。

二、发布"微故事",推进榜样育人、校史育人

注重发掘师生身边的先进典型,以"微故事"为主线,通过专题宣讲、网络文章、

微视频、微电影等开展先进典型宣传。结合建党百年契机，组织开展"穿越百年的对话"党史学习教育征文活动，征集评选优秀作品100篇，充分展现师生学党史、悟思想、办实事、开新局的精神面貌和优异成绩。开展"爱国主义专题宣讲"，举办校院两级"时代新人说"报告会，成立由师生代表组成的时代新人宣讲团，传播展示师生先进典型和感人事迹。结合"七一表彰"、合格党员"公开承诺"等主题，录制《我的入党故事》《时代新人系列宣讲》等优秀党员事迹微视频，打造师生身边的榜样"网红"。充分利用校史文化中蕴含的丰富思想政治教育资源，结合校志编纂、"口述历史"采访录制、学科专业史修订等工作，发布《北理故事》《校史上的今天》等短小精干的"微故事"，激励师生传承优良作风，积极投身科研创新。

三、征集"微心声"，传播向上心声

重视发挥师生自我教育主体性，主动关注大学生在各类新媒体上的"微言微语"，从中挖掘"微言大义""微言大爱"。开展"青年微语""你的微笑"等专项活动，征集青年"微心声"，全方位展示师生在重大热点事件、党的理论知识、学习工作生活等方面的感悟。师生代表共同创作学生主题教育活动主题曲《时代新人说》，发出北理工青年做时代新人、树时代新风的时代最强音。学校精心选择主题，结合"五四"青年节、新中国成立70周年、建党100周年等重大时间节点，将"正确认识世界和中国发展大势""正确认识中国特色和国际比较""正确认识时代责任和历史使命""正确认识远大抱负和脚踏实地"作为出发点和落脚点，主动切入理想信念、学术方向、科研能力、就业形势等大学生普遍关注的内容，设置讨论主题，将马克思主义大道理转化成学生们听得懂、喜欢听的小道理。注重建立讨论语境，有效引导大学生进行"自主思考"，建立稳定而广泛的交流渠道。结合毕业生离校教育等节点，推出"北京理工大学，我想对你说……""鸿雁一鸣天高远，一封素笺寄离情"等网络征文活动，打造毕业季的"阳光信使"，将一封封温情感人的"情书"传递给导师、传递给母校，体现了浓浓的师生情、爱校情，让思想政治工作"暖"起来。

四、打造"微团队"，建设专业化新媒体队伍

加强新媒体团队建设，建成校、院两级成熟的网络思想政治教育平台，并设有原创网络思想政治专题板块，如以爱国主义教育为主题的"归来工作室"，以弘扬北理工校史和军工文化为主要内容的"瞭望工作室"等。成立若干网络思政教

育专项工作室,其中,"延河星火"工作室获批北京市委教育工委社会主义核心价值观新媒体传播工作室,"延河星火1分钟"新媒体思想引领作品获得广泛关注。学校着力提升思想政治教育工作者网络素养,开展专题培训、校际交流,把增强网络意识和网上工作能力作为个人能力提升的重要环节,主动破除"说教者"形象,塑造"网络舆论领袖"。强化政策保障,将优秀网络文化成果纳入科研成果统计、职务(职称)评聘和评奖评优范围,建立职务职级"双线"晋升办法和保障激励机制,划拨专门经费支持"网络思想政治教育"相关课题研究和图书出版,不断提升思想政治工作队伍的网络育人能力。

五、构筑"微阵地",建设线上堡垒

网络阵地要想成为"战场"必须先成为"市场",成为学生喜欢、爱进的"市场"。学校在各类网络思想政治教育平台中嵌入服务功能,提供学生在学习、生活、成长、发展等方面密切相关的动态信息,形成综合服务信息网络,让平台成为学生学习生活离不开的依托和工具。积极发挥学校新媒体矩阵的聚合效应,2018年以来,学校官方微信累计产生43篇"10万+",国内主流媒体报道显著增长,在社会各层面引起良好反响。充分利用好"学习强国"APP、微信订阅号、微信群等"微阵地",建立"网上党支部",探索远程视频连线学习方式。如计算机学院党委以学院微信订阅号的"党建板块"作为加强党员学习教育的网络主阵地,定期发布《先锋》月刊,推动若干学生党支部试点探索建设微信订阅号,开展党员理论教育;人文与社会科学学院党委构建专门微信平台,开展"两学一做"网络知识竞赛、《习近平用典》等网络专题学习,推出主题原创文章,有效提升学习积极性和思想政治教育实效性。

北理工在开展"五微一体"网络思想政治教育实践中,精心选择教育内容,将学校办学历程建设发展史、学院学科建设发展史、优秀校友师生典型、学校重大办学成果等作为思想政治教育"活的教材",按照新媒体传播规律进行内容再造,下力气制作一系列时长有限、主题鲜明的网络文化作品,用碎片化、互动化、交互性的方式进行广泛传播,推动思想政治教育便捷化、灵活化和扁平化,不断满足大学生成长发展的需求和期待。

创新"三全育人"导师制度
深化书院制育人模式改革

学生工作部

2018年，北京理工大学成立精工书院、睿信书院、求是书院、明德书院、经管书院、知艺书院、特立书院、北京书院、令闻书院，与专业学院协同开展育人工作。学校紧紧抓住大类培养、四年一贯制、素质教育体系、思政教育模式、导师制和社区建设等关键点逐一顶层设计、统筹推进、细化落实，集聚全校资源，将领导力量、管理力量、思政力量、服务力量下沉到学生中间，实施全员全过程全方位育人。

导师是书院制的关键，是书院教育理念的实现者，从辅导学生的个人发展规划、开展讨论式学习到言传身教带动学生心灵的成长，导师都发挥了不可替代的重要作用。北京理工大学书院制育人模式为学生配备"三全育人"导师，从名家、师长、干部、学长等群体中选聘"学术导师、学育导师、德育导师、专业导师、朋辈导师、通识导师、校外导师"等，在学生思想引领、能力提升、学术发展、生活指导、人生规划等教育过程中发挥积极作用，助力学生实现德智体美劳全面发展，推动人才培养工作"育才"和"育人"兼顾。

一是加强顶层设计。为规范导师选聘及日常工作，提高导师育人成效，学校制定《北京理工大学"三全育人"导师制实施细则》《北京理工大学"三全育人"导师工作规范》，进一步明确了"三全育人"导师的工作内容和工作要求，完善"三全育人"导师的工作、培训、考核、激励和退出机制，促进"三全育人"导师精准、有序、高效地开展工作。截止到目前，学校书院学生为本科生配备"三全育人"导师4000余人。其中，学育导师和朋辈导师作为主体，各类导师月均开展活动500余次。

二是创新方式方法。大力组织开展"三全育人"导师线上工作，在2020年新冠肺炎疫情期间，各书院组织"三全育人"导师通过多种手段途经（线上教育教学、网络思政课、一对一交流、邮寄学习资料等），破解疫情防控下的学生思想政治工

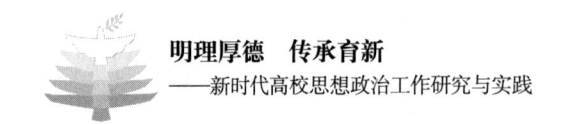

作和教育工作难题，实现导师与分散学生群体的"实时对接""无缝衔接"，帮助导师了解学生情况，密切关注学生思想动态，及时提供生活、思想、学习上的帮扶与帮助。

三是选树先进典型。全国模范教师薛庆教授担任精工书院1930班的学育导师，关心学生成长，积极参加班级活动，为学生介绍工业工程的精髓是追求卓越，用PDCA方法教育学生做好人生规划，不断总结反思改善；为每位学生送上一本书，供假期阅读；教学生们用思维导图梳理课程知识体系，特别关心有畏难情绪的学生，"薛阿姨""薛妈妈"是班上学生们对她的昵称，"遇见薛老师"成为学生们大学生活的幸运。丁刚毅教授担任睿信书院2020级学术导师，依托"诚行大讲堂"为同学们作"国庆仿真软件介绍"的专题讲座，为同学们讲解模型仿真的知识和技能，帮助学生了解学科前沿、专业发展方向以及未来就业前景，激励同学们将个人的发展与祖国的发展相结合，服务国家重点项目，投身于技术前沿领域和经济建设的主战场。王菲教授担任求是1811班的学育导师和任课教师，充分发挥双重身份优势，利用课堂教学契机言传身教，立德树人，在教学中融入科学之美、物理之趣，还积极参与丰富多彩的科普公益活动，多次带领学生志愿者为物理公众日到访的大中小学生展示趣味实验、讲解物理原理，提升学生科学素养。

四是持续跟踪评估。2019年学校针对2018级本科生发放《北京理工大学全能素质提升问卷》，对"书院制"育人模式下学生综合素质提升效果开展预研究。分析结果证明，书院"三全育人"导师的配备与学生素质能力提升（理想信念、社会责任、科学素养、人文底蕴、国际视野、自我管理、创新能力、健康生活等八大核心素养）均呈正相关影响，其中"三全育人"导师在思想引领和学科素养中发挥作用最强，有效引导广大学生将个人理想与祖国发展需要紧密结合起来，并通过"教—学"互动，巩固学生独立思考意识，发展学生反思意识，引导学生主动学习知识。

"三全育人"导师在多方面发挥了实效。在理想信念教育方面，入党积极分子数量与质量均有较大幅度的提升；在创新创业教育方面，学生创新意识明显增强，参加大学生创新训练计划的学生人数明显增多，所申报项目质量也有明显提升；在学科专业交叉方面，由于"三全育人"导师来自不同学科，学生所学习、了解、掌握的知识门类更多，且基础更为扎实；与此同时，"三全育人"导师制的实施，也在很大程度上强化了"三全育人"导师之间的交流与合作，对学校学科交叉融合产生积极作用。

依托大数据推进面向学生的"精准思政""精准服务"

学生工作部、学生事务中心

当学生遇到困难,学校应如何及时准确地提供帮扶?当学生面临困惑,老师该如何定制个性化的思想政治教育方案?当辅导员面对琐碎而繁杂的学生事务,如何能使日常工作更加高效?依托大数据推进面向学生的"精准思政""精准服务"是教育信息化时代的一种创新育人模式。北京理工大学顺应信息化时代教育变革的要求,依托学生综合数据平台,构建起有智慧、有温度、有内涵的"精准思政""精准服务"育人体系,促进思想政治教育工作开展方式从"大水漫灌"转变为"精准滴灌",促进"三全育人"工作迸发出新的活力,也彰显了一所大学应有的人文关怀。

一是针对数据孤岛和数据缺失问题,建立统一的学生数据中心。通过新建数据平台、线下业务线上办理、同步读取或存储其他部门数据等途径,在统一的学生数据平台上,同步更新并展示学生的全面信息,包括基本信息、学业信息、奖惩信息、社会活动信息、第二课堂信息等等;同时,各业务流程,可通过该平台一站式办理;根据不同角色设定不同权限,向全校师生开放。即实现从后台的分散信息到前台展示的逻辑集中。相互打通的统一数据中心,将为"精准思政"提供最基础的数据支撑。

二是针对大类管理遭遇技术困境问题,打造一站式线上业务流程。学生工作部协同教务部、研究生院、教务运行与考试中心、就业指导中心、学生事务中心、学生创新创业实践中心等各相关部门和学院、书院,梳理与学生相关的各项业务流程,尽可能转换为线上办理,对于无法转到线上办理的,可以进行线下办理,线上登记。一站式线上业务流程,有助于学生有关数据在线上进行记录,为"精准思政"提供最及时的数据更新。

三是在学生数据中心建设的基础上,综合考虑影响学生成长发展的各个维度和因素,研究探讨科学算法,构建数学模型,通过学生在校期间产生的各项数据,

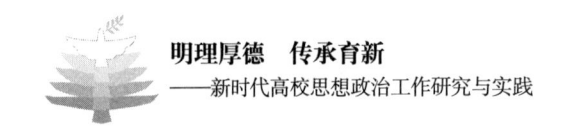

对学生思想发展、学业发展、生活发展、职业生涯发展的各项指标进行科学预测，对于偏离指标的学生及时进行干预和引导，完成思想政治教育引导工作由粗放型向精准型转变。

依托大数据推进面向学生的"精准思政""精准服务"，通过绘制"学生画像"，将学校的三全育人工作落实到思想政治教育的精准化实施和学生的个性化培养中，提升了学校管理育人成效。

大数据助推"隐形资助"。自2016年起北京理工大学开始通过大数据平台筛选的信息，根据学生一卡通消费金额、恩格尔系数、家庭经济情况等多个指标，对经济困难学生做到精准识别、应助尽助。同时以已有的家庭经济困难学生认定数据库为基础依据，将食堂消费大数据流水筛查所获名单与困难认定数据取交集，重点关注特殊六类学生。资助完成后，学校对贫困生生活、学习的管理帮助也随之展开。辅导员通过平台了解学生经济情况后，持续开展深度辅导，通过深入了解具体困难，帮助学生解决实际问题。

大数据赋能"智慧思政"。打开学生综合数据平台，学生信息、在校学业、经济资助、国防教育、素质提升、心理健康、党团工作、日常事务等板块一应俱全，实时更新。依托大数据打通人才培养各个环节，实现信息共享、业务配合和流程优化，从而快速发现、诊断育人过程中存在的不足，为学生培养提供多维度的参考。在三全育人过程中，如何快速锁定学生情况，有针对性、有差异性地进行服务与管理，是我们开展"精准思政""精准服务"面临的难题。大数据分析结论正是解决这一难题的突破口，根据数据挖掘的信息情况，可以直接掌握每一名学生的学业情况、家庭情况、奖惩情况、心理情况等信息，对学生当前情况进行判断。三全导师、辅导员等思政工作者可以全方位的数据为参考，针对学生情况进行分类指导，在面向学生开展工作之前先通过对每名学生的各项基本情况予以了解，无论是深度辅导还是组织活动，使工作开展更适应学生的差异性，真正做到以人为本。同时可以发挥数据的预测作用，对学生可能出现的情况提前做出危机预警，让大数据助力思政工作更有智慧。

大数据助力"精准思政"。大数据平台简化了思想政治工作者填报工作量和核对数据的流程，实现了数据的智能查询与统计，为管理工作精细化提供了重要保障。学生管理相关工作的清晰量化，也改变了思政工作队伍的管理、考核和培养模式。平台上，开了多少次班会、谈了多少次心、每一笔帮扶是否精准到位都有记录。这一方面督促了辅导员把与学生相关的每一件事做细做深做实，另一方面也将辅导员从烦琐细碎的工作中解放出来，从而提升个人职业化专业化能力和水平。

"四心"抓好劳动教育 "四自"促进健康成长

后勤基建处

劳动教育既是"三全育人"的重要内容，也是"三全育人"的重要手段。北京理工大学继承发扬徐特立老院长"劳力与劳心并进"和"手和脑并用"等育人理念，通过加强体制机制建设、丰富实践内容、打造实践平台等方式，深入推进劳动育人，实现学生健康成长和后勤服务双提升。

后勤系统作为学校服务部门，与劳动生产密切结合，具有适合劳动教育的岗位，是实践"三全育人"的重要平台。通过推动后勤管理、物业服务、学工、团委、各学院、学生社团等相关部门协同联动，共同搭建了学生参与服务、管理的共管共服平台，建立起热心实践、精心管理、贴心服务、匠心文化的"四心"工作机制，促进了学生组织自我管理、自我教育、自我服务、自我监督功能的"四自"功能发挥，调动了学生参与劳动教育的积极性和创造性，探索出了具有北理工文化特色的劳动教育模式。

一是搭建特色的劳动育人平台。在后勤系统设立了学生监督员、楼宇管家等岗位，加强了后勤与学生群体的互动，在服务质量与维护学生利益方面取得了显著成效。深化学生实践岗位设置，从技能培训、情操陶冶、价值体现、习惯培养等方面着手，梳理了一批卫生保洁、园林绿化、水电暖运行、维修、帮厨等岗位，结合控烟、垃圾分类、节约粮食等制订了志愿者引领计划，为广大学生群体提供更为丰富的劳动岗位选择，和学以致用的实践机会。

二是建立劳动实践教育基地。结合各院系、学科特点试点建设学生实践教育基地，从技术实操、发明创新、管理实践创新、人文设计、文化培育等方面孵化一批特色课题，逐步打造特色实践教育基地。在中关村校区垃圾分类集中投放点建设工作中，充分采用了由设计艺术学院同学组成的课题组设计的站点样式，兼顾实用性、宣传性、节能环保、文化内涵等元素，打造了独具特色的北理工垃圾

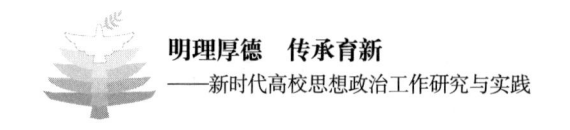

分类驿站，得到了各兄弟院校的好评。

三是打造深度体验式劳动育人活动载体。广泛开展爱卫运动，依托爱卫月主题活动、优秀宿舍评选等载体将卫生清扫作为学生常态化劳动形式。2021年植树节，组织学生代表赴密云开展主题为"弘扬红色精神，共建美丽校园"的义务植树活动；在中关村校区联合机械与车辆学院开展"心向太阳，播种希望"的向日葵种植活动；组织学生参与"食堂后厨深度体验日"劳动活动，全程参与食材初加工、制作、售卖；组织学生志愿者广泛参与到生活垃圾分类义务值守活动中，对广大师生养成垃圾自觉分类习惯起到了显著的示范教育作用。同学们在活动之后感触深刻：习以为常的服务保障，背后是专业的操作和辛勤的付出，劳动不易，劳动是获得快乐的源泉。

四是创建共管共服共建机制。常态化设立管理监督岗位，覆盖后勤服务保障领域，后勤定期每月与学生质量监督员召开工作会议，将反映问题收集整理督导整改，并作为改进服务保障的依据，同时也将政策性规范及时传达到广大学生群体，达到推动学生组织"自治"的目的。联合学生工作部、校学生会，每季度召开一次与学生面对面交流沟通会，建立学生权益微信群，广泛征集意见建议，为制度制定、管理服务提升提供重要依据。通过不定期公众号推送满意度调查、专项调研为班车运行调整、绿化提升、宿舍条件改善、环境品质提升、饮食服务提升等重要工作决策提供了关键依据。

五是深挖劳动育人文化内涵。开展传统节日主题文化活动，在端午节、中秋节、冬至、腊八节等中华传统节日里，举办各类文化美食节，让学生参与到制作过程中，感受中华优秀传统文化内涵。开展"传承文化、品味端午、'包粽子'体验活动"，不仅教授学生亲手体验包粽子，同时穿插"端午节文化起源讲授""端午节趣味知识竞答"等内容，寓教育引导于快乐劳动之中。开展劳动主题宣传教育，引领新风尚，组织开展"光盘行动、从我做起"主题活动，签名承诺，"食安粮安"宣讲，拒绝"舌尖上的浪费"，开展为期一周的垃圾分类走进学生宿舍宣传活动，采用互动分类小游戏的方式将知识与法规传播到学生中。结合志愿值守、督导行动，促进良好习惯在学生中广泛养成。

六是提升学生自我管理、自我教育意识。通过提供服务、管理、质量监督、专业技能等岗位，让学生充分了解各项工作的全部流程，使学生在管理中体会管理、在劳动中理解劳动，运用所学技能学以致用。通过深度体验式劳动，使学生全面了解服务运行流程，深刻体验后勤管理的严谨、服务保障工作之不易。

通过参与制度决策，增强学生主人翁意识；同时，让学生学会取舍、综合考虑各方利益，使整体利益最大化，从而增强使命意识和担当意识。意见征询反馈常态化使管理工作以需求为导向，把服务管理工作做到学生心坎上。

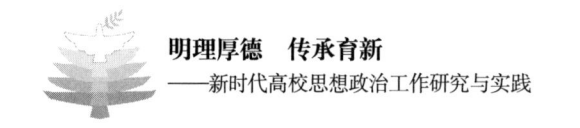

青老共话　情蕴北理

离退休教职工党委

习近平总书记强调,"广大老干部、老战士、老专家、老教师、老模范是党和国家的宝贵财富,是加强青少年思想政治工作的重要力量"。"青老共话 情蕴北理"项目聚焦落实高校立德树人根本任务,通过设计专家讲座、老少共学、老少共建等灵活机动的方式引导"五老"这个特殊群体参与和助力青年师生思想政治教育,实现新老教师传帮带,薪火相传共成长。

一是聚焦铸魂育人,积极参与青年师生思想政治教育。"五老"见证了党和国家的建设和发展,红色基因和革命精神深深熔铸在他们的血脉中,他们的宝贵经验和人生体悟是对青年师生开展思想政治教育的鲜活素材。组建"青老同心"党建工作室,联合师生党支部共同开展"忆光辉岁月·讲北理故事""青老共话北理情""老少同行跟党走"等一系列主题的青老互动交流活动,老干部、老教师等现场讲授革命岁月和感人事迹,引领并督促青年师生继承发扬老一辈无产阶级革命家的奋斗精神,勇担"世世代代传承好红色江山"的光荣使命,坚定爱党、爱国、爱校的信仰、信念和信心,向着"时代新人"的目标奋发前进。

二是服务现实需求,支持和帮助青年师生全面发展。充分发挥关工委和"五老"优势,着重加强青年师生的心理健康教育,加强思想引导、心理疏导,为青年师生解疑释惑。离退休党委和学校保卫部联合开展"北理安保思想疏导师"项目,面向学校各安保岗位和驻地安保人员开办"书香励志 重塑未来"系列讲座,讲授传统文化、传递延安精神、培训工作技能,每年累计有百余人次的安保人员聆听学习,以此为载体培养和教育安保人员爱岗敬业、转变工作作风,提高自身素质,为维护校园安全稳定注入强劲思想动力。积极参与学校党委教师工作部开展的"聆听师道"活动,组织老教师向青年教师分享自己的生活经历、学习经历、科研经历,以及如何在教书育人、科研创新、社会服务等方面不断提升自我,更好地传道授业解惑。

三是开拓教育场所,创办"五老"进校园活动。积极开辟校外"战场",

组织"五老"走进中小学讲授人生故事。组建"桑榆情怀"北理故事讲师团,深入挖掘老教师、老教授的丰富经历和人生感悟,老一辈北理工人讲述北理工与党和国家共进、与时代同行的发展故事,精心打磨录制"初心讲堂"系列课程,作为中小学班课、团课、德育课的重要学习资料,将学校"延安根、军工魂"红色基因和北理工师生为国铸剑、坚韧无我的精神品格传递到广大中小学师生心中。

在不断创新工作思路的同时,学校注重长效机制建设,出台关工委工作规范性文件,建立学院二级关工委工作组织,不断挖掘和凝练桑榆情怀系列成果,结集出版关心下一代教育读物《我的大学生活》《我的北理故事》《我的奋斗足迹》,总结形成了系列成果。在学校关工委的努力下,老中青三代北理工人接续传承红色接力棒,服务国防、永攀高峰,涌现出三代"兵器人""雷达人""车辆人"等典型师生团队,实现了思想政治工作和人才培养工作的有机融合。

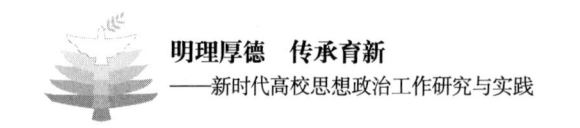

精准定位、实践育人
培养具有时代担当的北理工青年

校团委

科学认识来源于实践，实践是认识发展的根本动力。北京理工大学在延安办学时期，徐特立老校长就提出教育、科技和经济"三位一体"的思想，弘扬"理论联系实际"的学风，形成了实践育人的鲜明特色。多年来，北京理工大学始终站在人才培养的战略高度推动实践育人工作，实践育人已成为学校的优良办学传统和宝贵精神财富，是学生认识社会的首要途径、转化知识的重要方法、提升素质的主要渠道、自我成长的必由之路。

一是聚焦学校特色，强化顶层设计。学校抓住"思想引领""知识积累""服务社会"三个点统一发力，坚持价值塑造、知识养成、实践能力三位一体，不断提升社会实践的精准度和时效性。建立由校团委牵头、学生工作部、教务部、合作与发展部、马克思主义学院等单位共同参与的学生社会实践管理体系，每年研究制定年度社会实践工作方案，立足党和国家中心工作，聚焦学校"延安根、军工魂"文化内核和红色基因特色，策划专项行动，精心设计环节，推进社会实践的课程化、规范化建设。凝练形成"挖掘一个典型案例，参与一场劳动实践，讲述一个感人故事，感受一次成长历练，涵养一份家国情怀"的北理工实践宣言，让大学生在社会实践活动中受教育、长才干、做贡献，真正将社会实践的"好钢"用在提高人才培养质量的"刀刃"上。

二是推进机制改革，建立全程化实践格局。2018年起，学校以实施"担复兴大任，做时代新人"主题教育活动为契机，着力推动和探索"新常态"下的社会实践改革：一是推行"第二课堂成绩单"制度和社会实践信息化管理平台。从结果、过程、增值、综合等多角度对学生社会实践进行质量评价。通过校院两级联动扩大社会实践覆盖面，实现地域、学院、学生和活动时间的"四个全覆盖"。近三年参加社会实践的师生总数逐年上升，人数位居北京高校前列。二是实施"重点项目招标与立项"。征集贴近社会时代热点、切合教师研究方向、适应学生实践需求的重点实践项目，2020年推出"小康路上看中国"系列网络培训课程，打造成"知—情—意—行"一体化的"沉浸式"学习体验，观看量超百万，引起强烈反响。三是组建"专业化社会实践教学团队"。每年遴选优秀教师开展专题培训，强化社会社会实践的学理支撑，实现第一课堂、第二课堂育人同向同行。引入大批教学科研一线教师、党政领导、学生辅导员等管理干部参与社会实践团队，以更高的视角、更开阔的视野指导学生实践，极大提升了社会实践的质量和深度。四是实行社会实践学分、积分并行制度。将大学生社会实践纳入教学计划，实施"创新创业社会艺术实践"积分，学生参与社会实践获得相应积分，积分可转换为通识课学分，进一步提升学生参与社会实践的主动性和积极性，培养具有创新精神和实践能力强的高素质人才。

三是广泛开展实践，育人效果显著。学校围绕立德树人根本任务，构建了社会实践、创新创业、志愿服务等相互补充、融合互动的"大实践"育人体系，将大学生社会实践打造成有品质有温度的"国情大课""思政大课"，连续三年包揽团中央暑期社会实践优秀单位和北京市优秀单位等集体荣誉。

思想引领——用核心价值塑造精神高地，在社会实践中开展大学生的理想信念教育。学校不断加强社会实践工作的政治引领和价值引领，作为塑造青年学生精神高地的重要抓手，将"延安精神""军工文化"等丰富的红色教育资源作为师生思想引领的最鲜活的教材，让时代新人讲述时代故事，用时代故事凝聚时代新人。徐特立学院"重走徐老院长初心路"实践团多次赴湖南长沙、江西南昌、贵州遵义、陕西延安等徐老曾生活和工作过的地方，以"学、寻、述、示、悟"为思路重温徐老革命事迹、重塑徐老光辉形象、传播徐特立精神。将这种精神内化为人生价值的自觉追求，激励广大学生成为徐特立精神的传播者、践行者。

知识积累——深入生产和科技发展一线，在社会实践中实现大学生的专业技能提升。在社会实践开展过程中，鼓励大学生发挥专业特长，将理论与实践相结合，促进实践成果转化。设计了"决胜攻坚战专题行动"，实践团队立足决战脱贫攻坚收官之年，助力实现全面建成小康社会目标，在教育扶贫、科技扶贫、产业扶贫等领域贡献青年力量。材料学院"甄材实学"实践团队的同学们走出高分子材料实验室，在乡村调查中发现了中药材广藿香在止血材料方面的应用价值，历时3年研发了针对不同场景的系列化抗菌止血新产品，并通过"农户＋种植基地＋企业"的扶贫模式带动广东省湛江市21户贫困户增收53.8%，被共青团中央授予全国大学生社会实践优秀团队。

服务社会——深入国家和社会最需要的地方，在社会实践中推动大学生身体力行。积极开展"奋进新时代专题行动"和"同担新使命专题行动"，注重引导广大学生通过社会实践深入基层、贴近群众，承担青年责任，彰显实干精神。开展劳动教育实践，组织学生参与街道文明建设，开展垃圾分类、扶助孤寡老人、协助交通队站岗等实践活动。方山北理工暑期学校是北京理工大学打造的教育扶贫品牌工作项目，自2016年以来，每年暑期选派多支实践团赴方山开展扶贫实践活动，累计500余名北理工师生为3000多名方山中小学生提供了剪纸、书画，机器人、无人机等丰富多彩的课程。同时，青年学生积极走访调研"精准扶贫"成效、与北理工派驻方山县的村第一书记深入交流，了解当地人民接续奋斗的脱贫故事，并利用自主研制的无人机、太阳能热水器等设备开展科技助农、扶贫脱困活动。在他们的带动下，越来越多的毕业生选择到西部去、到基层去、到祖国最需要的地方建功立业，近年来，学校选调生和基层就业人数大幅提升。

体教并重，育人为先

体育部

体教深度融合、有机融合，关乎青少年健康成长，关乎体育后备人才培养，更关乎一个民族的未来。2020年，国家体育总局和教育部联合印发了《关于深化体教融合 促进青少年健康发展的意见》，对推进体教融合提出了8个方面的具体措施。北京理工大学体育部贯彻落实《意见》精神，结合"三全育人"综合改革要求，以"培养爱国之情、砥砺强国之志、实践报国之行"作为教育目标，大力弘扬体育精神、完善体育育人机制、创新体育育人载体，深度推动体育育人工作。

树立育人理念，弘扬体育精神。每年召开体育工作专题会议，统筹做好学校体育工作。以增强体质、掌握技能、培育习惯、塑造人格为目标，将体测成绩作为学生评奖评优的重要依据，教育引导学生积极参加体育锻炼，促进体育与德育、智育、美育有机融合。将校运会、新生运动会、校园马拉松等重大赛事作为对学生开展爱国主义教育的重要契机，将思想政治教育与师生集体训练、活动彩排相结合，引导学生树立竞技意识、锻炼强健体魄、筑牢爱国情怀。

完善育人机制，丰富教育形式。构建学校、院系、社团三级联动的体育竞赛机制，每年举办近百项体育赛事，覆盖万余名学生。2021年的校运会开幕式以"耀我中华""奔跑的青春""党旗飘扬"三个主题开展表演。"耀我中华"由红旗方阵和武术、舞龙等中华传统体育表演队组成，120名同学举着红旗摆出螺旋桨的队形，呈现出快速旋转的画面，寓意国家在党的带领下飞速发展，不断创造新成就；武术队同学们通过运动姿态的变化展示了龙的穿、腾、跃、翻、滚、戏、缠等动作，寓意中华民族的勃勃生机。"奔跑的青春"由8个书院的600名学生共同进行啦啦操表演，展示青年北理工学子洋溢的热情，寓意青年学子矢志不渝的报国之心。"党旗飘扬"是由200名学生组成的党旗方阵，托举着巨大的党旗迎风飘扬，同时通过队形变换出"100"字形，寓意北理工学子在建党百年之际对党和国家的深情祝福。

拓展育人载体，提升育人实效。完善体育课程体系，在传统体育课程的基础上，开设武术等特色体育课程，加大体育研究力度，为提高体育人才培养质量和体育教学质量提供支撑。组建各类高水平学生体育运动队，积极参加国际国家各项高级别比赛，培养出一批为校争光的高水平运动员。其中，北京理工大学足球队自成立以来，积极探索体教融合之路，在国内外赛场取得了众多荣誉，特别是2021年6月克服三线作战赛事密集的影响，以平均年龄最小的参赛队员、压倒性的优势，勇夺全国大学生足球联赛第十一个冠军，展现了当今中国校园足球的最高水平。北理工足球队"支部建在连上"、爱国荣校、勤于思考、勇于拼搏、精诚团结的"制胜法宝"受到兄弟院校竞相学习，北理工特色的体教融合模式、校园足球训练体系，为国家体育人才培养、足球事业发展提供了新思路、新途径。

长期以来，北理工将加强和改进体育育人工作作为落实党的教育方针，坚持立德树人根本任务的重要目标和工作抓手，通过丰富多彩的体育课程和体育活动，展现师生的运动之美、拼搏之美，推动学生德智体美劳全面发展，奏响新时代大学生为中华崛起而拼搏的时代最强音。

"京工飞鸿"一站式服务育人

学生事务中心

"京工飞鸿"一站式服务平台以为全校学生提供"扁平化服务"为宗旨，以再造服务流程为手段，以专业化服务团队为依托，建立健全服务育人体系，实现学生服务工作向常态化、规范化、专业化发展。目前已涵盖校园快件及代办、学生证件办理、学生证明开具、学生资助服务、学生公寓服务、综合服务、自助服务等8大类30余小项业务，建立了现代化校务服务体系，提升了服务育人实效。

一是开拓"一站式"服务新形态。"京工飞鸿"取自学校简称"京工"与"鸿雁传书"典故，寓意高速便捷的交流沟通方式。2017年，基于中关村校区和良乡校区路程较远、师生沟通不便等情况，学生事务中心建立"京工飞鸿"两校区快递服务，为两校区师生进行跨校区的资料传递提供免费服务。在实践过程中，"京工飞鸿"根据师生诉求，不断拓展服务内容、升级服务事项，持续加强与各部门协调联动，发展一站式服务新形态。拓展了包括在校证明开具、公寓服务、公费医疗报销、户籍卡借用等各类生活服务项目，实现多项业务"一站式集成办理"，简化了服务流程。同时，学生事务中心积极拓展线上线下相结合、人工服务与自助服务相结合的业务办理模式，着力建设自助服务区，打造信息化、现代化的校务服务体系。

二是打造专业化服务队伍。现代化校务服务体系的建设，离不开专业化的服务队伍。"京工飞鸿"一站式服务，依托于研究生助管与勤工助学本科生，通过学生自我管理和自我服务，让学生参与到校务运行与管理的实践中来，从而实现服务育人。定期组织开展学生助理业务培训和团队建设，形成规范有序、积极向上的服务氛围；同时，在服务的过程中充分发挥学生主观能动性，引导学生在社会角色的体验和扮演中获得他人的认同，收获精神层面的愉悦与满足。目前，"京工飞鸿"一站式服务学生助理团队建设渐趋完善，团队结构与岗位配置逐步优化，建立起学生助理与老师的联动机制，实现了定向引导、动态监督的管理模式，全年可提供实践岗位120余个，聘任学生助理超过260人，已逐步成为我校学生参

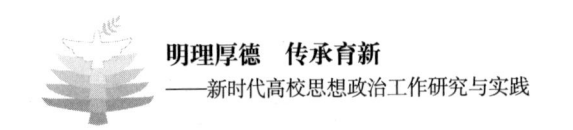

加实践活动与志愿服务的有效平台。

三是持续改善服务环境、提升服务实效。在学生事务大厅内设置叫号机、咨询台、办事窗口、等待区、自助查询区等，为学生提供整洁而温馨的办事环境，增强学生服务工作的规范化、标准化、智能化、人性化。与校医院、档案馆等学校职能部门的协调联动，以学生需求为出发点推陈出新，拓展众多小而精、精而优的贴心小服务。例如，与学生档案室联动，改进新生《入学登记表》填报模式，全部采用"线上填报—线下确认"相结合的便捷操作，有效提高数据复用的利用率；新增火车票学生优惠卡自助终端设备，实现学生自助操作写卡、查询、充磁等功能；新增学生注册报到自助机，实现自助报到注册，减少人工环节。信息化设备的加持，推进了线上线下育人平台协同发展。

"京工飞鸿"服务育人平台坚持学生为本的服务理念，全年累计处理学生事务10万余次，有效发挥了服务育人的功能。

"经济资助、成才辅助"
——为困难学生成长发展保驾护航

学生事务中心

北京理工大学始终坚持"经济资助,成才辅助"的理念,完善"经济帮扶、能力发展、素质提升相结合的多元一体"的学生资助体系,全力打造多方位、全过程的服务型资助平台,实现对所有家庭经济困难学生的全覆盖,切实帮助每位学生在追求梦想的道路上不断前行。

一是抓住入学重要节点统筹部署,确保家庭经济困难学生顺利入学。设置"绿色通道",为家庭经济困难学生提供一站式服务。设置"资助政策咨询服务台",发放《北京理工大学学生资助手册》,公布学校资助热线电话和邮箱,为同学们解答资助工作相关的各类问题。为经济困难学生提供"爱心礼包",包括衣架、漱口杯、垃圾桶、洗脸盆等十三种日用品。设置新生缴费项目资助专席,具体包括缓缴学费住宿费专席、国家助学贷款登记专席、爱心基金专席,为家庭经济困难学生解决后顾之忧。

二是严格落实各项资助政策,保障相关学生正常学习生活。新学期开始后,学生资助中心及时启动各项资助政策,发放奖助学金,保障家庭经济困难学生的正常学习和生活。为本科生发放国家助学金,及时发放研究生助学金。提供助管助教岗位和勤工助学岗,面向经济困难学生优先招聘,鼓励他们通过劳动解决生活困难。面向少数民族籍困难学生开展专项资助工作,帮助少数民族学生顺利完成学业。严格落实服兵役高等学校学生国家教育资助相关政策,对应征入伍服义务兵役、招收为士官、退役后复学或入学的学生实行学费补偿、国家助学贷款代偿、学费减免。召开学生资助政策宣讲会暨奖助学金说明会,面向全体学生开展资助政策宣讲,详细介绍学校奖学金、助学金、国家助学贷款、勤工助学等资助政策,开展奖、助学金线上申报培训,帮助学生更好地了解学校相关政策。

三是针对特殊群体建立应急联动机制,为受灾学生提供暖心保障。2021年,河南特大洪涝灾害发生后，学校迅速组织排查，做到全面了解受洪涝灾害影响学生人数及其家庭情况。组建由辅导员、河南省招生组、学校资助中心组成的三支工作队伍，全面排查受灾学生情况，做到重点情况及时上报。在学校网站和微信公众号发布官方通知《稳住！我理学子，北理工就是家，如遇困难请速回电！》，及时安抚受灾学生情绪，第一时间开通资助网络平台、热线电话和邮箱，安排专人值守专人解答，及时了解灾区学生和家长的困难和困惑，耐心宣传学校的资助政策，消除学生和家长的入学顾虑。发动全校师生通过微信群、朋友圈、QQ 群、微博、抖音等新媒体途径转发学校的通知，让每一位河南籍在校生，每一位即将步入大学殿堂的 2021 级河南生源新生，每一位在河南省内参加社会实践活动和科研项目的在校生，接收到母校的关心和关爱，鼓励他们积极配合当地政府的安排，在能力可及范围内积极自救，注意防汛防灾及出行安全。目前，已为 100 名河南受灾学生发放临时困难补助约 11 万元，涉及河南省 21 个县，其中河南生源 2021 级新生约 30 人。

北京理工大学恪守"决不让任何一名学生因家庭经济困难而辍学"的庄严承诺，培养学生"先自强、再自立、能诚信、敢担当、知感恩、有回馈"的意识，使家庭经济困难学生从"他助"到"自助"再到"助人"逐渐进步，完成蜕变，切实提高资助育人实效。

以"职话·心声"品牌活动为依托，加强大学生就业指导与服务

学生就业指导中心

面对逐年递增的毕业生数量以及用人单位对于高素质、复合型、创新型人才的要求，学生就业指导中心推出"职话·心声"系列品牌活动，以学生成长成才为目标，将新媒体工具、生涯发展理论和朋辈辅导应用于大学生就业指导与服务中，用"职话"诉"心声"，提升精准就业指导的服务质量，在"最难毕业季"实现毕业生及时就业、充分就业、满意就业，不断提高就业质量。

一是持续投入优质资源，打造高水平就业指导团队。为应对学生就业和心理的交叉问题，整合专家资源，专门成立"职心工作室"，以线上线下团体辅导的形式，解决职涯发展困惑与心理问题叠加的难题，开展线上就业教育和心理疏导工作。选聘专业心理咨询老师担任工作室老师，运用心理学和教育学相关理论，搭建与学生之间的"心声"沟通桥梁，及时缓解学生焦虑心理，引导学生树立正确择业观、就业观。打造"职话"朋辈导师库，将朋辈互助式辅导应用于大学生就业指导和服务实践中，利用学校就业平台优势和校友资源，邀请来自国家部委、机关、企事业单位等70余名优秀校友加入导师库，为学生选配最具有亲和力和感召力的"职话"导师。

二是用好线上线下平台，提升就业指导服务效率。在学校就业网站开通"问答"栏目，随时解决学生遇到的求职问题；开通"职话·心声"专栏，收集学生的心里话、故事和收获感悟，了解学生当下的求职压力、就业困扰，为学生提供一个解决困惑、回应倾诉、释放压力的途径；开通"北理就业""北理云就业"和"就小业耶 yeah"等新媒体平台，实现学校和学生之间高效、良性互动；举行线上就业咨询会，邀请就业专家解答学生关心的求职问题。组织求职线上直播分享会，开展线上个体咨询，积极适应"面对面"到"屏对屏"的转变。

目前，职心工作室已举办线上线下活动百余期，参与学生满意度超过90%，学生纷纷表示，就业指导活动极大地缓解了就业焦虑，能够帮助自己正确认识个人优势和不足，鼓起信心和勇气理性就业。

以志愿公益类社团为载体，筑牢建强实践育人特色平台

机电学院

北京理工大学机电学院以志愿公益类社团为载体，筑牢建强实践育人特色平台。2006年创设北京理工大学科普宣讲团特色实践平台，通过设立科普基地、举办宣讲大赛、宣讲科普课程、组织社会实践活动、参与科普志愿活动等方式，引导大学生在志愿公益实践中提升综合素质能力，在师生中形成讲科学、爱科学、学科学、用科学的良好氛围。

一是成立全国高校首个致力于科学普及工作的学生社团。全力打造以志愿公益为平台，以科学普及为鲜明特色的品牌社团，以之为载体助力学生实践能力养成。凝练"科学在你身边，普及由我做起"的社团口号，以及"增强合作能力，培养实践能力，激发创新能力，提高科学素养"的社团宗旨。创新社团管理模式，通过建立社团功能性党、团支部，逐步构建及完善相关人才培养链条，把日常社团活动与党员培养结合起来，形成了具有典型性经验、可供复制的人才培养平台和长效机制。综合运用"请进来"和"走出去"两种方式，一方面邀请专家学者来学校为广大师生作讲座报告，另一方面派大学生志愿者走出校门为广大中小学生进行科普讲座，深入贫困地区广泛开展科普宣讲和支教活动，宣传普及国防和现代科技知识，引导学生用自身专业知识服务社会，为科普事业贡献力量。配强社团指导教师，持续吸纳专业知识扎实、综合素质突出、奉献意识强烈的优秀本科生及研究生骨干，促进科普宣讲团健康有序发展，持续影响带动学院其他学生。

二是构建影响辐射全国范围的长效科普宣讲网络。科普宣讲团十几年如一日，深入山西、贵州、西藏等7个省份的贫困地区中小学开展科普支教，科普公益行累计行程已达10万余公里，举办公益性课堂上千余场，受益人数达4万余人，为广大贫困和教育资源短缺的地区带去了先进的科学知识，激发全国各地中小学生对国防科技与新兴科技的兴趣与热爱。科普宣讲团在开展科技文化普及工作同时，深入开展大学生暑期"三下乡"、"担复兴大任、做时代新人"等实践项目，打造

北理工公益科普社会实践品牌,积极促进实践成果的多样化、精品化和实践育人的深层化,汇编出版3本科普书籍。在利用传统媒体进行科普宣传的同时,充分利用新媒体,如微信、微博、知乎等平台进行科技文化的普及工作,建设微信公众号"北理工科普宣讲团",通过公众号推送相关信息资料,有力地配合了线下活动的进行,成为信息推送以及实时互动的良好平台。

三是实现青少年科普基地与科技辅导员培训基地联动。机电学院在归纳总结科普宣讲团多年实践经验的基础上,创建了北京理工大学科普宣讲基地、北京市科普基地及全国青少年科技辅导员培训基地。制定《北京理工大学科普宣讲基地管理条例(试行)》,对科普基地建设的目的及意义、主席团管理制度、各部门管理制度、科普工作方案及条例等进行了详细的阐述,有效保证了各项活动更为规范、高效地开展,构建起全方位多层次的科普宣讲体系。在该制度体系下,形成了一支长期稳定的具有一定实践创新能力的科普宣讲队伍。依托科普基地,一方面直接向学生提供能够为青少年普及科学知识的练兵场,通过设立科普基地公众开放日,开展校际交流、参观与学习,接待大中小学校考察实践,承担北京青少年科技后备人才早期培养工作等方式,多管齐下,促进科普基地发展;另一方面推进科技辅导员培训体系建设,提高培训质量,提升科技辅导员专业能力,扩大科普教育的受益面和覆盖面,打牢学院科普工作基础。

四是以科普为中心,打造"四位一体"实践育人体系。将举办宣讲大赛、开设科普课程、组织寒暑期社会实践、参与科普志愿活动有机结合,激发大学生的社会责任担当意识,促进大学生在实践中进一步完善知识体系,提升创新意识,实现实践育人制度化专业化常态化。连续9年成功举办科普宣讲大赛,吸引700余支队伍数千大学生参赛,内容围绕军事、人文、体育、艺术、历史等方面以及主讲人自身相关专业及擅长领域,有效引导并培养学生的学习思维与想象力。大赛不断提升科普宣讲实效,保证了学生科普工作队伍长设常新,吸取新鲜科普力量不断深化科普宣讲影响力。建立经典课程库,收录历年经典宣讲课程,设计开发230余门精品科普课程,科普课程以科学理论、科学实验为基本出发点,采用实验、舞台剧等多种表现形式,紧贴生活实际,特色鲜明、内容全面,在中小学师生中获得一致好评。在国家聚焦脱贫攻坚和乡村振兴的宏观背景下,积极组建暑期方山实践团,发动并吸纳了"科普宣讲大赛"中涌现出的优秀主讲人,课程累计超过150学时,有效助力教育扶贫。利用暑期进行个体—企事业—政府的多层次、多方位社会热点问题调研。同时,学院指导学生先后参与多项青少年科普

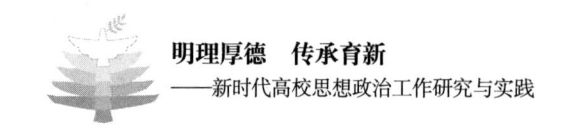

比赛志愿者活动，收获了各个组委会的一致好评和多封感谢信。丰富的实践活动在给贫困和教育资源短缺的地区带去先进科学知识的同时，实现了思想引领与价值塑造，有效提高了参与学生的社会实践能力和实践创新能力。

北理工机电学院科普宣讲团工作得到了中国科协、中国科普研究所、山西省科协的大力支持和关注，受到了中国青年报、北京青年报、山西青年报、齐齐哈尔日报等主流媒体的广泛关注，为我国科普工作的广泛开展提供了借鉴。学院科普宣讲基地和科普宣讲团荣获全国大中专学生志愿者暑期"三下乡"社会实践活动优秀团队、第五届"互联网+"大学生创新创业大赛北京赛区二等奖、"创青春"首都大学生创业大赛金奖、"希望工程激励行动"资助、首都大中专学生暑期社会实践优秀团队、"青春北理"榜样团队、"德学理工"十佳项目等多项荣誉。

突出师德规范与育人实绩
打造吸引教师潜心育人长效机制

机械与车辆学院

北京理工大学机械与车辆学院党委始终坚持立德树人根本任务，深度把握"三全育人"视域下的大思政工作格局，高度重视将制度建设作为促进并吸引教师参与学生思政教育、潜心育人的重要抓手，逐步梳理并完善了一系列职称评聘、考核奖励等制度文件，初步形成了全员积极参与育人工作的良好氛围与工作格局，逐渐形成了"基本工作量"+"代表性成果"双驱动的考核与评聘制度，对于教师参与人才培养、思政工作、创新指导、心理关注等方面进行要求，探索出了吸引教师潜心育人的长效机制，助力人才培养工作与育人工作取得实效。

一是构建一体化育人体系，打造"人人都是思政工作者"的育人文化。

落实学校《关于进一步提高人才培养质量的若干意见》《关于加强和改进新形势下学校思想政治工作的实施方案》等文件精神，建立和完善"基本工作量"+"代表性成果"双驱动考核与评聘制度，制定学院各类文件时设置教师参与大学生的思想教育、学业辅导、党建指导、生涯引导、心理疏导等与人才培养、学生成长发展密切相关的工作内容的考核认可条目，营造并形成教师积极参与、认真落实学生思政教育工作及"三全育人"各项任务的良好氛围，不断构建学院党委统一领导、党政齐抓共管、师生共同参与的一体化育人体系，推进形成全员全过程全方位的大思政工作格局，打造"人人都是思想政治工作者"的育人文化。

学院坚持把师德建设放在教师队伍建设首位，健全师德建设长效机制，进一步推动师德建设常态化、长效化，建设一流的教师队伍。系统推进信念领航、师德固本、博学明智、大爱铸魂计划，健全师德师风长效机制。加强机制建设，用机制保障师德师风建设。对新进教师实行学院和基层党组织师德考察，在各个环节实施师德"一票否决"。将教师师德规范与育人实绩列入文件，吸引教师潜心育人，形成良好育人氛围。

完善学院职称评聘文件，将教师师德规范与育人实绩列入评聘考核指标，吸引教师潜心育人。教学研究型正高级职称，在育人方面需要满足的条件是：担任班主任4年以上；将积极参与学生思想教育、指导学生成长发展、积极参与指导学生科技创新活动和社会实践活动、积极参与课程育人实践活动等作为教师育人实绩考评的重要方面，覆盖学院新、老体系全部教师岗位，通过细化教师岗位职责清单明确教师育人职责。

逐步加大对于教师参与学生思政教育工作、"三全导师"工作、班主任工作、科创指导工作等方面的奖励力度，达到鼓励全员教师积极投入参与"三全育人"各项改革任务的目的。贯彻"以人为本、人尽其才"的理念，重点在校内建设一支由专业教授牵头、青年教师主责、学工队伍全过程跟进的思政育人导师团队。

二是强化课程思政与专业教育、实践教育的有效融合，形成具有专业特色的育人模式。

重构本科培养方案，将课程思政的要求融入教学大纲，覆盖100%课程。聚焦课堂教学主渠道，有机融入"延安根、军工魂"红色基因教育元素，将爱国主义教育、红色基因精神内涵和师生先进典型作为鲜活案例全面融入教育教学之中。强化思政教育与专业教育的深度耦合。通过生涯发展论坛，教师"青咖会"学术微论坛促进学生成长引领。完善管理科学化、服务全程化的学生职业生涯能力提升计划对学生开展全过程的成长发展引导。

构建"全程化、重创新、多模块"的实践育人体系，让学生在更系统的实践锻炼中受教育、长才干。在中国国际"互联网+"创新创业大赛中佳绩不断，学院参赛团队成绩在全国高校院系中位居前列，2018年荣获全国总冠军，近三年学院累计取得8金10银。北京理工大学无人驾驶方程式车队夺得中国2020年大学生无人驾驶方程式大赛冠军，成为"三冠王"。北京理工大学翼昇节能车队（油车）（电动车）分别获得壳牌汽车2020环保马拉松全国冠军和季军。在"全民抗疫 共抗时艰"的历史时刻，科创党支部"化危机为机遇"，直面挑战，从不放弃，刻苦奋斗，保障创新创业赛事代表性成绩的上升。

三是多措并举建强师资队伍，为教师打造干事创业良好平台。

以组织全面高素质的教师队伍为着力点，使人才培养更有活力，学科建设基础更加扎实、动能更加强劲。通过强化师生互动，加强教育感召，让所有教职工都挑起"思政担"，所有课都上出"思政味"，发挥全员在课堂教学、实践教学、本科生导师制等教学通道中的德育共同体作用，让思想教育和知识教育相伴发力，共同激发学生自我发展的内生动力。加强对一线教师和一线思政工作队伍的教育感召和能力锤炼，强化导师的师德师风建设，开展多样化、持续性的教师思政进修。

坚持党管人才原则，不断强化"人才强校"战略，努力为"双一流"建设打造有力的师资队伍。2018年获批青年千人3名、美国机械工程学会会士1名等一批优秀教师。坚持自主创新，科学研究再创佳绩。获省部级及行业一等奖7项，获批军委科技委重点项目3项、国家重点研发项目1项，全年到校科技经费突破4亿元。坚持育人为本，全面落实立德树人根本任务。获批教育部新工科项目1项，机械工程专业通过专业认证；牵头获北京市教学成果一、二等奖各1项，获卓越联盟教学创新大赛一等奖1人，获迪文研究型课程优秀团队奖1项。牵头获中国学位与研究生教育学会教学成果奖一等奖1项，获行业学会优博和提名奖6篇，获"实习实践优秀成果获得者"和"做出突出贡献的工程硕士学位获得者"荣誉称号2人。

打造了"32"教研室品牌、主办了"研磨拾光"学术沙龙；出版育人著作2部、在研及完成校级及以上课题、发表论文20余项。在教师队伍中树立爱岗奉献、投身科研的孙逢春院士、项昌乐院士、全国模范教师薛庆教授等教师模范典型，发挥全员育人效应，推进校际协同队伍建设。打造专业化、高水平思政工作队伍，在校内建设一支由专业教授牵头、教师及专兼职学生工作队伍全过程跟进的思政育人导师团，在校外特邀各行各业的优秀人才共同担任学术、创新创业导师，充分调动教育教学、管理服务和校企合作等多方面的教育资源，促进产学研用和社会服务。

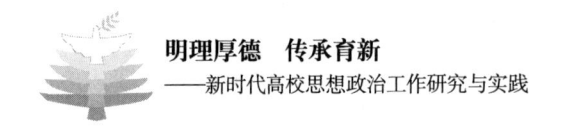

"旋转的陀螺"大学生科创育人体系探索实践

自动化学院

北京理工大学自动化学院紧紧围绕"双一流"建设，坚守为党育人、为国育才的初心和使命，坚持立德树人根本任务，以理想信念教育为核心，以社会主义核心价值观为引领，全面扎实推进"三全育人"综合改革，着力培养担当民族复兴大任的时代新人。在科技创新方面，结合学院专业宽口径、跨学科、跨行业特点，遵循学生成长规律和教育规律，提出了"价值引领、兴趣驱动、创新发展、知行合一"的育人理念，坚持知识体系教育同思想政治教育相统一，不断营造良好的教风学风，扩大学院创新品牌的影响力，营造学生创新发展的育人文化。

学院总结梳理学生科技创新实践经验，坚持思政教育与创新创业教育相融合，深度挖掘身边榜样人物的示范作用和优秀特质，凝练出"专注、务实、进取、超越"的"旋转的陀螺"学生科创文化，并以"自控之星""青春榜样"等选树活动作为广泛传播渠道，配套建设"本科生导师制""德育答辩""科创导学"等长效工作机制，形成了以"旋转的陀螺"精神驱动的育人体系，全面统筹教育教学各环节、科技创新各方面的育人资源和育人力量，挖掘科技创新中的育人元素，聚焦创新型人才培养，引导学生在实践中强化家国情怀，提升个人素质，成长为"胸怀壮志、明德精工、创新包容、时代担当"的领军领导人才。

一是全员协同，形成齐抓共管教育合力。着力深化科创导师制，实施本科生全员导师制，从大学三年级开始，所有本科生进入专业实验室或科研团队，由硕士生导师及以上教师作为学生创新创业导师，并将学生双创教育与本科生毕业设计、本硕博贯通培养相结合，双创题目作为毕业设计选题，导师作为本科生毕业设计指导教师的同时，可优先成为学生研究生导师。聘任优秀校友作为双创校外导师，学院每年为每名校外导师提供经费，并向所在公司推荐优秀学生实习就业，校外导师同时指导学生结合实习工作开展毕业设计，提升运用所学知识解决实际问题的能力。建立学院双创专家指导委员会，委员会由具有丰富双创经验的指导教师、校友、历届获奖学生组成，主要负责学院双创项目的选拔、指导和提升，作为院级双创比赛的评审机构。

二是全程引导，逐步夯实科技创新基础。建立分年级分层次科创体系，采用"低年级进基地，高年级进团队"的方式，针对不同年级差异特点，构架合理的人才培养路径，协调各方资源，引导学生多路径发展成长；对于低年级学生，根据其兴趣点安排科普论坛、讲座、交流会等基础学术活动，引导学生树立科研意识，筑牢学术基石；对于高年级学生，在深度参与实验室科研项目的同时，对低年级学生展开"传帮带"，形成"低年级—高年级—研究生—指导老师"分年级分层次科创体系。建立科技创新激励制度，实行荣誉学分制，将科技创新激励与课程设置、学生综合能力评价、推荐保送研究生工作等相结合，纳入人才培养方案和学生考核评价体系中，与各类奖助学金的评定、荣誉称号的评选、教师考核评审等密切关联。实行学生双创与实践课程互认机制，将创新思维意识、竞赛基础知识、科技创新相关的课程直接设立为选修课，为参与科技创新的学生开放重点实验室和各类实验教学示范中心，鼓励跨学科组建联合团队，进一步加强学生双创基地、队伍和学生组织建设。

三是全方位贯通，健全创新教育体制机制。有效搭建"三全"育人平台。构建"学生、辅导员、教师"共同体，整合"团队、学院、学校"平台资源，深化"校赛、市赛、国赛"赛事驱动，形成了"引导—培养—深化—升华"的分阶段指导、递进式创新实践教育模式。遵循"思想引领和专业传授融合、创新培养和实践教育融合、知识拓展和能力提升融合"的路径，将第一课堂和第二课堂有效衔接，形成良性互动。建立科技创新基础物质奖励制，对指导双创项目和竞赛的教师和参与的学生进行一定程度的基础物质奖励，激发教师和学生参与的积极性。提供完备的科创实验研究平台，并实行严格管理，合理配置资源，提高场地使用效率。搭建"实验中心、创新基地、北理讲堂、社会实践、科创团队"五大类元素融合的育人平台，在实践中统筹协调各类平台优势，有效解决学生创新过程中的硬件要求，促进教学、实践与思想政治、创新创业相融合。培养双创学生和高水平队伍，划拨专款作为学生科技创新活动和各项学科竞赛的专项经费，每年举办学院级别的双创选拔比赛，资助高水平队伍参加国内、国际比赛。

近年来，学生的工程创新实践能力明显增强，学生参与科技创新的人数比例显著提高。学院学生获"挑战杯"全国大学生课外学术科技作品竞赛特等奖1项、一等奖3项、"创青春"金奖2项、日内瓦发明展金奖3项、工信部创新创业特等奖 1 项。近三年共获省部级奖项 70 项，国家级奖项 153 项，国际级奖项 35 项；获得"互联网+"大学生创新创业大赛全国金奖 1 项，银奖 6 项，铜奖 3 项，创造学院历史最好成绩；9 年 8 次捧起校内"世纪杯"科技创新竞赛最高奖项。智能地面移动机器人创新团队入选大学生"小平科技创新团队"，获 ICRA 2019 RoboMaster 人工智能国际挑战赛总冠军，承办 Robomaster 2021 北区赛，网络受众超过 1000 万+。参与课外科技创新并获奖的本科学生升学率逐年提高，研究生就业率达 100%，部分学生搭乘"双创"的东风，走向实体创业。

面向"两个一百年"奋斗目标和实现中华民族伟大复兴中国梦对人才培养提出的要求，北理工自动化学院以"旋转的陀螺"创新文化为价值引领，形成了"教师人人带学生做创新、学生人人跟教师做创新"的良好氛围，着力打通"实践育人最后一公里"，切实推动"三全育人"综合改革取得实效。

强筋健骨，数学育人
——新时代"红数林"基础学科育人实践

数学与统计学院

"基础研究是科技创新的源头"。基础学科人才是支撑强国战略的重要力量。新时代"红数林"基础学科育人实践项目致力于破解如何吸引最优秀的学生投身基础研究这一人才培养的重大问题，充分整合基础学科优质育人资源，结合数学学科人才培养特点，通过充分发挥思想政治教育的引领导向作用、打造协同育人平台、创新育人品牌活动等方式，推动思想政治教育与数学文化教育相结合，显性的数学教育和隐性的红色教育相结合，培养优秀数学学科人才。

一是凝练设计"两条主线"，打造人才培养有力抓手。"两条主线"即"一条教育主线"和"一条实践主线"。"教育主线"通过"数学"这个大学、中学、小学的交集点，以数学课程学习、数学文化传播为切入点，探索面向基础学科人才开展思想政治教育大中小贯通培养的新模式；"实践主线"聚焦开展讲座论坛、比赛实践等特殊活动，打造学校与家庭、社区、企业联动的基础学科人才培养实践平台，厚植基础学科人才发现和成长的土壤。通过"两条主线"培养学生具备"忠诚、自强、真理、担当、坚守、践行"六种核心素质，使其具备习近平总书记提出的"胸怀祖国、服务人民的爱国精神，勇攀高峰、敢为人先的创新精神，追求真理、严谨治学的求实精神，淡泊名利、潜心研究的奉献精神，集智攻关、团结协作的协同精神，甘为人梯、奖掖后学的育人精神"，涵养家国情怀、坚定使命担当。

二是构建"红数林"育人社区，打造协同育人平台。"红数林"育人社区是学院贯彻"三全育人"理念，推动实践"大师引航、实践锤炼、国际滋养、特色成长"育人模式的有效探索。"红数林"育人社区面向全校师生开放，开展日常答疑"教授咖啡讲座"、讨论班观摩、课程串讲、数学文化节、学业指导等活动，将育人功能引入学生生活空间，打造出了一个数学课程思政的延伸空间、科学家精神的孵化基地和师生共学共促的育人平台，有效提升了人才培养实效。设立"红数林"科创月，依托学院"信息安全的数学理论与计算"工信部重点实验室，开展学生科技创新的立项指导。通过学院与莫斯科蒙诺索夫国立大学建立"计算数学与控制联合研究中心",给学生提供扩大国际视野、加强国际交流的平台。"红数林"育人社区通过激发成才主动性和科学家精神培养相结合促进学生思想进步,不断激发学生对数学的兴趣和热情,以及对科学研究的向往,培养攻坚克难、坚持不懈、学术报国的情怀。

三是打造"π计划"主题实践品牌,拓展校内外育人空间。"北理工π计划"主题实践活动,是以数学文化传播、青少年数理能力提升为重点的数学科普活动,以数学科普讲堂、数学游戏、数学话剧、数学主题广场等形式展现严肃的数学逻辑、渐进的教育内容以及现代的技术手段,引导学生在实践体悟中加强对数学的理解和认知。2021年暑期,"π计划"团队走进贵州省毕节市七星关区第三实验学校、黔西市洪水中学、金沙县大田乡初级中学、大田乡完全小学、铜仁市石阡县人群小学、江口县怒溪镇棉花村、石阡县大沙坝乡坡脚村、铜仁市江口县梵瑞社区(贵州省贫困地区集中异地搬迁社区)等23所学校和乡村开展数学文化宣讲活动,开展了"π讲堂"数学科普微讲堂、"数学欢乐谷"数学游戏、"'数'剧社"数学话剧展演、数学文化空间建设、数学流动书屋建立等数学文化传播活动,形成《藏在艺术里的数学》等数学科普课程13门、创作《笛卡尔》等数学话剧2部、《数学王国》等数学文创产品15项,累计向中小学赠送数学书籍、制作数学教具300余套,建立数学文化空间200平方米。同时与北京陈经纶中学、贵阳一中、遵义四中等学校,开展高中与大学数学衔接课程设计与建设,开发大学数学先导课程,加强数学课程思政的延伸贯通,编写数学学科竞赛指导书籍,充分发挥了数学学科社会服务功能,引导学生在实践体悟中感受数学之用、数学之美。

"博约底蕴,思政贯穿"
——博约育人体系的构建与实施

物理学院

北京理工大学物理学院以"加强物理基础研究,培养一流创新人才"为培养目标,瞄准国家重大需求,传承并践行"宁拙毋巧、宁朴勿华"院训,完善学科特色"博约"文化品牌建设,将物理学科和应用物理专业文化融入教育教学全过程,不断优化总结,凝练并逐步完善了"党建+德育+学术"的博约育人体系,构建物理特色科研育人模式,进行全员全程全方位育人。

一是系统设计,凝练"三位一体"培养理念。应用物理学专业面向学科发展前沿,进行本硕博一体化培养系统设计,推动理想信念塑造、知识体系构建、创新性思维养成"三位一体"贯穿人才培养的全过程,全方位提升学生的综合能力,充分发挥物理基础学科对工程学科的支撑引领作用。主要做法有:深入挖掘物理学科中的物理精神和科学方法,结合学院博约文化氛围,塑造学生的理想信念;加强理工融合,对知识结构进行精简优化,突出基础科学源头创新,多角度、全方位进行创新能力培养。博约育人体系构建并实施以来,学院面向国家重大战略需求和国际学术前沿,努力破解物理学科发展困境,不断凝练崇尚科学、尊重创新的物理学科文化理念,积极营造鼓励创新、宽容失败的良好氛围,出版教材8本,翻译教材8本;发表教研论文30多篇,4人获评北京市高校教学名师。2011—2019年本科生获"互联网+"大学生创新创业大赛等国家级奖20项、省部级奖105项,发表论文66篇。形成了更加有利于基础物理学科拔尖创新人才脱颖而出的文化氛围和政策机制,培养造就一大批具有高度文化自觉自信的物理拔尖创新人才。

二是课程育人,站稳守好课堂教学主阵地。组织学院全体教师总结凝练物理学科中蕴含的人文素养、科学精神、典型模范等课程思政点,构建物理学科特色思政素材库,并不断优化补充。在公共课、专业基础课的教学设计中,突出思想引领,注重把思政元素融入物理课程教学中,"大学物理""普通物理Ⅱ热学""普通物理Ⅲ电磁学""物理学史"等课程获评2019年本科生"课程思政"教学设计优秀案例；学院教师每年受邀在"文科类物理课程工作委员会成立大会暨文科物理及科学素质教育类通识课程建设研讨会"上做公开示范课展示。近6年来，学院多门课程入选学校慕课首批建设课程，在爱课程中国大学慕课平台上线慕课9门；2016年获批国家精品视频公开课1门；2018年获评国家精品在线开放课程1项，获北京市教育教学成果二等奖1项；2020年获评国家级线上一流课程1门、国家级线上线下混合一流课程1门、北京市优质课程1门；2021年获北京市首届高校教师教学创新大赛特等奖1项。

三是文化建设，塑造独具特色的物理学科文化氛围。博约育人体系的底蕴是学院长期以来形成并坚持的博约文化。物理学院历时十余年进行博约文化建设，积极开展文化传承和文化创新活动，逐渐形成了博约文化体系，并利用文化氛围的熏陶增强师生学科文化认同和文化自信。物理学院传承并践行"宁拙毋巧、宁朴勿华"的院训，将物理学科文化融入教育教学全过程，建设了博约大讲堂、博约学术讲座、博约沙龙等学术文化品牌活动。强化实践养成，精心设计开展形式多样、内容健康、格调高雅的文化活动，充分调动师生参与文化建设的积极性、主动性、创造性，不断提升师生文化素养。建设了博约社区、博约书房、博约咖啡等文化品牌，以此增强师生交流，形成文化育人润物无声的效应。加强文化物质载体建设，注重挖掘与展示学科重要的历史档案、重要科研作品及重要文化资料，推进院史、物理学科史的研究和成果出版，开展文化精品项目建设，通过成果展栏等方式进行院史育人，增强学生的文化自信。

四是科教结合，多方聚力拓展育人平台。统筹国内国际多方优势办学资源，扩宽学生创新能力和综合素质培养途径。通过博约学术讲座、专业实习、科研实训等课程，把学术研究培养延伸到本科高年级阶段，使优秀学生提前进入高水平科研团队。不断优化科研环节和程序、完善科研评价标准、改进学术评价方法等方式，提升科研育人的功能，形成了一批具有物理特色的科研育人案例。推荐优秀教师担任学术导师，引导和鼓励学生从事基础科学问题的研究，打通从应用学科转向基础学科培养的桥梁。建立学生自主运行的"创新创业梦工厂"，与长三角物理研究中心共建"学生双创实践基地"，把物理前沿和工程前沿问题以小课题形式融入科研实训课程，培养学生创新能力，逐渐形成了融科研、企业、红色实践为一体的实习实践育人模式。通过聘任学术导师、共建实训类课程等方式，深化与科研院所的合作，加强"科教结合、协同育人"力度，打造北理工、中科院、国际多方协同的综合育人平台。

物理学院探索建立有利于基础物理学科发展和学科交叉融合的人才文化、学术文化和创新文化体系，促进科学研究、学科建设和人才培养有机结合，为推动一流物理学科建设提供强大精神动力和文化支撑。

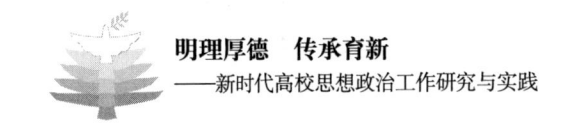

培根铸魂　　启智润心
——在就业指导中加强大学生思政教育

化学与化工学院

当前大学生就业形势日益严峻，做好大学生就业指导工作任重道远。北京理工大学化学与化工学院以社会需求为导向，以创新人才培养模式为着力点，在持续提高人才培养质量和学生核心竞争力的同时，全力构建"全院同心、师生同力、校企同盟、学生同行、保障同步"的"五同"就业工作模式，将思想政治教育融入学生毕业、择业、就业全过程，为学生高质量就业、充分就业打下坚实思想基础。

一是完善多层次、全过程的精准就业指导服务体系。学院成立以书记和院长为组长的就业工作领导小组、研究所就业工作小组及毕业生就业办公室，实施"一把手"工程，提出"人人都是就业工作者"的口号，切实做到了工作机构、工作人员、工作经费、工作场地"四到位"，形成了"一把手亲自抓、分管领导专门抓、就业干事具体抓、相关部门配合抓、各研究所主体抓"的毕业生就业工作机制。立足新冠肺炎疫情影响下行业人才需求和学生择业就业指导服务诉求的新特点，相继策划开展了"出谋划策""我为群众办实事"等系列主题就业指导品牌活动，通过就业指导专家、企业人员、校友、朋辈榜样现身说法，面对面沟通交流等方式，引导毕业生树立正确"成才观""职业观""就业观"。

二是建立高质量、全方位就业指导师资团队。设立学院就业人员系统，组建一支以就业指导专职人员为主，学院领导、学生辅导员为辅，学校就业指导专家、学院导师、企业专家广泛参与的就业指导师资团队。以各研究所老师、各班级负责人为抓手，精准滴灌式地做好学生就业指导服务，进一步重心下沉、服务前移。对全体毕业生公布就业建议箱，应需策划开展"校友锚""求职训练营""求职巴士""人才引进政策贴士"等活动；对全体教师就业工作进行一周一期的进展通报，实现了学院就业工作全流程闭环管理。

三是做好一对一、针对性就业指导服务。在学校中率先建立"全员、全过程、全方位"的就业指导与服务工作体系,对大学生就业工作进行精细化和科学化管理。抓住大学生生涯规划引导的关键期进行就业指导服务，开展一对一精准就业指导，举办"公考选调"主题月活动，邀请校外专业培训机构专家走进校园，举办选调生返校经验分享会，组织师生实地考察走进基层企业，引导学生理性选择、走出迷茫，顺利就业。

四是创新人才培养模式，提升学生职业胜任力。从供给侧结构性改革思维出发，不断提升人才培养质量，形成了专业特色鲜明的人才培养模式，培养更多适应经济社会发展需要的高水平拔尖创新人才。设立就业实践基地，积极联动研究所，引导学生在实践中掌握技能，提升职业适应力和就业竞争力。

将科研优势转化为一流经管人才创新能力培养优势的实践探索

管理与经济学院

管理与经济学院以人才培养改革为基础,持续推进"三全育人"综合改革试点工作,围绕学院人才培养目标,以为社会各界培养富有创造力的杰出管理领导人才为使命,发挥学院学科、科研和实践教学优势,结合学生成长实际,开展将科研优势转化为培养一流经管人才创新能力优势的实践探索。

一是转化科研优势,建立创新人才培养体系。管理与经济学院始终坚持"价值塑造、知识养成、实践能力"的三位一体培养模式,在多年人才培养的实践中,通过双创启蒙、双创培育、双创竞赛、双创传统4个培养阶段,将专业课程教育、通识教育、实践教育、精英教育4种教育方式相结合,充分利用学院雄厚的科研硬实力和师资力量,打造了注重"优势转化"的双创能力培养体系,组建了经验丰富的双创教师团队,多方邀请优秀科研团队面向本科生开展学术体验营活动;本科生学术导师全程指导学生学术体验、参研课题、大赛历练、学术小成。同时,学院努力推进落实实践育人实效,结合社会实践、生产实践、专业实践,推动实践作品成果转化,形成了"社会实践(实践)—大创训练(探索)—双创竞赛(应用)"的成果转化工作模式。

二是丰富双创活动,打造学院"三创计划"教育品牌。依托学院科研平台和创新实践资源,打造"创新思维启迪计划""创新实践提升计划""创新能力培养计划"三个系列品牌活动,并塑造了一支专职于创新人才培养的师资队伍,旨在为学生营造自主探索创新的学习氛围和良好育人环境。在"创新思维启迪计划"中,通过"学术体验营""教授面对面""明理讲堂"系列活动,彻底激发出大学生自主探索、自主创新的求知探索欲;在"创新实践提升计划"中,通过"移动课堂""经管有约""生涯体验"、寒暑假社会实践等活动,充分提高大学生对未知社会环境的应对能力,进一步加强校园学习与社会实践之间的联系;在"创新能力培养计划"中,通过"双创领航""朋辈竞赛经验分享"各类双创竞赛等活动,全面提升大学生接受创新理论知识、增强创新意识、更新创新观念的能力，积极发挥学生创新思维和创新能力的主观能动性。

三是完善评价体系，综合评价学生创新能力。学院通过专题座谈、广泛调研在原有素质教育考核体系基础上，突出以经管人才创新能力培养为特色，进一步优化实施方案，建立"五育"培养方案，实施"五育"课程表，探索完善综合评价考核体系。根据不同活动的组织单位、规模、重要性等情况的不同，将德智体美劳各项活动分成"五育必修课"和"五育选修课"，其中，"必修课"为学生每学期必须选择参与的活动，每学期每个部分都必须完成相应的参与要求。学院将学生参与双创竞赛和实践活动评价与五育课表挂钩，积极引导学生参与创新实践活动，并以2019级、2020级本科生为试点，2019—2020学年第二学期开始试行，考核结果为专业确认和评奖评优提供参考。

将科研优势转化为创新人才培养优势是实现科研育人的有效途径，取得了良好育人效果。

一是引导学生树立双创实践自觉。依托科研优势高效转化和创新人才培养计划的精准实施，学院创新实践工作取得了丰硕的教育成果。一方面本科生全员导师制和"创新思维启迪计划"系列活动的实施，提升了学生的创新思维和能力，学院学生双创活动参与率与获奖率大幅提升；另一方面，"创新实践提升计划"系列活动激发了学生的创新意识和自我探索精神，通过在"移动课堂""社会实践"等活动中不断总结经验，将已有成果应用于加强学生自我探索能力的提升，并通过各个主题活动和媒介进行宣传和潜移默化引导，使得学生养成创新实践活动参与惯性和主动性，参与双创活动和社会实践从"被要求"转变为"我要求"。此外，学院逐步搭建起帮扶学生自我探索、自我创新的体系，培养出自我学习、自我探索、自我创新的复合型、应用型、创新型人才。

二是带动学生创新成果转化。依托"三创计划"的实施，逐步拓宽了学生创新思维，并在成果转化方面取得较好成绩，包括：世纪杯获奖68项；大创项目立项101项，其中国家/市级34项；本科生发表英文SCI论文21篇。学院连续三年蝉联学校"世纪杯"竞赛最高荣誉——博雅杯；代表学校参加全国大学生人力资源职业技能大赛，连续三年荣获该项赛事总决赛特等奖，其特别之处在于该参赛队伍全部由学院本科生组成。另外，学生作为参赛成员荣获中国国际大学生"互联网+"创新创业大赛总冠军、美国大学生数学建模竞赛特等奖、GMC国际企业管理挑战赛全国一等奖、国际遗传工程机器大赛国际银奖、全国大学生光电设计大赛一等奖、全国大学生英语竞赛全国一等奖等优异成绩，2021年获得"挑战杯"首都大学生课外学术科技作品竞赛"揭榜挂帅"专项赛特等奖等。

三是提升学生就业创业竞争优势。大学生创新人才培养，不仅培养创新精神、创新能力，同时也是落实以创新人才培养带动自主创业、促进毕业生职业发展的重要举措。学院将创新人才培养与就业指导专项工作相结合，积极开展各种就业指导活动，开展了"职业生涯大讲堂""学长学姐的一封信""求职面对面系列讲座"等一系列活动，既提升了学生的综合素质能力也开阔了学生的思维和眼界，同时增强了学生适应就业的能力，为学生在就业方面创造了抢先一步的优势。通过创新实践成果的积累，有效丰富了学生履历中的科研和实践经历，大大增加了学院学生在升学、求职过程中的竞争力，学院毕业生近40%前往中央部委、世界500强企业、头部投行证券、四大会计师事务所、大中型互联网企业等，就业质量进一步提升；在疫情背景下，学院学生进入国内名校和出国留学读研的比例不降反升，2021届毕业生出国比例达41.2%，较前一年增长5%，且大多数进入美国常青藤、英国G5等世界名校。

通以立德
——通识课"课程思政"示范项目建设

人文与社会科学学院

北京理工大学紧紧围绕育人中心环节推动通识课堂教学改革，建设人文素质教育课"课程思政"示范项目，将全员育人、全程育人、全方位育人要求融入素质教育选修课教学各环节，建设一批示范性通识课，实现思想政治教育与通识知识体系教育的有机衔接。

通识课"课程思政"示范课以"价值塑造、知识养成、实践能力"三位一体为教学目标，以社会主义核心价值观和中华优秀传统文化教育为灵魂和主线，以素质教育选修课为载体，深入挖掘素质教育选修课蕴含的思想政治教育资源。各门素质教育选修课进一步明确课程思政教学目标，修订完善课程教学大纲，做好课程育人教学设计，教师在授课中注重强调价值引领，将思想政治教育融入素质教育选修课教学全过程。创新教育教学和课程考核方式方法，健全课堂教学管理，不断完善素质教育选修课教育教学规范，实现素质教育选修课与思想政治教育深度融合、同向而行。

一是加强课程教学建设，探索一套课程思政评价指标体系。制定学校素质教育选修课思政育人工作方案，完善学校素质教育选修课体系和教育教学创新计划方案，优化素质教育选修课设置，构建素质教育选修课思想政治教育课程体系、教材体系和考核评价体系，在精品课程、关键课程、扩展课程和一般课程的遴选立项、评比和验收中设置价值引领和育德功能指标，在课程评价标准上设置课程育人效果测评点。建立健全多维度的课程思政建设成效考核评价体系和监督检查机制，通过专家督导和学生访谈等方式，考察思政教育的效果，并及时反馈给授课教师，形成教学管理闭环。联合教务部连续两年开展素质教育选修课立项，将课程思政作为重要指标点，对立项课程在思政点、重要案例、表达方式上进行评判，推动建立人文素质教育课程的思政效果评判标准。

二是加强教育教学方法创新，打造一批精品课程。梳理素质教育选修课所蕴含的思想政治教育点和所承载的思想政治教育功能，纳入素质教育选修课教材讲义内容和教学大纲，作为必要章节、课堂讲授重要内容和学生考核关键知识。围绕政治认同、家国情怀、文化素养、宪法法治意识、道德修养等重点，进行中国特色社会主义和中国梦教育、社会主义核心价值观教育、法治教育、劳动教育、心理健康教育、中华优秀传统文化教育。坚持以爱党、爱国、爱社会主义、爱人民、爱集体为主线，抓住"人""术""势"关键点，打造一批在校内有广泛影响力的人文素质教育课程。以"国乐之美""琴道与美学""气味美学与香道""空间美学与花道""民族器乐""中国戏曲艺术鉴赏"等课程为依托，形成中华美育课群，并基于课程开展了各类实践活动；以"经典导读：草木诗经""现代文学名家短章精读""唐宋诗词欣赏""红楼梦导读"等课程为依托，形成了中华文学课群；以"中国古代玉器文化""博物馆里的中国记忆""汉语文学典故研读与应用"等课程为依托，形成了中华文化课群。人文素质课程结合时代特色和学生特点设计教学方式、恰当运用各种教学手段，在潜移默化中坚定学生理想信念、厚植爱国主义情怀、加强品德修养、增长知识见识、培养奋斗精神，提升学生综合素质。

三是加强教学团队建设，组建一支高素质教学团队。发挥素质教育选修课教师育人主体作用，激活育人力量，实施素质教育选修课教师队伍思政教学能力培训计划，提高素质教育选修课教师的政治素养和思想水平，通过培训、研讨、交流的方式使人文素质教育课程教师对课程思政的认知到位，使人文素质教育课程教师认识到知识传授与价值引领是相统一的，审美体验与价值引领也是相统一的，增强素质教育选修课教师的课程思政自觉。健全素质教育选修课育人管理、运行体制，将课程思政育人作为素质教育选修课教师思想政治工作的重要环节，探讨素质教育选修课教师教学督导和教师绩效考核、职称晋级的评价方式，努力形成一支政治素质过硬、教学能力扎实的素质教育选修课思政教学队伍。

四是加强教学成果凝练，形成一套可复制、可推广育人模式。建设面向全体学生开设提高思想品德、人文素养和认知能力的素质教育选修课体系，加强素质教育选修课体系六大模块中思想政治教育点的建设，以理想信念教育为核心，以社会主义核心价值观为引领，筑牢校园各类思想文化阵地，培养德智体美劳全面发展的社会主义建设者和接班人。整合现有人文素质教育资源，集中管理教学设备，提高设备使用效率，形成合力，打造了一个高展示度的人文素质教学实践中心。

在保证全校通选课正常上课的前提下，中心面向全校文艺类活动开放，将人文教育、艺术教育辐射到全校，营造熏陶渐染的人文素质教育氛围，实现以美育人、以文化人。通过人文素质教育的实践教学使学生，特别是理工科学生，在对文化、对艺术的体验、感悟中培育审美情怀、滋养生命活力，培养创造性思维、激发灵感源泉。开展"月映北湖"中秋雅集游园会，打造成集中华优秀传统文化与新时代思想政治教育于一体的学生活动，通过文化与艺术浸润学生心灵，促进学生全面健康发展，形成学校以文化人、以美育人的特色实践。

思想政治教育融入高校外语类复合型人才培养模式创新实践
——以北京理工大学外国语学院"三三制"为例

外国语学院

当前,高校外语类复合型人才培养主要存在三个层面的问题。宏观层面,对标世界一流,培养参与全球治理的高层次、专业化、国际化的"外语+"复合型人才的能力尚有差距;中观层面,高校参与学科竞赛种类繁多,但并未将学生竞赛与学生成长规律挂钩;微观层面,学生"外语+专业"听说读写译能力发展不均衡,"外语+实践"能力不强,专业知识与市场需求不匹配,欠缺前沿国际视野等等。

北京理工大学外国语学院立足新时代对外语类人才的新挑战和新要求,将"大类培养、专业培养、多元培养"三个本科教育阶段与"价值塑造、知识养成、实践能力"三条发展路径相结合,积极探索以学科竞赛,特别是交叉学科类型的竞赛推动人才培养的"三三制""外语+"复合型人才培养新模式。

"三三制"人才培养模式,聚焦第二课堂的培育适应人才发展的普遍性规律,推动三个本科教育阶段与三条发展路径相结合,对学生综合能力进行全面培育,共分为九部分能力的培养和提升。第一阶段是感受力、思考力和判断力的着重训练。在"大类培养"基础上,提升学生对价值观念的感受、对知识体系的思考以及实践过程中的判断。第二阶段是学习力、想象力和创造力的提升。进入"专业培养"阶段后,学生逐步具备系统性的专业认知,分别从学习、想象和创造的维度加强专业水平。第三阶段是表达力、执行力和内驱力的重点培养。在"多元培养"背景下,学生多元发展迈向更高级阶段,综合提升学生表达、行动的能力以及自我唤醒的内部动力,使之由内而外完成提升和发展。

一是构建"外语+"复合型人才发展体系。学生进入书院的第一年为大类培养阶段,主要为专业入门阶段,该阶段学生的专业兴趣引导和价值塑造至关重要,除课程教材的学习外,如何选择合适的培养方案以及将第二课堂融入思想政治工作和专业培养中成为关键；中高年级进入专业培养阶段，实现知识养成，该阶段着重考虑从哪几个方向巩固和提高听、说、读、写、译等方面的专业水平，并逐渐由理论知识学习向实践应用过渡；高年级进入多元培养阶段，重难点在于建立健全"竞赛+实践"的第二课堂人才培养体系，鼓励学生通过选修课程、参与竞赛、投身社会实践、从事语言类志愿服务等方式获取其他相关知识；以学科竞赛和实践活动为桥梁，搭建团队式学科交流实践平台，整合校内外资源，使外语与其他专业接轨，加强与工、理、管、文等学科的交流合作，培育学生创新创业项目，促进学生将语言技能与学科实践相结合，在增强实践能力和创新能力的同时将自身打造成为工、理、管、文协同发展的"外语+"复合型人才。

二是完善校院两级竞赛培训体系。外国语学院学生工作组作为多个校级外语类学科竞赛的组织团队，提供"一站式服务"，运用支持、管理、奖励"三位一体"的竞赛组织形式，结合研究成果，努力打造世界一流大学的参赛体验和发展支持。将任务落实细化到各部门、教学单位和个人，抓好任务、责任、人员落实，逐级建立责任机制；打造专业化的竞赛管理和实践教育团队，尤其注重骨干教师培养，通过与第一课堂衔接、专家授课、实战演练等培训方式，提升教师素质和技能。实现竞赛培育精准化，根据学生学习和发展路径，梳理出有效的进阶型人才培育模式：大一期间通过参与配音和短剧竞赛培养对于竞赛的兴趣；大二期间通过参与阅读、写作等进阶比赛夯实基础；高年级（三、四年级）学生参与演讲和辩论比赛，从听说读写的基本功升华到思辨、交流和表达；并为学生提供"DIY定制化"模式，制定听、说、读、写、译等具有针对性的竞赛培训课程，引导学生发挥主观能动性，参加相应培训课程，增强专业能力。

三是拓展校内外创新实践平台。学院逐步搭建团队式学科交流实践平台，整合校内外资源，将外语专业与其他专业有机联系，实现工、理、管、文协同发展。教改模式实践以来，学院教师激励并指导学生积极参加"世纪杯""互联网+"等创新创业竞赛，取得了丰硕成果。同时，组织的多项社会实践将课外学习与课外实践进行了有机结合。比如在2020年7月份，学院以"语翼丰"团支部为班底，集合多年级、跨学科的23名成员，成立了一支集多年级、多学科于一身的团队，以思政教育、英语支教为主要目标，前往山西吕梁开展为期一周的社会实践活动。实践期间，团队与同在方山实践的艾睿智能科技创新团队、宇航学院航模队共同开展了一系列交流活动，实现了课堂学习与课外实践的有机结合，不仅务实了专业知识基础，还加强了语言类与其他专业的接轨，逐步建立第二课堂实践育人的长效机制。

以学科竞赛模式推进"外语+"复合型人才培养方案实施以来，一方面受到学院领导、教师团体的广泛支持，另一方面学生整体的向好发展趋势令人欣喜，在学科竞赛、国际交流、实践创新以及协同发展等方面都有一定的成效。学生在"外研社·国才杯"全国英语演讲阅读写作大赛、全国高校德语配音大赛等多项国家级赛事中频获奖项，类别涵盖翻译、配音、阅读、演讲、写作、学术、创业等多方面，呈现出多领域、广范围的特点，为培养"外语+"复合型人才打下了坚实的基础。

以精工素养计划培育时代新人
——北京理工大学精工书院综合素质评价体系探索与实践

精工书院

为提升书院制育人实效，健全学生综合素质评价体系，精工书院结合"一流三维五能力"的书院建设目标，设计构建了以培养学生"五大核心能力"（理想信念、专业素养、创新创意、沟通协作、社会关怀）和"八大核心素养"（思想高度与理论深度、科学素养与专业知识、人文涵养与生活品位、创新能力与创意水平、社会关怀与实践服务、文化修养与体育素养、广阔视野与思辨能力、沟通表达与交流合作）为核心的"精工素养计划"，开展"精工训练营"系列活动。将书院活动量化为学生综合素质评价体系中的"素养学分"，提高学生综合素质评价的系统性、科学性和针对性。

一是课程设计"模块化"。根据各年级学生特点及需求制定选修和必修课程，规定每名精工书院学生在四年的学习生活中，必须获得 8 个"素养学分"，即每学年必须参加 4 次"精工训练营"相关活动。大一学年开展适应性教育，大二学年开展启发性教育，大三学年开展延伸性教育，大四开展发展性教育，并分别制定必修板块和选修板块。开设"精·思大讲堂""行走的党课""学科动态与科学素养讲座""精工·读书沙龙""读·行·录""精工杂货铺"等系列活动，学生可根据自己的发展方向选择参与相应板块的活动。同时，学生参加在第二课堂发布、面向全校学生开放的活动，现场记录并撰写心得，经过书院审核认证、归属模块，也可计入"精工训练营"，学生可获得相应模块"素养学分"。

二是活动板块"互动化"。将"精工训练营"作为学生自发参与、自主提升素养能力的工具，引导学生从"被动参与、功利化参与"到"主动参与、兴趣化参与"的态度转变。结合"精工成长圆桌会议""师言学语 Coffee Time""院长开放日""权益信箱"等活动，给予学生反馈渠道，学生可以定期向书院反馈素养计划完成进度及想法建议，确保活动覆盖每位学生的个性化培养。以学期为单位，面向学生实时开展问卷式、访谈式调研，跟进活动反馈，形成周期性评价，持续改进培养方案及培养过程。同时，学生还可以通过书院文化产品商店"精工商店"，用积分

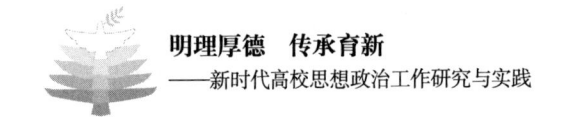

兑换书院文化产品，提升学生对书院文化的认同。

三是素养提升"可视化"。推进第二课堂成绩单可视化，在入学初为每名学生发放"精工护照"，学生通过第二课堂系统进行报名并参加"精工训练营"相应课程，现场签到，在第二课堂成绩单上进行记录，同时领取此次活动对应板块"专属贴纸"，并粘贴于精工护照相应位置。目前已完成3200余名学生人手一册"精工护照"，学年末，学生可以通过"精工护照"查看过去一年参与活动情况，并做好年度总结，进行下一学年的规划。

书院在长期育人实践的基础上，总结凝练出了"三个一"特色育人模式：探索一条育人路径，引导学生从"被动参与、功利化参与"到"主动参与、兴趣化参与"的态度转变，探索育人新思路；深耕一种书院文化，初步构建"文创体系""素养体系"相辅相成的书院文化体系，培养学生"爱北理、爱精工"的书院情怀；形成一份学生成长"成绩单"，结合"第二课堂"为每个学生量身定制一份成长成绩单，做到学生素养提升可视化，激发学生学习成长的信心和动力。

"精工素养计划"实行以来，书院共开展大中小型素养学分活动近200次，发放素养贴纸超过25000张，合计12500学分，兑换文创产品150余件。书院学生在理想信念、专业素养、创新创意、沟通协作、社会关怀等方面全面发展，不断提升。截至目前，书院获校级及以上个人荣誉450人次，集体荣誉140余次，共1100名优秀学生获得学校或社会奖助学金。

第三篇章

奋楫扬帆　接续奋进

构建特色思政工作体系，坚定走好"红色育人路"打造立德树人的"北理工模式"

北理工开展时代新人培养暑期学生骨干培训

北理工组织新入职教师赴延安寻根

百年大党，风华正茂。千秋伟业，人才为先。

"高校思想政治工作关系高校培养什么样的人、如何培养人以及为谁培养人这个根本问题。要坚持把立德树人作为中心环节，把思想政治工作贯穿教育教学全过程，实现全程育人、全方位育人，努力开创我国高等教育事业发展新局面。"5年前的12月7日至8日，习近平总书记在全国高校思想政治工作会议上的这一重要论述，开启了高校思政工作新的历史篇章，为新形势下高等教育发展指明了行动方向。

作为中国共产党创办的第一所理工科大学，北京理工大学始终传承"延安根、军工魂"红色基因，坚定走好党创办和领导中国特色高等教育的"红色育人路"。特别是近5年来，学校党委坚决贯彻落实习近平新时代中国特色社会主义思想和党中央重大决策部署，以"大思政课"为基石，以师德师风建设为抓手，以服务重大国家需求为使命，着力打造立德树人的"北理工模式"，为中华民族伟大复兴培养了一大批矢志科技报国的领军领导人才。

从延安窑洞到神舟天宫
——一堂"大思政课"坚定回答"培养什么人"的时代之问

翻开2021年新出版的《中国共产党简史》，有这样一段文字："1940年9月创办的延安自然科学院，是党的历史上第一个开展自然科学教学与研究的专门机构。"而创建于抗战烽火中的延安自然科学院，正是今天北理工的前身。

发现南泥湾、支援边区发展、40多项"新中国第一"……源远流长的红色校史，与党和国家同呼吸共命运的重大事件，早已成为北理工广为流传的"入校第一课"。校史馆讲解员宋逸鸥自豪地介绍："它们忠实地记录了学校传承'延安根、军工魂'的'红色育人路'！"

承八秩精神，续时代华章。全国高校思想政治工作会议召开后，北理工党委先后出台《关于加强和改进新形势下学校思想政治工作的实施方案》《学校思想政治工作质量提升工程推进计划》《关于加快构建思想政治工作体系的实施方案》等文件，将思想政治工作体系贯通学科体系、教学体系、教材体系、管理体系等各方面，促进思想政治工作与人才培养全过程深度融合、与学生成长成才紧密结合、与教师教书育人实践全面契合，让立德树人更好地形成全校"一盘棋"，着力上好从"开学第一课"到"毕业最后一课"的"大思政课"。

"欢迎你！未来的红色国防工程师。"学校录取通知书上的这几个字，曾经鼓舞着王小谟院士、毛二可院士等一大批新中国初代国防工程师为国奉献，如今也成为新一代青年学子的崇高目标，激励着他们接续奋斗、挥洒热血。2019年国家技术发明奖获奖者、北理工信息与电子学院博士生宋哲就是这批时代新人中的杰出代表，由她带领的星网测通团队立大志、担大任，打破了国外对我国航天领域测量技术的严格封锁，解决了制约通信卫星发展的"卡脖子"问题，所研制的设备保障了神舟、天通、北斗等国家重大型号的急需。

"无论是扎根在卫星通信领域的数年攻关，还是前行在卫星互联网时代的创业征程，科研工作者和创业者始终不忘初心、牢记使命。"宋哲的话道出了镌刻在北理工师生基因中的红色血脉和赓续传承。

教育强则国家强，青年兴则民族兴。北理工不断建立健全"价值塑造、知识养成、实践能力"三位一体的人才培养模式，实施以大类培养、大类管理和书院制育人为核心的人才培养改革，推动红色基因铸魂育人全面融入课堂、实践、文化、网络四度空间中，创新探索出具有北理工特色的系统性一体化全贯通的思想政治工作体系——

2018年，高举中国特色社会主义伟大旗帜，学校启动"担复兴大任、做时代新人"主题教育活动，设立"举一面旗帜、树一种信仰、走一条道路、叫一个名字、圆一个梦想"的"五个一"目标，构建抓在经常、融入日常、贯穿全年的常态化思政教育体系，获评首都大学生思想政治工作实效奖特等奖。

2019年，脱贫攻坚关键节点，学校把有40年传统的青年马克思主义者培养项目——北戴河暑期学生骨干培训迁移到山西省方山县，一个在学校定点帮扶下刚刚脱贫摘帽的国家扶贫开发重点县，让学生到艰苦的基层去、到鲜明体现中国国情的农村去，更直观地认识中国共产党为什么"能"、马克思主义为什么"行"、中国特色社会主义为什么"好"。

2020年，新冠肺炎疫情阴云笼罩，暂时不能返校的近4000名大一新生在线上交出"00后的德育开题答卷"。从入学之初的"德育开题"到大二大三的"德育中期检查"，再到毕业前夕的"德育答辩"，这项学校坚持了近20年的德育项目首尾相连，充分发挥德育"灵魂主线"作用，全过程培育学生内生动力。

2021年，党的百岁华诞到来之际，北理工获批建设全国高校思政课虚拟仿真体验教学中心。漫天飞雪、万丈悬崖，衣衫褴褛的"红军小战士"正在攀爬雪山峭壁……在这堂获评"首批国家级一流本科课程"的"重走长征路"思政课上，戴上VR眼镜的体验者不仅可以切实感受长征的苦难辉煌，还能聆听"徐特立老院长讲党史"微课。正如业内专家所说，北理工的思政课正在成为一门承载历史、面向未来的新式课堂。

"从80余年前在延安诞生，到新时代为建设社会主义现代化强国培养高层次人才，学校始终把为党育人、为国育才的使命践行在一流大学建设的新征程中，以有力的思想政治工作服务支撑立德树人根本任务，深化全员全过程全方位育人格局，努力回答好'培养什么人'的时代之问，坚定走好'红色育人路'。"北京理工大学党委书记赵长禄说。

从四洋五洲到特立潮头
——双重突破切实履行"怎样培养人"的神圣职责

如何培养人？5年前，习近平总书记一针见血地指出，传道者自己首先要明道、信道。高校教师要坚持教育者先受教育，努力成为先进思想文化的传播者、党执政的坚定支持者，更好担起学生健康成长指导者和引路人的责任。

"以德立身、以德立学、以德施教"，对于北理工人来说，这是红色传统，亦是时代担当：革命战争年代，延安自然科学院老院长徐特立先生就提出"经师"与"人师"合一，强调广大教师既要教授科学知识，也要以身作则争当模范人物；改革开放初期，北理工建立"院领导联系学生班制度"，及时把党的方针政策传达到学生中去，把学生的思想情况反映到学校党委来；新时代新征程，学校党委高度重视师德师风建设，着力打造"寻根计划"等教师思政特色品牌，同时以书院制改革为契机，强化"三全"导师队伍建设……

北理工人清醒地认识到，落实立德树人根本任务，必须在加强高水平师资队伍建设的同时，坚持教育者先受教育，抓好教师群体尤其是青年教师、"海归"教师们的思想政治工作。为此，学校不仅为广大教师搭建了高水平科技创新平台，还多措并举"立师德、传师道、铸师魂"，以思想建设引领教师队伍建设，支持和激励更多教师成为"大先生"，做学生为学、为事、为人的示范。

正是在这种背景下，5年来，北理工师资队伍建设取得可喜成绩，新增两院院士5名，高层次人才比例达到13%。风起扬帆、特立潮头，在学校教师群体身上，一项又一项喜人的突破正在发生。

既有方向性、体制性的引领与突破——

"演绎'大物传奇'的青年教师王菲'破格'了！"2019年7月，北理工物理学院青年教师、北京市首届青年教学名师奖获得者王菲，凭借出色的课堂教学活动及丰硕的教学成果晋升为教授。转向"多元评价"，不再"一把尺子量所有人"，北理工以教师评价机制改革为杠杆，撬动立德树人根本任务常态化落实，为教师安心教书、潜心育人提供制度支撑和激励保障。

"飞鹰队在'林教头'的带领下勇夺世界冠军！"连续两届在阿布扎比全球机器人挑战赛上蝉联冠军，这支由北理工宇航学院教授林德福率领的大学生科技创新团队走向了国际舞台的中央。北理工以"揭榜挂帅"机制为引领，鼓励教师积极探索"教学+科研+科创"与"学术+技术+产业"两个链条交叉融合的"双螺旋"高水平人才培养模式，带领学生勇攀科技高峰。

更有科技创新、教书育人的螺旋上升与突破——

2021年11月，北理工召开"十四五"科技工作会暨科协第六次代表大会，材料学院教授陈棋作为科技创新先进工作者代表发言，会场掌声雷动。学成归国5年来，实验平台从无到有，科研团队发展壮大，学校在各方面都给予了陈棋全力支持。他也不负众望，与国内外合作者在"高效钙钛矿太阳能电池"领域取得"从0到1"的关键突破，并在《科学》杂志上发表相关成果。

"还有一次'从0到1'的突破比科研更为重要，那就是加入党组织、为党培养人才。"走下主席台，这位"海归"教师感慨万千："在获得'懋恂终身成就奖'的大师身上，在教师宣誓的铿锵誓词里，在圣地延安的黄土窑洞中，在'青椒沙龙'的澎湃心声里，在科技报国的漫漫征途中，到处都是北理工人的红色基因。在这种氛围里，我和许多青年教师递交了入党申请书，实现了潜心问道和心怀家国相统一！"

从人才高地到大国重器
——三篇"论文"铿锵铸就"为谁培养人"的复兴大业

云南，祖国西南边陲。两台雷达正在监测从缅甸方向飞来的草地贪夜蛾。

这是北理工雷达技术研究所龙腾院士团队联合中国农业科学院研制的Ku波段高分辨全极化昆虫探测雷达，它能在数千米之外测出单只昆虫的体长、体重、飞行角度和振翅幅度，为农业害虫防控提供支撑，把好空中国门。

"全世界的雷达都做不了这个，想法实在太新，新得让人心里犯嘀咕，我们抓了一年虫子，在微波暗室验证了原理可行，又去野外试验一年，验证了脱离实验室环境也行。"谈起探虫雷达，团队师生都格外兴奋，"我们就是要把科技成果应用在社会主义现代化建设的伟大事业中！"

在北理工采访期间，记者看到了一篇把立德树人扎根在课堂内外的"明理论文"，读到了一篇把思政工作落实到科研一线的"精工论文"，感受到了一篇把时代答卷书写在祖国需要的地方的"红色论文"。这些论文没有"影响因子"，但却实实在在地回答了"为谁培养人"这一深刻问题，认认真真地践行了"把论文写在祖国大地上"这一重要嘱托。

把论文写在祖国大地上，人才赖之以盛。

"学术往往存在于论文中，但我们想要让学术成果实现产业应用，真正对经济社会发展作出贡献。"在第四届中国"互联网+"大学生创新创业大赛上，荣获总冠军的北理工"90后"博士生倪俊激昂澎湃。

倪俊的成功绝不是偶然，而是北理工充分发挥科技创新"国家队"作用培养高层次人才的必然结果。以全国最有影响力的两项大学生科创竞赛为例，5年来，北理工学子累计获中国国际"互联网+"大学生创新创业大赛22金22银，更是唯一"独揽两冠"的高校；累计获"挑战杯"全国大学生创业计划竞赛11金6银，2020年总分排名全国第二。"中云智车""枭龙科技"等学生团队更是实现了从创新到创业的落地转化，打破国外垄断，引领行业发展。

把论文写在祖国大地上，民生赖之以兴。

零下38摄氏度，比冰箱冷冻室的温度还要低20度。在内蒙古牙克石冰湖上，北理工机械与车辆学院团队研发的多辆国产新能源车辆在"冻了"三天三夜后，成功启动，顺利完成了冰上行驶的全面测试。团队成员、北理工博士生易江回忆说，最初测试数据是用数据线从测试车辆上导入到笔记本电脑上显示的，由于温度太低，笔记本频频关机，最后只得在上面贴满了"暖宝宝"，才顺利把测试完成。

"北京冬奥会相关区域要实现新能源汽车全覆盖，这对纯电动汽车的整体性能提出了历史性挑战。"在团队负责人、北理工孙逢春院士看来，中国作为人口众多、能源有限的发展中国家，纯电动客车有着广阔的市场需求。拥有中国自主知识产权的新能源汽车，不仅将有效服务"绿色冬奥"，更将彻底解决东北、西北或高寒地带的新能源汽车推广应用问题，让中国的新能源汽车不再有禁区。

把论文写在祖国大地上，国家赖之以强。

近日，北理工"十三五"科技成就展开幕。从铸就"中国动力"的研制特种

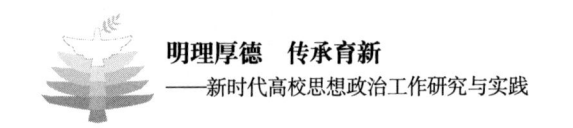

车辆发动机，到创造"北理精度"的新体制雷达，从突破"北理智造"的先进制造技术，到注入"红色基因"的新型高效阻燃技术，一项项大国重器引人驻足。

国家的需要就是奋斗方向。5年来，北理工师生将个人的科研理想与国家需求紧密结合，瞄准"卡脖子"难题攻坚克难，牵头项目获21项国家奖，连续3年一等奖"不断线"，同时在理工文交叉融合、科技成果转化、服务区域经济社会发展等方面都取得了新成就和新突破。

"习近平总书记强调，高校立身之本在于立德树人。只有培养出一流人才的高校，才能够成为世界一流大学。站在'两个一百年'历史交汇点，作为一所从诞生之日起就根植红色基因的高校，北京理工大学将认真落实立德树人根本任务，加快建设中国特色世界一流大学，为实现中华民族伟大复兴提供人才支撑。"北京理工大学校长张军说。

（原刊载于《中国教育报》2021年12月3日01版）

学史明志，走好"红色育人路"

"马克思主义为什么行？中国共产党为什么能？中国特色社会主义为什么好？咱们论从史出，'理'上往来。"北京理工大学思政课教师杨才林精心设计的党史学习教育专题培训课，已成为深受学生喜爱的"金课"。同学们一致认为："杨老师讲课有强烈的问题意识，富有感染力。"

知史爱党，知史爱国。北京理工大学是中国共产党创建的第一所理工科大学，其前身是1940年诞生于延安的自然科学院。自然科学院开创了党领导高等自然科学教育的先河，是中国共产党历史的重要组成部分。多年来，传承红色基因、开展以党史为重点的"四史"教育已经成为北理工立德树人的一项优良传统，为学校高质量发展注入了不竭动力。

学史明志，知史励行。在组织师生开展党史学习教育过程中，北理工创新方式、拓展维度，结合红色校史、打造红色文化和营造红色氛围，润物细无声地把对党史的"学与悟"融入日常、抓在经常，引领师生坚定走好"红色育人路"。

用红色基因熔铸理想信念

"学院党委把新中国第一枚探空火箭——505探空火箭史料编纂和学生党员的思想教育充分结合，用了两个月时间，56名学生党员骨干登门采访老专家，搜集资料。通过对红色校史的体验式学习，学生们不仅坚定了矢志报国的信念，更对党领导新中国建设的历史有了深刻认识与理解。"北理工宇航学院党委书记龙腾在分享《利剑长空——"505"探空火箭发射成功60周年纪念文集》的编纂过程时说。

2020年，在建校80周年之际，《奋进在红色征程上——北理工精神笔谈》《兵之利器》《利剑长空》等16部红色基因鲜明、内涵意蕴深刻的红色文化丛书成为北理工师生学党史、知校史的优秀读物。

"作为党创建的第一所理工科大学，多年来学校党委在用光辉党史教育师生的过程中，充分结合红色校史，着力传承红色基因，有效增强了师生的'红色认同感'，使之成为引领师生团结奋斗、干事创业的重要思想基石。"北理工党委书记赵长禄说。

明理厚德　传承育新
——新时代高校思想政治工作研究与实践

北理工千名师生共同演绎的80周年校庆"红色史诗"《光荣与梦想》

2016年,学校党委凝练出"延安根、军工魂"红色基因内涵;2020年,又凝练出"红色育人路"的内涵和经验;2021年年初,"北京理工大学精神"经学校第十五次党代会讨论正式通过……精神文化上的累累硕果背后,是学校立足党史对红色校史的深耕细作。

自2015年起,北理工扎实开展了珍贵校史资料数字化、办学媒体资源数字化和校史"口述史"采集等三大"校史工程",不仅完成了25000余张办学图片资料、12万分钟视频资料等珍贵校史资料的数字化抢救,还采集了250余小时的校史"口述史"资料,提升了红色基因传承工作的科学化、规范化水平。2020年,抓住纪念建校80周年的重要契机,北理工通过实施"红色育人路——中国共产党创办和领导中国特色高等教育之路"专项研究,推动学校党史研究掀起新的高潮、达到新的高峰。

北理工思政课教师杨才林在主题团日活动上为青年学生讲授思政课

"这里是北京理工大学的红色源点,我们的'延安根'就在这里诞生……"在革命圣地延安,"觅寻延安根,熔铸军工魂"北理工新入职教师培训已经连续开展了6期。75名北理工2020年新入职教师在为期一周的入职培训中,瞻仰党的革命旧址,参观学校办学旧址,参加理论和情景教学,"延安根、军工魂"六个字深入人心。

近年来,北理工把以党史为重点的"四史"教育作为师生干部教育培训必修课,通过思政课融入第一课堂,组织全体新入职教师赴"延安寻根",开展"学史明志"学生社会实践,建立了覆盖全体北理工人的教育体系,让传承红色基因、坚定走好"红色育人路"成为北理工人的自觉行动。

以红色文化涵育时代新人

"没有共产党就没有新中国……"夜幕璀璨,廊桥环绕,亭台倒映,雄壮激昂的红色歌曲,穿越优美的北湖,回荡在校园中,师生们自豪的歌声,传递出心中的红色力量。

北理工将虚拟现实(VR)技术运用于思政课堂

2020年9月19日,一场纪念北京理工大学建校80周年大型晚会《光荣与梦想》,在北理工良乡校区北湖之畔上演,网上网下观看人次达到220万。这场演出以北理工人八十载的奋进历程为载体,充分展示了党创办和领导中国特色高等教育的"红色育人路",令人震撼、久久难忘。

精彩的演出回味无穷,但对北理工人来说,这堂千人规模的"思政大课"触及心灵的"教学效果"则更为宝贵。在学校精心组织投入下,千余名师生在表演过程中不仅熟悉了校史知识,更对党百年奋斗的光辉历程、为国家和民族作出的

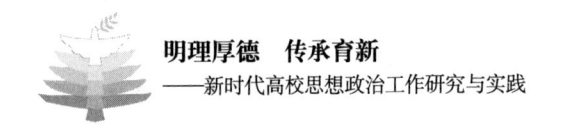

伟大贡献和始终不渝为人民的初心宗旨有了深刻理解。

"在组织师生学习党史的过程中，北理工始终坚持创新方法形式，聚焦立德树人根本任务，通过打造红色文化，用师生喜闻乐见的文化艺术形式，实现党史学习的入脑入心。"北理工校长张军说。

将历史文字转化为生动故事，用微课堂讲、用红歌唱、用文化作品演……运用鲜活形式抓住学生的关注点、兴奋点，北理工开展党史学习教育力求不空不远不虚，也更加入脑入心入情，为涵育时代新人提供了有力支撑。

2019年，作为覆盖全校学生的思想政治教育品牌，"担复兴大任，做时代新人"主题教育活动，因契合规律、形式新颖、成效显著，荣获首都大学生思想政治工作实效奖特等奖。

经过多年建设，北理工的红色文化品牌矩阵聚力增效，形成了以"时代新人说""青春榜样"为代表的思政类文化品牌；以"百家大讲堂"、特立论坛等为代表的学术类文化品牌；以"延安寻根""师缘北理"等为代表的师德类文化品牌；以"世纪杯"科技竞赛、"方山暑期学校"等为代表的创新实践类文化品牌……

同时，学校还适应"网生代"大学生特点，推进红色文化教育联网上线，培育出一批以"北理故事""延河星火一分钟"等为代表的网络文化品牌。以厚重历史为主要文化基点的特色思政教育，形成规模效应。

春风化雨，立德树人。"不知不觉学到了很多知识，领悟了很多道理。"同学们纷纷表示。

让红色记忆激发使命担当

"我们有两件镇馆之宝，一份是1940年党中央批准自然科学院成立的文件，另一份是1952年重工业部调整北京工业学院办学方向的文件，它们印证着北理工'延安根、军工魂'的红色源点和熠熠生辉的'红色育人路'！"面对徜徉在现代化展厅中的参观者，北理工校史馆讲解员宋逸鸥自豪地介绍。

2017年9月，1500余平方米的北理工新校史馆和500余平方米的数字化科技成果展厅落成，成为师生们在校内学习党史、校史的重要基地。

多年来，北理工通过构建高水平、多层次、红底蕴的红色文化基础设施，为学习党史校史、弘扬红色传统和传承红色基因提供高质量平台和高水平载体。新校史馆、国防科技成就展厅、国防文化主题广场……近5年来，一处处设计现代、功能先进、底蕴深厚的大型文化设施相继落成启用，总面积达到 24000 余平方米，在全面提升文化设施水平的同时，让校园中的红色气息愈发浓郁。

在北理工机电学院的"兵器精神"红色展厅，有两座大师半身像，一位是爆炸学科泰斗丁敬先生，另一位是火炸药领域泰斗徐更光院士。他们以国家需求为己任、潜心研究、默默奉献的事迹感动着大家，这个红色展厅也成为师生们学习楷模榜样的重要场所。

2018 年起，北理工每年设立专项经费，共支持建成 18 个基层特色文化空间和覆盖九大书院的社区空间，让红色文化走近师生身边、融入学习工作之中，让师生身边事、身边人成为砥砺思想的"养料"。

"看到'大型天象仪'雕塑昂首问天的挺拔身姿，我能深刻感受到 20 世纪 50 年代老前辈们在党的领导下建设新中国那种勇气魄力和奋斗精神！"每每驻足这座"新中国第一"科技成就主题景观，光电学院大四本科生林腾翔总会感到一座精神的丰碑在心中竖起。

一处处文化设施、文化空间和校园景观，润物细无声地将红色气息注入美丽校园。此外，北理工还通过加强宣传体系建设，讲好北理工红色故事，使之成为师生学习党史的素材载体，让"红色浸润"的"最后一公里"畅通无阻。"红色基因已在我们每个人心中深深扎根，茁壮生长。"同学们说。

"南北间，北湖边，时代天骄创新篇。肩上担当复兴，吾辈何惧艰险？铸长箭，上九天，不忘初心和誓言，看今朝中华少年！"立足新发展阶段、贯彻新发展理念、构建新发展格局，北理工学子用一首原创歌曲《理所当燃》唱出了自己心中的红色基因与使命担当。

（原刊载于《光明日报》2021 年 3 月 18 日第 7 版）

北京理工大学：
红色基因淬炼"精工之心"

9月19日，学生代表在北京理工大学建校80周年纪念大会现场

9月19日，北京理工大学迎来建校80周年。

王越、毛二可、周立伟、朵英贤4位院士收到一份特殊礼物——一把精致的"80周年校庆"小锤子。

车、铣、刨、钳、磨、铸、锻、焊……金工实习，是大多数北理工学子都要完成的必修课。将一块铁坯按照规范流程加工成一把"金工锤"，是每个人的结课作业。

每把小锤子，从无到有，磨砺着学生们的匠人精神，也见证着难忘的大学时光。80周年校庆之际送上这份特殊的礼物，激荡起一代代北理工人的共同回忆。

1940年9月，北京理工大学的前身自然科学院在延安南门外的杜甫川畔成立，这是中国共产党创建的第一所理工科大学。

从为陕甘宁边区培养急需人才，到受命成为新中国第一所国防工业大学，为国铸剑、矢志强国,再到实施"由单一工科向以工为主,工、理、管、文多学科发展转变"等"五个历史性转变",从自然科学院到华北大学工学院、北京工业学院,再到北京理工大学,80年来,时代变迁,校名更迭,北京理工大学始终走在"红色育人路"的征程上。

孕育报国英才

2月25日,在全国人民抗击新冠肺炎疫情之时,作为代表中国参赛的唯一队伍,北理工"飞鹰队"在阿布扎比国际机器人挑战赛上成功卫冕。

站上世界最高领奖台的那一刻,他们齐声宣示:"我们来自北理工,我们代表中国。"

在北京理工大学中关村校区中心教学楼的显著位置,矗立着一块石碑,碑上"德以明理、学以精工"的校训,是北京理工大学建校80年来几代师生员工崇德尚行、学术报国的真实写照。

零下40摄氏度的海拉尔,62岁的孙逢春院士已经和团队在室外工作了4个小时。

"在没有外援的情况下,全世界没有一辆纯电动车在零下三四十摄氏度条件下放72小时还能自己发动的。只有我们现在能做到。"孙逢春说。

孙逢春在北理工学习、工作了38年,抱着"新能源汽车电动车在中国行驶无禁区"的报国之志,带领团队创造了很多中国新能源汽车的"第一"。

"中国第一个电视信号接收发射装置,是毛二可院士本科阶段参与的毕业设计",北理工广为流传这样一段佳话。

20世纪50年代,北京工业学院先后成立了100余个学生课外研究小组。其中,雷达专业学生毛二可所在小组成功研制出一个初级的电视发射和显示装置,并将此作为本科毕业设计。研制成功后,学校特别向国家申请了新中国第一个用于电视信号发射的无线电频率49.75兆赫。

已是耄耋之年的毛二可,现在仍然战斗在我国雷达领域教学科研的第一线,践行着自己"为国家做事"的诺言。"我们当前的科技相对国外强国还有差距。"他寄语年轻人,"弥补科技上的差距,年轻人要责无旁贷,一定要让我们国家强盛起来。"

北理工师生的故事,生动诠释了"德以明理、学以精工"校训精神的滋养:德

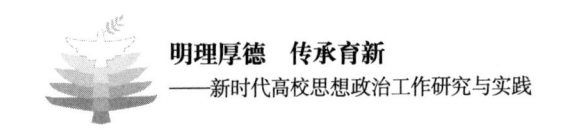

以明理，是道德高尚，达到以探索客观真理作为己任之境界；学以精工，是治学严谨，实现以掌握精深学术造福人类之理想。

这种精神在北理工有着深厚的历史土壤。

"蓝天是我们的屋顶，高山是我们的围墙……为了祖国的新生、为了民族的解放，任何困难也不能把我们阻挡！"这首自然科学院师生编创的诗歌洋溢着革命乐观主义精神。

这得益于自然科学院老院长徐特立倡导的"德育为首"思想。他强调，教育首先就是要"塑造人"。为开展好德育工作，学校每周安排一天政治理论教育，周恩来、朱德、陈云、叶剑英等领导同志经常来校为师生上课。延安时期，学校明确提出了培养"革命通人、业务专家"的目标。

从"德育为首"，到"以智养德、以德养才、德育为首、全面发展"，从"学术为基、育人为本、德育为先"，到"价值塑造、知识养成、实践能力"三位一体，80年来，北理工人才培养始终紧紧围绕"育人"这一主线，培养又红又专、德才兼备、全面发展的可靠人才。

"自然科学院是中国共产党创办并组织高等教育的一次生动实践，也是马克思主义同中国实践相结合，在高等教育领域的一次重要尝试和创举。此后不同阶段，学校运用马克思主义的立场观点方法，在办学实践中不断诠释'红色育人路'的深刻内涵。"北理工党委书记赵长禄说。

而今，北理工30余万毕业生中走出了国家最高科学技术奖获得者、"现代预警机事业的奠基人和开拓者"王小谟等50余位院士，一批批学子投身国防、扎根"三线"，用青春甚至生命为祖国富强贡献力量。

投身强国伟业

2020年6月23日9时43分，我国北斗三号全球卫星导航系统最后一颗组网卫星搭载长征三号乙运载火箭在西昌卫星发射中心发射成功。中国北斗系统"独步天下"的一大优势就是短报文系统，可不依靠任何系统实现北斗终端之间的通信，这一功能领先全球。在这背后，是北理工作为核心单位从2013年起承担的MEO报文通信接收处理机的研制工作，学校先后突破了多项关键技术，让北斗卫星实现了自如"发短信"。

1958年9月9日，河北宣化某靶场。伴随巨响，新中国第一枚二级固体高空探测火箭成功升空。这背后，凝聚的是北京工业学院师生的付出和心血。

"做火箭推力实验没有实验室，我们就挖个坑，底下弄平，垫层铁板，上面有3个铜柱垫着，再放一块铁板，发动机再放上去，当时就是这么做实验的。"北理工宇航学院教授万春熙回忆。

射向中华苍穹的火箭，是学校发展壮大的一个小小缩影。这所从革命圣地走来的大学，在服务党和国家重大需求中培养人才、历练队伍，是学校办学探索中一以贯之的主线。

"教育必须为国家建设服务"，在这样的办学理念的驱动下，学校创造了新中国科技史上若干"第一"，第一枚二级固体高空探测火箭、第一台大型天象仪、第一套电视发射接收设备、第一辆轻型坦克、第一部低空探测雷达、第一台20公里远程照相机……

"习近平总书记强调要把论文写在祖国的大地上，对我们来说，祖国的大地就是国家急需的特种车辆装备。"中国工程院院士项昌乐说。

20世纪90年代初，机械与车辆学院项昌乐团队毅然挑起了我国第三代特种车辆传动关键技术专项研究重担。30年来，团队在特种车辆传动理论研究、技术创新、装备研发及应用等方面做出开拓性工作，实现了我国特种车辆传动技术的两次技术跨越。

载人航天、探月工程、卫星导航、特种装备……把尖端科技书写在祖国大地上，把一流成果应用在国民经济建设和社会发展中。北理工的"红色育人路"在与党和国家同向同行中，迸发生机活力。

传续奋斗新程

1949年，当新中国成立的消息传到美国，正在美国旧金山堪萨斯大学留学的吴大昌振奋不已。当他得知，由重工业部领导的华北大学工学院正急需大批教师时，本来立志投身农业的他毅然改变了决定，加入其中。

为了为新中国培养优秀工业建设人才，学校在全国广揽名师大家，力学专家张翼军、化学专家周发岐、物理专家马士修等知名专家相继加入，吴大昌等一批刚从海外归来的优秀青年学者也慕名而来。

这是学校家国使命感召有志青年的结果。老中青三代、"六世同堂"。北京理工大学机电学院，有这样一支教师队伍，老师们毕业参加工作的时间，从20世纪

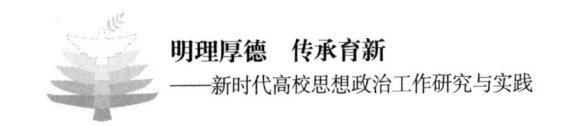

50年代持续到今天。20世纪50年代毕业的"中国枪王"朵英贤院士、六七十年代毕业的国家突出贡献专家、80年代毕业的长江学者特聘教授、90年代和21世纪毕业的教育部新世纪优秀人才……

2017年8月,一篇题为《胶体纳米晶的异价掺杂:阳离子交换提供掺杂发光和掺杂能级调控新途径》的论文,在国际知名物理化学学术期刊《美国物理化学快报》发表,并受邀以视频形式在美国化学会网站进行专题报道。该杂志主动约稿的封面文章,来自北京理工大学材料学院教授张加涛团队,也代表了国际业界对北理工在纳米级半导体研究领域成果的积极评价。

"世上无难事,只要敢想敢做、坚持去做、努力去做,一定会有所收获。""科研工作不能有半点儿'杂质'。"张加涛的话体现了他对科研的忘我执着。2011年,刚刚结束海外学习的张加涛,被北理工聘为首位徐特立特聘教授,在学校有力支持下,张加涛投入他所热爱的研究中,不断取得研究突破。

张加涛的成长轨迹,是近年来北理工青年人才成长的一个缩影。北理工校长张军表示:"北理工青年教师职业发展离不开3个元素——家国、沃土、梦想,这是我们代代传续的红色基因、不变使命。在这个前提下,我们坚持识才、爱才、用才、容才、聚才的理念,为青年教师尽全力营造学习、工作、成才的绿色生态环境,助力大家的事业发展。"

说起北理工的今天,期颐之年的吴大昌满怀欣慰:"学校的传统好,教的学生很好,学风很好,前途很好。这个学校发展是有潜力的,现在看我们的估计没有错。"

(原刊载于《光明日报》2020年9月21日01版)

传承红色基因　续写强国梦想
——写在北京理工大学建校 80 周年之际

金秋九月，天朗气清。北京理工大学中心花园的苍松翠柏之间，矗立着一尊铜像，他默默地颔首凝视着校园，见证着岁月轮转、学子更迭。这座雕像刻画的是这所大学的前身——延安自然科学院的主要创建者之一徐特立。他提出的"实事求是，不自以为是"的学风，已被一代代北理工人铭记在心，成为他们扎实求学、成才报国的"制胜密码"。

2020 年，是北京理工大学建校 80 周年。从 1940 年执"抗战建国"理想而生，到新时代培养服务社会主义现代化强国建设的领军领导人才；从建校之初的露天课堂、吃住窑洞，到今天现代化的美丽校园、高水平的研究平台，这所从延安走来，由中国共产党创办的第一所理工科大学、新中国第一所国防工业院校，80 年来一路风雨一路歌，始终坚守为党育人、为国育才的初心使命，未曾改变兴教报国、科技强国的责任担当。

北京理工大学建校80周年校园风貌

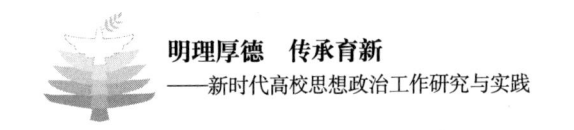

又红又专，人才培养显底蕴

"欢迎你，我把这份北理工第1940号本科录取通知书颁发给你！"2019年7月21日，北京市第十二中学的应届高考生左铭朔，接到了以学校创建年份作为编号的录取通知书。这位当年北京生源考入北理工的最高分新生，从长辈那里了解到北理工的红色传统后，为之深深吸引，毫不犹豫把第一志愿投向了这所心目中的"光荣学校"。

无独有偶。时光回到1951年全国高校统一招生时，华北大学工学院（北京理工大学前身）的录取成绩位列全国高校首位。雷达专家、中国工程院院士毛二可，"中国枪王"、中国工程院院士朵英贤，就是在这一年，以优异的成绩考入该校的。

"当时报考这所学校，想的是搞建设就要有知识，我们正好从学校学完了，就可以参加新中国建设，一个很美好的前景，一件很光荣的事。"毛二可回忆到。

"五个志愿我全部报了华北大学工学院，华北大学工学院来自革命圣地延安，为抗战建国建立的学校，责任大、事业光荣！"88岁的朵英贤至今对自己的选择记忆犹新。

这份与家国情怀相伴的"光荣理想"正是代代北理工人前进的灯塔、奋斗的阶梯。每个人青春选择的起点，就打上了"红"的烙印、注定了"专"的品格。

面对一批又一批主动选择北理工、摩拳擦掌要干出一番天地的年轻人，给学生什么样的教育能带领他们实现自己最初的理想，对学校而言至关重要。

"北理工毕业生的从业领域大都承载着我国重点行业的重大科研任务。学校对学生的思想教育太重要了，北理工也因此培养了一批批品质过硬、业务过强的国家重点领域人才。"中国载人航天发射场原总设计师、酒泉卫星发射中心原副总工程师徐克俊将军这样回忆学校的学习生活。

发扬老区办学传统，学校用血脉里流淌的红色基因精心培养浇灌着未来的参天大树，并把"德育"放在突出重要位置。

"在延安预科班，我们结合中心工作和政治形势，组织学习有关文件、听大报告、小组讨论、阅读《解放日报》，开全院性的辩论会。师生同学共同讨论、共同进步。"回忆起当年的求学岁月，自然科学院老校友常青山这样说。

政治与业务相结合，突出"德育为首"，锤炼学生的政治素质、意志品质，是北理工传承至今的一大育人特色。

2019年暑期，北理工定点帮扶的山西省方山县格外热闹，70名北理工学生骨干在这里参加了一周的学习实践活动。这一年，学校把有 40 年历史的"北戴河干训"迁移到了这个国家级贫困县。新入职的思政课教师与专职辅导员共同担任每组的带队老师，参与课堂教学、社会观察、交流研讨、社会实践等各个环节。

"学生到基层、到扶贫攻坚一线，能更直观地感悟'四个正确认识'，坚定'四个自信'，打开了视野。"带队干部、马克思主义学院新入职教师王校楠说。

在多年办学过程中，北理工不断丰富发展高水平人才培养体系的时代内涵，从"革命通人、业务专家""又红又专、全面发展"，到"以智养德、以德养才、德育为首、全面发展"；从"学术为基、育人为本、德育为先"，到"价值塑造、知识养成、实践能力"三位一体，学校始终围绕立德树人中心环节，不断深化人才培养供给侧改革。

"我把我的北理工百天生活，总结为三个阶段：第一个阶段是适应大学学习与生活的过程；第二个阶段是深入探索专业的过程；第三个阶段是明确成长成才方向的过程……"这一发自内心的分享，来自北理工首批"书院制培养"的学生。

2018 年，北理工实施本科生大类培养和大类管理改革，建立书院制育人模式，推动思想教育、知识培育、通识博雅、个性化培养、教师与学生为伴。

除了书院制，学校还全面实施"寰宇+"计划，丰富拓展拔尖创新人才培养新体系，进一步推进德智体美劳全面发展。

"团队出发前，我信心满满写好了 20 多页的试验大纲，结果到外场开始做试验之后，我才发现问题多到来不及翻开那沓大纲。一次次的尝试和实践后，我们终于明白'纸上得来终觉浅'的深刻含义，只有将理论与实践相结合，才能得出一个个经受得住实战考验的结果。"北理工"飞鹰队"中唯一的女将、负责导航与控制的陶宏这样谈此次参赛给自己带来的收获。2020 年 2 月 25 日晚，在阿联酋阿布扎比国际机器人挑战赛上，北理工"飞鹰队"击败 23 支国际顶级院校和研究机构参赛队伍，以唯一满分的成绩成功卫冕，又一次证明了学校"学育结合、科教融合、以赛促学"拔尖创新人才培养机制的强劲动力。

80 年前，学校立足边区实际坚持"教育、经济、科技"三位一体培养学生。今天，学校将所有的高水平科研平台资源向学生开放，以国家重大需求为牵引，凝练科学问题，开展技术研究，在大科研平台上孕育学生科技创新成果，启发创新精神、创造能力，将学科优势、科研优势有效转化为人才培养优势。多年来，北理工学生在国内外重要科技创新赛事上屡屡夺魁、夺杯、夺金，而项目的切入点和服务面向无一例外都是着眼于国家需求、人民和社会需要。

"培养什么样的人、怎样培养人、为谁培养人"。这是每一所学校、每一个时代都需要回答的问题。80载红色育人路、30余万毕业生的实际表达,正是北理工的答卷。学校毕业生中走出了国家最高科学技术奖获得者王小谟等50余位院士,120余位省部级以上党政领导干部和将军,更有一批批学子扎根"三线"、投身国防,用青春甚至生命为国为民贡献力量。近年来,北理工毕业生到国家重要领域、重点单位和基层一线就业比例超过60%,大批有志青年到基层、到西部、到祖国最需要的地方建功立业。

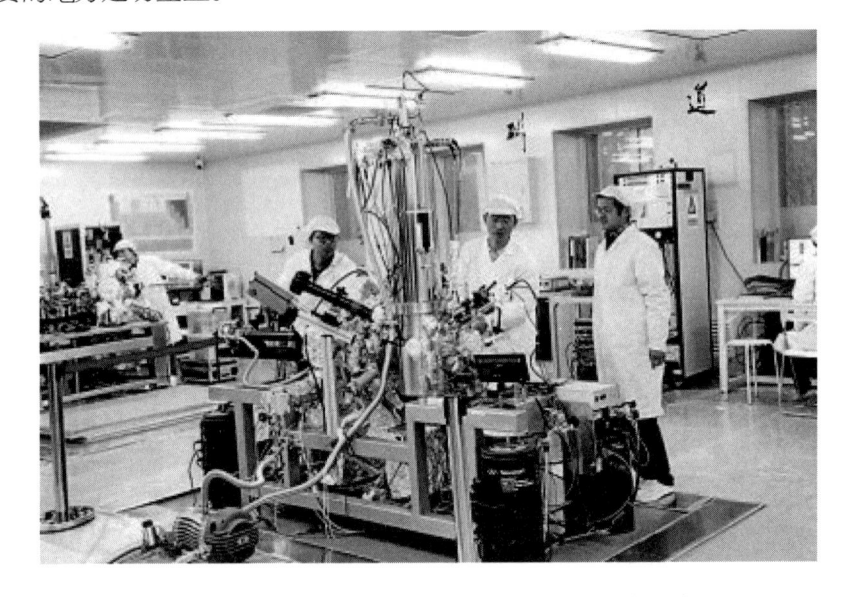

具备全新高水平实验平台的北理工微纳量子光子实验中心

科研创新,"大国重器"展担当

马兰草造纸,发现南泥湾,沙滩筑盐田,设计建造杨家岭中央大礼堂和中央办公楼,研制成功用于手榴弹的灰生铁,建成了一批玻璃厂、枪械修理厂、化工厂、陶瓷厂……北理工校史馆展示的一幅幅老照片、一页页文件诉说着自然科学院的岁月。曾经,自然科学院师生在极其艰苦的条件下,自力更生、艰苦奋斗,服务抗战和边区建设急需。80年时光走过,紧紧围绕着党和国家重大战略需求,服务支持经济社会发展和人民生产生活,始终是北理工的坚守与追求。

特种车辆传动技术及装置是国家间角力的"杀手锏",对车辆来说,传动系统就像人体的肌肉和神经,关乎其能否正常行驶。20世纪90年代初,面对日趋激烈的全球竞争和国内技术的一片空白,北理工作为核心攻关单位,在全国率先启动第三代特种车辆传动关键技术专项研究,机械与车辆学院教授项昌乐团队毅然挑起了重担。

30年前的实验条件是常人难以想象的。没有专门的大功率试验场所,所有实验都只能在校园里完成。"试验设备耗电量非常大,我们一做实验,学校所在的魏公村地区就跳闸停电。"与项昌乐一起从艰辛岁月走过来的马彪教授回忆说,"为了避免与周边居民'抢电',我们只好在夜里12点之后做实验,一直干到天亮,常常盖着窗帘在桌子上睡一会儿就算休息了"。

"我们的团队有一条铁律,那就是——'后墙不倒'。"项昌乐说,"'后墙不倒'的意思是,无论出现什么情况,完成研制任务的时间节点不能突破,必须严格按照计划目标完成科研任务"。

使命重于泰山、事业高于一切。"白+黑""五+二",三十年寒来暑往、昼夜坚守,他们在一线,他们的家人在支持他们的另一线,其中的辛酸苦辣没有经历过的人品尝不到真正的滋味。在科学攻关事业上,坚守和牺牲不一定有收获,但要突破,除了坚守和牺牲,别无选择。

"科学报国,就是要在祖国最需要的地方散发光芒,不畏任重,不惧时艰。"团队成员刘辉教授说,"项老师一直要求我们,要有锻造'杀手锏'的使命和担当"。30年做一件事,项昌乐团队实现了我国特种车辆传动技术的两次技术跨越,获得授权发明专利近200项,主要技术指标达国际领先水平。

捕捉世界科技前沿动态、面向党和国家重大需求,坚持问题导向和需求导向,从现实需要和长远需求出发深耕不辍,这是北理工科技工作者对延安创校、红色基因光荣传续的另一种诠释。

2017年4月22日12时23分,"天舟一号"货运飞船与"天宫二号"空间实验室顺利完成首次自动交会对接,在太空上演了"深情一吻"。使得这一"吻"精准成功的"功臣",是空间交会对接微波雷达——由北理工信息与电子学院吴嗣亮教授、崔嵬教授带领团队研制的"天舟一号"微波雷达信号处理机与"天宫二号"微波应答机信号处理机,他们为"天舟""天宫"提供了精确信息。

来到吴嗣亮的办公室,一张办公桌、一台电脑、一台打印机几乎是他办公室的所有陈设。简约的工作环境下,是这位潜心科研的工作者对雷达事业经年累月的坚守。"为航天事业献计献策,把雷达技术做到至善至美,是我们一代代雷达人共同的使命。"吴嗣亮说。

从"天神"相会、嫦娥奔月、北斗连珠、太空摆渡到新型指挥通信工具、打

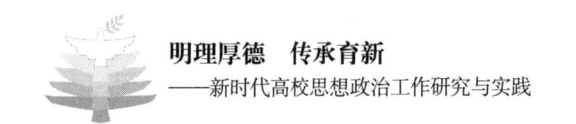

破技术封锁的试验装置,吴嗣亮带领团队一直在接续书写着雷达"眼睛"助力中国航天的故事。2017年,他们荣获国家技术发明奖一等奖。

抬起头,作为实施创新驱动发展战略的排头兵,北理工的科技团队紧跟世界科技革命新趋势,不断向未知领域挺进、向科技高峰进军。俯下身,一大批科学家着眼人类社会发展需求,促进产学研深度融合,把科技成果转化为现实生产力。北理工人把保家卫国的雷达"眼睛"变成了服务民生的"科技神器"。

"嘀,嘀,嘀……"随着倒计时钟声的响起,晚18时,"Ku波段高分辨全极化昆虫探测雷达"准时现身在CCTV-17农业农村频道。该空中昆虫生物迁飞监测雷达由北京理工大学雷达技术研究所研制。"要能够在几公里外'看清'一只小小的虫子,需要一系列创新方法来解决问题。"北理工信息与电子学院教授龙腾谈道,"我们研制了相关的芯片,并创新了信息处理的算法、体系架构。"目前,两台昆虫检测雷达已经部署在云南地区国境沿线,可有效预防虫害的发生,把好空中国门。

"北理工瞄准国际学术前沿,主动面向国家经济社会一线,完善基础研究、应用研究、成果转化为一体的链式协同机制,强化创新成果同产业对接、创新项目同现实生产力对接,充分激发科技创新潜能。"北理工校长张军说。

2020年2月25日,北理工"飞鹰队"在阿联酋阿布扎比举办的穆罕默德·本·扎耶德国际机器人挑战赛上夺得冠军

迈向一流，学科龙头再起航

"我们付出青春，努力追梦；我们兑现承诺，从不退缩；我们护航和平，赢得尊重！"这是来自北理工兵器人的自白。

2020年的春天，突如其来的新冠肺炎疫情打乱了社会生活的节奏。然而，在疫情发生后不到十天，以北理工兵器学科教师为核心技术力量的长沙智能装备研究院就拿出了他们的抗疫成果——超能防疫机器人，解决了人数相对较多、难以负担昂贵的大范围热成像测量系统等问题，在北京、长沙、杭州、合肥等地的政府、医院、学校、商场等场所广泛应用。

从20世纪50年代起步，到如今入选国家"世界一流学科"建设行列，北理工兵器学科在矢志一流的求索中留下了一个个精彩印记，而这也是北理工传统优势学科发展进步的缩影。

"奋斗，朝着世界一流学科前进"。近年来，在加快推进"双一流"建设过程中，北理工面向世界科技前沿、面向经济主战场、面向国家重大需求、面向人民生命健康，结合传统优势和长期发展需要，实施"强地、扬信、拓天"的发展战略，建立"优势工科引领带动、特色理科融合推动、精品文科辅助联动、前沿交叉创新互动"的学科建设整体布局，为传统优势领域注入新动能。

学科建设离不开平台支撑。打造高水平学科专业平台，才能增强一流学科的核心竞争力。

"一次资源调整，不仅打造了一流的科研平台，形成了一流的科研团队，还培育出一流的科研成果，为未来一流学科的建设，打下坚实的基础,可谓是'一箭三雕'之举！"北理工微纳量子光子实验中心的建成，让老师们非常振奋。

近年来，伴随学校中关村和良乡两个校区的资源调整，北理工决定将调整出的空间资源优先为新兴学科研究提供实验平台保障，为高层次人才的成长发展提供资源支撑。建设微纳量子光子实验中心便是其中一项重要布局。

"我们这个学科，实验研究必须要将空间、设备、人员等集中起来，统一管理，协同创新，才能实现效益最大化。"中心主要负责人、信息与电子学院教授王业亮谈道。微纳量子光子学研究不仅所需设备精密、环境要求严苛，而且从材料制备到表征分析，再到器件加工测试，要求平台必须具备全流程的"一站式服务"。聚焦关键，"化零为整"的建设思路成为共识。

"我们把自己的资源集中起来使用，很好地避免了设备重复采购、性能不高、使用率低、分布分散、维护成本高等问题，资源保障更有力了，老师们干劲更足了！"在学校的大力支持下，王业亮牵头，陈棋、钟海政、黄玲玲、边丽蘅四位微纳量子光子研究领域的青年人才共同参加，老师们一起论证规划、参与设计建设、抓紧设备采购，除了依托学校的投入保障，老师们还积极自筹经费，一心要利用好这次难得的机会，推动平台建设上层次、上水平。

经过一年的努力，中心建成具备"新材料－新器件－新系统"全链条制备研究系统的高水平交叉实验平台，成为继分析测试中心、先进材料实验中心之后学校又一高水平大型实验平台。

"中心的建成，体现了学校在管理机制方面的创新改革，给我们青年教师事业发展提供了实实在在的有力支持。中心保障了包括10项以上国家自然基金在内的多项科研任务的执行，极大拓展了校内外、国内外的科研合作。"谈及未来，王业亮充满希望。

"功以才成，业由才广"。一流学科的建设，除了要有一流的平台支撑，更离不开人才的耕耘和建设。因此，学校大力推行"以业聚才、以人聚人"，依托大平台汇聚大团队。

2017年年初，北理工先进结构技术研究院良乡实验楼正式启用。早在2015年，学校力邀材料力学领域专家、中国科学院院士方岱宁到校工作，领衔建设先进结构技术研究院新兴交叉融合大平台。在此后的5年中，平台会聚了以学术领军人才为核心、青年拔尖人才为骨干的学术梯队40余人，为学科发展提供了强劲动力。

立足国内，还要放眼世界。近年来，北理工紧紧抓住前沿科技方向，通过引进国外高水平人才，提升创新发展"加速度"。

"延长人类寿命，让人永葆青春，是人类的终极梦想之一。"这是中国政府友谊奖获得者、中国科学院外籍院士、北理工教授福田敏男的科学梦。北理工在引进生物微纳机器人操作领域的开拓者与引领者福田敏男后，陆续吸引了10名国际知名学者到校工作，联合了包括5名诺奖获得者在内的知名专家100余人合作研究。

记者了解到，近年来北理工瞄准国家重大战略需求和国际学术前沿，汇聚新队伍，拓展新领域，形成了大师领衔、人才汇聚的局面。为了更好地为人才队伍创造干事创业平台，学校设立了前沿交叉科学研究院、医工融合研究院、高精尖中心等交叉研究基地，创新建立"人才特区"，完善人才工作"绿色通道"，打造"新兴学科孵化器"和"高端人才蓄水池"，形成了引才、聚才、为才、人才活力竞相迸发的生动局面。

充分发挥学科的引领和保障作用，以学科为龙头谋划全局工作，以学科为牵引打造平台、汇聚队伍，围绕新兴前沿交叉学科不断寻找新的增长点，为学校"双一流"发展提供保障。近年来，北理工学科融合发展格局不断深化。以兵器、材料、控制、车辆、机械、信息等为代表的优势工科围绕突破国家重大工程核心问题、解决重点实践问题发力，在安全防护、无人系统、特种车辆、智能制造等方向取得重要进展；以重大需求、重大问题和重大项目为牵引，理科围绕基础科学问题，加强与工科的深度融合，在物理、材料、化学等方向形成特色，部分方向达到国际先进水平；文科紧密结合社会发展重大需求，加强智库建设，不断增强服务国民经济主战场的能力；学校还重点推进"医工交叉融合"，服务国家健康医疗重大需求。"工理管文医"交叉融合，学科生态有了质的改观。

80载红色育人路，80载科技报国情。从延安走来的这所由党亲手缔造的大学，发展壮大的关键锁钥是什么？

"是我们代代传续生成的'北理工精神'，政治坚定、矢志强国的爱国精神，实事求是、敢为人先的科学精神，艰苦奋斗、开拓进取的创业精神，淡泊名利、坚韧无我的牺牲精神，不辱使命、为国铸剑的担当精神！"北理工党委书记赵长禄说。

（原刊载于《光明日报》2020年9月19日08版）

明理厚德 传承育新
——新时代高校思想政治工作研究与实践

扎根中国大地　　培养强国栋梁
——北京理工大学始终不忘立德树人初心，牢记为党育人、为国育才使命

伴随着发动机的轰鸣，一台 T-34"老坦克"在新落成的国防文化主题广场上隆隆驶过；

中心花园的徐特立雕像，在晨光中静谧安详，与延安精神石相映生辉，厚重沉静。

一动一静间，映照出北京理工大学这所中国共产党创办的第一所理工科大学、新中国第一所国防工业院校的精神风貌。

延安精神，薪火相传。整整 80 年，时光流转、校址迁移、校名更替，这所在战火硝烟中诞生的大学，始终不忘立德树人初心，牢记为党育人、为国育才使命。

立德树人

"欢迎你！未来的红色国防工程师。"

"做原创的！做最好的！这不仅是北理工的目标，这是中国汽车人的目标！"2018 年第四届中国"互联网+"大学生创新创业大赛总决赛上，夺得冠军的北理工"中云智车"代表队誓言铮铮。

凭着"做中国人自己的"这股劲，80 年来，北理工

图①：2019年10月1日，新中国成立70周年庆祝活动中，北京理工大学师生组成的"与时俱进"群众游行方阵通过天安门广场。
图②：2020年3月，参与新冠疫苗研制的北京理工大学团队正在开展实验研究。
图③：北京理工大学研发的无人驾驶大学生方程式赛车。
图④：2020年7月，北京理工大学为在校学生举办线下毕业典礼。

坚定地走出了一条"红色育人路"。

回望建校之初，1940年，经党中央批准，北理工的前身——自然科学院诞生，由李富春、徐特立等先后担任院长，为党领导的革命事业培养具备基本科学知识、创造精神和独立工作能力的"革命通人、业务专家"，开启了中国共产党创办新型理工科高等教育的先河。在延安的5个春秋，为新中国建设储备了一大批业务专家和领导骨干。

"欢迎你！未来的红色国防工程师。"录取通知书上的几个字，鼓舞着王小谟院士、毛二可院士和朵英贤院士等一大批新中国初代"红色国防工程师"一生为国奉献，矢志不渝。

1952年，学校成为新中国第一所国防工业院校，承担起新中国第一批兵工专业、第一批火箭导弹专业的建设重任，为我国国防工业的教学、科研和生产输送专业人才。

不忘初心、铭记历史。北理工始终根据党和国家的需求，抓住立德树人根本，在人才培养中注入红色基因。学校把校史教育作为师生的"入校第一课"，融入强国使命和专业特色的课堂，让课程思政润物无声，"德育答辩"活动更是全过程、全阶段激发学生的报国情怀。

"赴基层，入主流""干惊天动地事，做隐姓埋名人"，80年来，北理工已先后培养30余万名毕业生，包括50余位院士及各行业大批优秀建设者。近年来，毕业生到国家重要领域、重点单位和基层一线就业比例超过60%，众多学子志愿投身基层和西部地区工作。

从"神八搭载"到"长七搭载""天舟搭载"，再到"SpaceX龙飞船搭载登陆国际空间站"，北理工生命学院博士生杨春华成为中国空间生命科学研究中多项"第一"的参与者与见证者。在他看来，"北理工人就要为国分忧，为国争光！"

近年来，北理工实施以大类招生、大类培养、书院制为核心的人才培养改革，全面实施"寰宇+"计划,形成了"价值塑造、知识养成、实践能力"三位一体人才培养模式,致力于培养更多"胸怀壮志、明德精工、创新包容、时代担当的领军领导人才"。

"从 1940 年在延安诞生,到 21 世纪的今天为建设社会主义现代化强国培养高层次人才,学校始终把为党育人、为国育才的使命践行在一流大学建设的新征程中,一刻未曾懈怠。"北京理工大学党委书记赵长禄说。

强国使命

"科技立功是践行强国使命的最大特色。"

抗击新冠肺炎疫情战斗中,北理工自主研发的一款具有自动"杀毒"功能的口罩,引发各方关注。

关键时刻挺身而出、勇于担当,北理工人始终如此。在北理工人的血脉中,始终烙印着"强国"的基因,与党和国家同呼吸、共命运,与国家重大战略需求和经济社会发展紧密相连。

62 年前,一枚由中国人自己研制的火箭,第一次在中华大地腾飞而起。刺破长空的利箭,是中国人第一次向宇宙投出的"问路石"。这枚由北京工业学院(北京理工大学前身)师生自主研制的火箭,代号"505",名为"东方—1"号,是新中国第一枚二级固体高空探测火箭。

"我们要在宇宙空间占一个位置!"上世纪 50 年代,胸怀壮志的北理工师生们,研制出新中国第一枚二级固体高空探测火箭、第一台大型天象仪、第一套电视发射接收装置、第一辆轻型坦克、第一枚反坦克导弹、第一部低空探测雷达……

深度参与 12 个空中梯队中的 10 个梯队、32 个装备方队中 26 个方队的装备研制工作,用虚拟仿真技术为国庆盛典装上"科技大脑"、为 20 万人"排兵布阵",支撑保障焰火任务和彩车设计工作……2019 年,北理工人的身影出现在国庆 70 周年庆祝活动的多个重要岗位。

"聚大团队、建大平台、担大项目、出大成果,北理工始终围绕国家战略急需,瞄准世界科技前沿,注重加强基础研究,推动原始创新,突破关键技术,打造大国重器。'科技立功'已经成为北理工人践行强国使命的最大特色!"北京理工大学校长张军说。

记者了解到,迈入新时代,北京理工大学结合传统优势和长期发展需要,实施"强地、扬信、拓天"的发展战略和"优势工科引领带动、特色理科融合推动、精品文科辅助联动、前沿交叉创新互动"的学科建设整体布局，不断为传统优势领域注入新动能，在新能源汽车、人工智能、深空探测、新材料、凝聚态物理、计算机仿真等新兴交叉领域深耕细作。

深空探测和空间载荷技术，为探索月球、火星和空间生命科学提供有力支撑；仿人机器人、微纳机器人，人工智能技术形成国内领先优势；新能源汽车技术助力"绿色奥运"，为生态文明建设贡献力量；雷达技术成为中国航天器交会对接的"标配"，为北斗系统增加"短报文"功能；烟火技术为国家盛典点亮绚丽时刻；"北理工1号"帆球卫星成功发射、遨游太空……越来越多的北理工"智造"在科技强国的征程中绽放光彩。

责任担当

"探索服务社会的特色之路。"

76岁高龄的毛二可院士"创业"了！

2009年12月，搞了一辈子科研的中国工程院院士毛二可，带领北京理工大学雷达所的专家教授们建起一所学科性公司——理工雷科。

如今，11年过去了，在服务国家重大战略的同时，一批批原始创新的高精尖科研成果，源源不断地通过理工雷科公司这一转化平台，广泛应用于灾害防治、社会安全、经济生产等重要国计民生领域，直接产值累计数十亿元。

对于高校来说，不仅要深耕育人、精深科研，还要服务社会、造福人民。为此，北理工创新成果转化机制、广泛实施校地合作、建设高端智库……率先在国内提出"事业化管理+市场化运营"的专业化技术转移机构新机制，成功培育理工华创、理工导航、北理艾尔、北理新源等一批重大成果转化项目，探索出一条服务社会的特色之路。

"经研究，批准方山县退出贫困县。"2019年4月18日，北理工定点扶贫的山西省吕梁市方山县正式脱贫摘帽！2015年8月以来，北理工动员全校之力，整合校内外资源，出实招、敢创新，精准施策，助力方山县打赢脱贫攻坚战，体现了高校智力扶贫、科技扶贫、教育扶贫的责任担当。

采访中，记者了解到，北理工还积极加强校地合作，在重庆、山东、河北、广东等地布局建设重庆创新中心、前沿技术研究院（济南）、唐山研究院等14个外

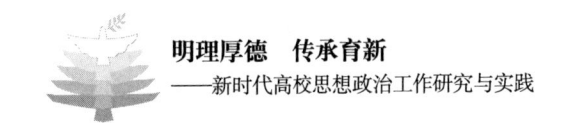

派研究机构，推进产学研用融合创新体系建设。同时积极拓展办学功能、输出教育资源，布局嘉兴、怀来等多校区办学，以学校优势学科对接社会优质资源，构建起学校创新资源汇聚和区域经济社会发展双赢的新生态。

围绕"一带一路"建设、"京津冀协同发展"、"粤港澳大湾区建设"、"长江三角洲区域一体化发展"等国家战略，学校还确立了以京津冀板块、中西部丝路经济带板块、长江上游经济带板块、环黄渤海板块、东南沿海板块、中南及大湾区板块6大板块为主的合作发展战略布局。截至目前，北理工已与11个省部级单位、40余个司局级单位、30余家大型国企、多所高校建立战略伙伴关系，遍布21个省、区、市，逐步构建起校地、校企、校校等全方位战略合作的新局面。

"2040年，建校100年时，北理工将建成中国特色世界一流大学，整体实力达到世界一流水平，在国际上享有盛誉，对人类知识发现与科技变革作出重要贡献，为实现中华民族伟大复兴的中国梦、推动构建人类命运共同体贡献力量。"面对北理工的百年梦想，学校党委有着清晰的勾画。

击鼓催征，奋楫扬帆。面向百年梦想，北京理工大学不断改革创新、奋发作为、追求卓越。"聚焦内涵提质，全面推进综合改革，集中力量深化以'寰宇+'计划、'驼峰领航'计划为代表的教育教学改革和以'大部制'为核心的管理改革，力求培养一流学生、汇聚一流大师、产出一流成果、涵育一流文化。"对于实现办学目标的举措，张军深思熟虑。

"我们比历史上任何时期都更有自信、更有能力建设世界一流大学。全体北理工人作为这一重要历史进程的见证者、创造者、奉献者，始终以时不我待的奋进姿态，以实干笃定的前行脚步，走出一条扎根中国大地建设世界一流大学的'北理工之路'。"赵长禄对学校的未来充满信心。

（原刊载于《人民日报》2020年9月13日05版）

传承红色基因，彰显青春价值
——北京理工大学探索建设新时代思想政治工作体系纪实

"高薪虽然能很快改善生活，但是放眼人生，我还是应该去祖国所需之处，用自己的双手改变一方面貌，彰显出青年人的价值。"北京理工大学2019届博士毕业生李博放弃大企业40万元年薪的就业机会，成为一名选调生，回家乡广西投身基层。

无论是为国铸剑、矢志军工报国，还是奔赴一线、助力脱贫攻坚，回看从北理工走出的一代代青年人的时代追求和价值选择，"赴基层、入主流""干惊天动地事、做隐姓埋名人"是大家用行动给出的共同答案。这样的"北理工青年现象"源于什么？该校党委书记赵长禄认为，这是学校坚持党创办新型高等教育的红色育人之路，把构建思想政治工作体系作为抓总工程，将思想政治工作融入人才培养各方面、全过程的必然结果。

齐抓共管，人人都是"引路人"

发现南泥湾、支援边区经济发展、参加新中国建设、探索军工科研创新……北理工与党和国家同呼吸、共命运珍贵历程中的一个个重大事件，成为师生在校永不枯竭的精神养分，融入思政课、学科概论课、特色专业课、入党必修课等关键环节，融汇成一系列"特色化、滴灌式、不间断"的校本理想信念教育课。

全国高校思想政治工作会议召开后，北理工出台系列文件，将思想政治工作体系贯通学科体系、教学体系、教材体系、管理体系等人才培养体系各个方面。2018年，北理工启动"书院制改革"，实施大类招生、大类培养、大类管理。在书院制这一创新人才培养"新生态"中，北理工找到了全员育人的一个新切入点——"三全导师制"。

北理工党委副书记包丽颖说，"三全导师制"是北理工统筹思政课程和课程思政，统筹第一课堂和第二课堂，统筹思政课教师、专任教师和其他教职工群体，注重系统性、整体性、协同性的大胆尝试。

学校组建由学术导师、学育导师、德育导师、朋辈导师、通识导师、校外导师六类导师组成的"三全导师组"，调动学校教育教学管理服务各个方面的教工力量，确保学生在大学阶段成长成才的各个方面都能得到有针对性的教育引导。截至目前，北理工已为学生选配"三全导师"2869人次，导师平均每月开展导学活动500余人次。

"两个过程"，紧紧贯穿育人主线

近年来，北理工在打造"三全育人"体系中，立足"教"与"学"两个方面，即"教育教学全过程"和"学生成长成才全过程"，遵循教育教学规律、遵循大学生成长成才规律、遵循思想政治工作规律，不断完善学科教育体系和日常教育体系，营造全过程育人的环境。

教育教学过程紧紧围绕"育人"来设计，专业知识传授与价值观引领同等重要。在机电学院兵器科学与技术学科专业基础课上，任课教师会从中国四大发明之一黑火药的历史，讲到"两弹一星"的研制过程；从爆炸科学的发展历史，讲到在火炸药、含能材料等重大国家工程中的科学家贡献，让"课程承载思政""思政依托课程"的理念转化为了实实在在润物无声的教育。仅2019年，北理工就选树了40余门校级课程思政示范课，引导教师们用好课堂教学这个主渠道，与思政育人同向同行形成协同效应。

2019年暑期，北理工把学校有40年传统的青年马克思主义者培养项目——北戴河暑期学生骨干培训迁移到了山西省方山县，一个在北理工定点帮扶下刚刚脱贫摘帽的国家扶贫开发重点县。这次迁移背后的教育动机就是让学生到基层去、到艰苦的地方去、到鲜明体现中国国情的农村去，更直观地认识中国共产党为什么"能"、马克思主义为什么"行"、中国特色社会主义为什么"好"。不到一周时间，学校就把课堂开在田间地头、扶贫车间、老乡农户，思政课教师、辅导员、县里基层一线的骨干做实时学习辅导。

培养时代新人，深化一体化育人体系

自2018年以来，北理工坚持在全校开展"担复兴大任、做时代新人"主题教育活动。活动设立"举一面旗帜、树一种信仰、走一条道路、叫一个名字、圆一个梦想"的"五个一"目标,按照学习、讨论、选树、实践、深化 5 个环节逐步推进,构建了抓在经常、融入日常、贯穿全年的常态化教育体系。

遭遇新冠肺炎疫情,原有主题育人计划都被打乱。学校紧急动员骨干力量,紧抓教育契机,主动拓展"时代新人"主题教育活动的内涵和阵地,把铸魂育人的校园小课堂建到现实生动的社会大课堂和覆盖全体学生群体的移动互联网,相继推出了"书记校长专题解读课""媒体矩阵思政观察课""线上支部朋辈辅导课""服务保障人文关怀课""智能平台教师公开课"等一系列及时有效的铸魂育人课程,确保停课不停学,带动青年学生以力所能及的形式与党中央同心同路、同向同行、同频共振。

"新时代,北理工培养的是胸怀壮志、明德精工、创新包容、时代担当的领军领导人才。"北理工校长张军说。

(原刊载于《中国教育报》2020 年 6 月 8 日 03 版)

"延安根、军工魂"传承育人红色基因

北京理工大学组织学生党团支部开展新时代爱国主义教育活动

把握目标要求，聚焦主题主线开展主题教育

学校党委坚持以学习教育为根本，以调查研究为途径，以检视问题为关键，以整改落实为目的，科学部署、以上率下，统筹推进各项工作。

学思结合，推动学习习近平新时代中国特色社会主义思想走深走实。校党委班子以"深化读书自学、强化专题预学、坚持集体领学、促进研讨共学、联系师生导学"的"五学"模式，带头"坐下身、静下心"，把《习近平关于"不忘初心、牢记使命"重要论述选编》等书目作为案头卷，读原著、学原文、悟原理，每周以党委理论学习中心组学习形式，开展1到2次集中学习研讨，同时，深入学习习近平总书记关于高等教育重要论述，跟进学习习近平总书记最新重要讲话精神。通过参观新中国成立70周年成就展、举办国庆重大活动先进集体事迹报告会等形式，深入开展爱国主义教育、先进典型教育。坚持边学习边调研，聚焦中央要求的主题教育着力点、学校发展重点和师生关切热点，深入学院、党支部，向一线师生了解情况，深入开展调查研究。

查改贯通，坚持问题导向落实整改。突出"深入查"，通过召开座谈会、设立意见箱、发放征求意见表等，初步梳理出班子问题清单18个大项，成员个人问题清单33项。突出"认真梳"，对查摆出来的问题，进行认真梳理，建立台账，明确整改期限和措施。突出"抓紧改"，对查摆出来的问题，特别是对师生近来反映较集中的"难点""堵点"问题，抓紧推进整改。近期，学校教师服务大厅正式启用，通过信息化技术和流程再造，实现了包括新员工入职、党费缴纳等80余项服务事项的在线办理，极大提升了服务效率；推出了"北理工党建云"平台，实现了所有支部工作线上开展和线上展示；建设了国内第一家"职涯体验中心"和线上免费视频教学平台，建设了"摆渡人"工作室，形成了线上线下相结合，个人体验、教师授课与讲座、专家咨询相结合的完整职涯教育体系；开工建设户外心理素质拓展基地，为学生心理素质拓展提供1000平方米的户外设施保障。

分类指导，构建三级联动工作体系。由校领导班子成员牵头，组建10个巡回指导组，加强对基层单位主题教育指导。中层领导班子和成员，参照校班子的工作要求，"标准不降、压力不减"，同步推进四项重点措施，全校625个党支部做到全覆盖、贯到底。在机关部门和资产经营公司所属单位，开展了"党员先锋岗""最美资产人"等评选活动。各党支部结合自身特点，在扎实组织学习的同时，开展"国旗下的演讲""代代同心讲奋斗"等形式多样的主题党日活动。

围绕根本任务，结合学校特色推进主题教育

作为中国共产党1940年在延安创办的第一所理工科大学，新中国第一所国防工业院校，学校始终传承"延安根、军工魂"。主题教育开展以来，学校党委围绕立德树人根本任务，注重持续开发用好"红色资源"，用北理工人报党报国、薪火相传的光荣品格教育激励青年学子。

用红色基因筑牢思政工作主阵地。学校把"延安根、军工魂"教育作为新生入校第一课，主题教育开展以来，学校党委书记、校长结合"党史、军工史、校史"，为新生讲授第一堂思政课，讲授党的初心使命，党委副书记深入到学生中讲授微思政课"新中国第一个国庆日的北理工故事"，中国工程院院士孙逢春教授为3000

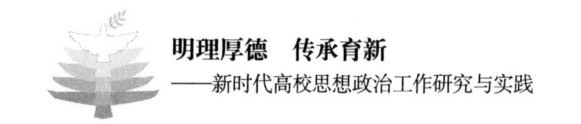

多名学生讲授"精工爱党报国,北理——中国电动车辆之源"思政公开课。开展行走学校"红色中轴线"、参观校史馆等特色活动,在开学之初就为新生注入强有力的"红色基因"。

用理想信念引领时代青年跟党走。开展"担复兴大任,做时代新人"系列活动,激发广大学生坚定理想信念。全覆盖组织开展"学起来""论起来""唱起来""讲起来""做起来"一系列学生们喜闻乐见的活动。团支部组织"我爱你,中国"示范性主题团日活动。开展"新思想"大学习、"时代新人标准"大讨论,以党的旗帜指引青年奋斗方向。深入总结学生暑期社会实践成果,形成调研报告、访谈记录350份、324万余字,原创视频169部,以青年视角全面反映新中国成立70周年的壮丽篇章。

用沉浸式教育弘扬爱国主义精神。今年是新中国成立70周年,全校有4631名师生直接参与到国庆阅兵式、群众游行、联欢活动等7项任务中,创造了建校以来学校参与历次国庆庆祝活动人数和任务数之"最"。同时,学校深度参与了阅兵装备方队中的装备研制工作。主题教育开展以来,参训师生充分发挥带头作用、攻坚克难,涌现出一批先进群体,成为在主题教育期间深入开展爱国主义教育的生动素材,学校通过召开座谈会、组织专题宣讲等形式,将爱国主义教育引向深入。

矢志报国守初心,构建拔尖创新人才培养新生态

学校自诞生之日起即肩负为抗战建国培育科技人才的责任与使命,逐渐发展壮大为"红色国防工程师的摇篮"。坚持和加强党的全面领导是学校多年办学育人不断取得进步的根本保证。学校党委不忘初心,时刻铭记"从哪里来、到哪里去",始终坚持以习近平新时代中国特色社会主义思想为指导,全面贯彻党的教育方针,坚持社会主义办学方向,从政治高度看待和推进学校事业发展,深刻理解把握中国特色社会主义大学的内涵和实现路径,以服务国家战略需求为己任,坚持"四个服务",坚守学科特色,推动"双一流"建设高质量发展。

学校坚持将"不忘初心、牢记使命"主题教育的实践与坚持全面深化综合改革结合起来,聚焦关键领域,系统推进教育教学改革、科研学术改革、人事制度改革、资源配置改革和党建文化建设,破旧立新、守正创新,推动大学治理体系和治理能力现代化,提升学校办学水平和层次,实现内涵式特色发展。

坚持以人为本,在创新一流人才培养模式上持续用力。学校牢牢抓住全面提高人才培养能力这个核心点,深入实施本科大类招生、大类培养、大类管理的人

才培养改革，推进"寰宇+"计划，建设了精工、睿信、求是、明德等9个书院，实现跨学院、跨专业大类招生与培养。

坚持师德引领，在建设高素质教师队伍上持续用力。学校坚持师德为先、育人为本，构建师德师风建设长效机制。以德才兼备"大先生"为标尺，坚持正向引领，完善教师荣誉体系，设立首届"懋恂终身成就奖"，87岁仍坚守讲台的两院院士王越先生获首奖；帮助教师系好职业生涯"第一粒扣子"，坚持组织新入职教师赴学校诞生地——延安"寻根"。

坚持内涵发展，在构建特色鲜明的一流学科体系上持续用力。以支撑国家重大战略、服务经济社会发展为导向，巩固国防科技优势，强化"地信天"融合发展特色，加快建设一批世界一流学科，持续优化"优势工科引领带动、特色理科融合推动、精品文科辅助联动、前沿交叉创新互动"学科体系。打造"理工+"特色平台、"人文+"战略平台，推动学科交叉融合，促生新的学科增长点。

坚持服务战略，在突破"卡脖子"关键核心技术上持续用力。"双一流"建设以来，学校聚焦提供高质量科技供给，在国家战略必争领域和前沿高技术、颠覆性技术方向持续攻关，2016—2018年共牵头获得国家科学技术奖11项，服务国家战略和国民经济发展的能力显著提升。围绕制造强国、网络强国建设和区域发展战略，创新科技成果转化机制，建设了重庆创新中心、鲁南研究院等产学研合作平台。今后，学校将持续攻坚克难、追求卓越，积极抢占科技竞争和未来发展制高点，打造优势工科与特色理科融合的基础前沿交叉平台，在医工融合、先进材料、空间载荷等领域催生新研究方向。依托国家级创新平台，形成从基础研究向共性技术拓展、多学科交叉融合、产学研深度合作的集成攻关模式，组建"创新国家队"，解决一批"卡脖子"技术难题，持续在安全与防护、机械运载、信息处理等领域作出贡献。

（原刊载于《光明日报》2019年11月5日05版）

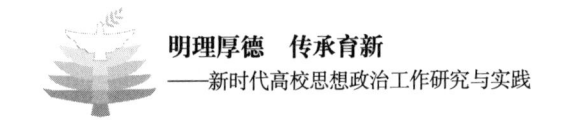

带给学生有思想有温度有品质的思政教育

——北京理工大学暑期学生骨干培训侧记

作为青年马克思主义者培养工程的重点举措，自1980年开始，北京理工大学坚持40年举办暑期学生骨干培训，遴选校院两级、党团班及群团组织各个方面优秀学生骨干开展思想政治素质、知识视野本领、习惯作风养成等全方位培训，培养德才兼备、勇担重任的青年先锋力量。

2019年，北理工把曾经烙印在一代代北理工青年骨干记忆中的"北戴河干训"，迁移到了学校定点帮扶的山西省方山县。7月1日至5日的首次方山干训已落下帷幕。这一"升级改版"为的是什么？有什么样的成效？

推动青年学生把小我融入大我

山西省方山县是国家扶贫开发重点县，在北理工定点帮扶近4年后于2019年4月正式脱贫摘帽。

7月2日培训班开班之际，校党委副书记包丽颖与学校相关部门领导一起来到参训骨干之中，连续举行三场不同范围的座谈会。包丽颖说，以方山县为例，一方面要看到在党的精准扶贫基本方略的大力支持下，贫困地区正在发生翻天覆地变化，坚持党的领导，坚定"四个自信"，人民的生活、国家的发展就能越来越好；另一方面要辩证看待国家经济社会发展仍存在的不平衡不充分的问题，认识到这些问题都与"我"有关，青年有责任有义务参与解决这些问题，从而找到大学生求学报国、服务社会的切入点。

兴县县委副书记、中国人民对外友好协会机关纪委纪检一处处长徐赐明、团中央办公厅处长谢兴、吕梁市扶贫开发办公室副主任贾永祥分别以"中美贸易摩擦分析""爱国的正确姿势""打赢脱贫攻坚战"作专题讲座。

北理工方山干训实现了"四个协同"——协同学校社会资源、协同思政课程和课程思政、协同专职党务干部和思政课教师、协同理论教育与社会观察社会实践，邀请有深厚理论功底、有扎实基层工作基础、贴近学生学习生活的校内外青年专家、一线骨干,从大国博弈、爱国主义、扶贫攻坚、中国化的马克思主义等不同方面,带领学生们辩证认识中国和世界,帮助大家找准成长方位和坐标。

在本次培训中,新入职思政课教师与专职辅导员共同担任带队干部,每组形成专家、专职指导教师"双配备",对师生都有裨益。学生学习实践期间的深层次思想认知有了保障,培训组织实施工作也有了依托。新入职思政课教师入校后首次深度接触学生、参与到学生成长的实际活动中,自身也受到了直观影响和触动。带队干部、马克思主义学院新入职教师王校楠说,他通过参与培训感觉到教学视野更加开阔,理解到做一名思政课教师不能局限于课堂空间,而要关注到无穷宽广的学生思想。

在学生骨干培训的课堂教学、社会观察、交流研讨、社会实践、总结展示等各个环节,"双配指导教师"等校内外特邀专家、一线骨干全过程参与,共同开展德智体美劳全方位教育,努力将这场学生骨干培训打造成掷地有声的"思政金课""国情大课"。

学生收获满满的获得感

培训精心设计了一系列环环相扣的教育环节。包丽颖以30年前北理工暑期干训老学员的身份在培训首日日程结束后与同学们深度座谈,在学生对方山干训有了直观感受后适时引导学生思想认识。

在中共中央西北局旧址、在蔡家崖纪念馆等革命遗址,组织同学们重温入党誓词、发出青春倡议;在北武当山、在"黄河九曲第一镇"的碛口古镇,组织同学们高声诵读习近平总书记重要讲话,唱响《我和我的祖国》等爱国主义歌曲,人、情、景交相辉映,青春与祖国同频共振,同学们感受"吾辈青年之责仕",教育者看到了中华民族矢志复兴的奋斗传承。

为了更好地动员士气,提升集体学习力和带动力,培训中既设计了趣味团建环节,又每天安排思想交流探讨,抓住青年学生的关注点、兴奋点有的放矢。素拓游戏、黑板报、拉歌、传统文化趣味展示……在欢歌笑语中同学们更加紧密地联系在一起。"如何正确认识当代青年的时代责任与历史使命""如何弘扬传承中国传统文化""如何充分发挥学生骨干引领作用""如何认识脱贫攻坚"……在培训特别设置的晨读晚讲中,同学们在跟班思政老师的带领下,积极思考、热烈讨论,思想的火花交相碰撞。

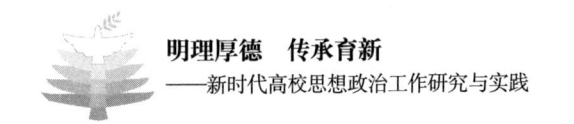

有学员表示:"短短五天五夜,方山脱贫攻坚的一个个人物、一段段故事,伴随着三晋大地的清风,叩动着我的心灵,带来象牙塔中从不曾有过的思考。"学员吕泽凯说:"将来我也要做一名光荣的选调生,回到自己的家乡助力乡村振兴,让曾养育自己的这片土地和人民,在新时代加速发展,过上更加幸福的生活。"

(原刊载于《中国青年报》2019年7月18日07版)

90后的人生选择题找到了答案

"用自己的一生为中国空间事业作贡献,到底值不值得?"北京理工大学机电学院硕士生王铁儒心中曾经有这样一个疑问。

早在上大二时,作为北理工徐特立学院的本科生,王铁儒加入了学校天宫2号空间机器人研发团队。得知团队师生为保证任务"零失误",潜心钻研、沉淀多年时,他的敬佩之情油然而生。但想到搞科研、发论文、找工作,这位出生于1999年的年轻人依然会感到困惑和压力。直到在一堂特别的思政课上,王铁儒见到了中国科学院院士叶培建,他的问题终于有了答案。

2017年,因为叶培建院士在空间科学技术领域的卓越贡献,天空中多了一颗命名为"叶培建星"的小行星。

2021年,在北京理工大学的思政课堂上,这颗"星"照亮了一批90后青年的太空梦。

上好参与式浸润式"思政大课",让青春绽放光芒

"我国空间事业之所以取得今日之成就,就在于中国共产党领导下'集中力量办大事'的制度优势、全国人民的支持和航天人的精神!"2021年5月13日,在北理工的思政课堂上,伴随着叶培建院士朴实有力的分享,学子们不仅被中国航天领域应用卫星、载人航天、探月工程"三大里程碑"的光辉成就所震撼,更抓到了成就背后的关键所在。

中国探月工程总设计师、中国工程院院士吴伟仁讲述"中国探月与探月精神",中国空间技术研究院研究员、中国科学院院士叶培建讲述"中国空间事业发展史及辉煌成就",中国工程院院士孙逢春讲述"做精工爱党报国的北理工人"……自2019年以来,在北京理工大学创新举办的"院士讲思政"的特别课堂上,一位位科学大家,用一个个亲历的科技报国故事,点亮学生们奋进路上的明灯。

"学习专业知识,既需要脚踏实地的努力,也需要仰望星空的力量"。听到叶培建院士为祖国探索灿烂星河时,王铁儒心潮澎湃,他也终于找到了人生的方向,"我希望以后继续从事科研工作,在中国空间事业的壮丽蓝图中留下一抹色彩"。

北理工的思政"小讲台",为学子们带来强国报国的"大志向"。中国兵器工业集团党组书记焦开河讲述兵器工业从哪里来、要到哪里去,号召学生肩负强国使命;中国科学院院士毛明讲述自己义无反顾地踏上了报效祖国的漫漫征程,勉励学生树立报国理想;中国电子科技集团研究员王维波讲述中国芯片的研发历程,勉励学生开拓创新……为增强思政课的感染力、说服力,将我国科技事业发展的重大成就转化为课程育人的生动素材,北理工探索出一条学校领导、院士、教授领衔,专题授课与教材讲授相结合的思政课模式,用高质量的内容,多维度为学生成长注入强劲的思想动力。

"90 后生活在和平年代,有很多人说自己的人生有大志向,可是大志向是什么呢?"在北理工马克思主义学院教师郭丽萍看来,如果学生仅仅追求金钱、地位和权力,那就走偏了,"这个时候的价值引导就显得特别重要。"

"留在国内,到祖国最需要的地方去是一件很酷的事情。"2017 年,面临是否要出国留学的重要关口,机械与车辆学院大三学生刘金佳作出了自己的选择。在一堂充满思想碰撞的思政课上,毛明院士、孙逢春院士等众多科学巨匠用心用情的讲述,为她指明了人生航向。

"可能我的力量还很有限,但我一定要把这份力量留在祖国"。带着思政课堂上的收获,刘金佳毅然选择了留在国内读研,并争取机会去广西支教一年。2022 年,她又成了北京 2022 年冬奥会的志愿者,把报效祖国的热情留在了首钢大跳台志愿服务的岗位上。

"思政课的内容不应仅停留在课堂上、教材中,更应该放在国家和社会的'大课堂'中。"北理工抓住新中国成立 70 周年、建党 100 周年、冬奥会等重大任务契机,组织青年学生广泛参与其中,上好参与式、浸润式"思政大课",让最美的青春在报党报国中绽放光芒。在北理工,学生们可以有不同的人生选择,但树立家国情怀和文化自信的主线始终不变。

思政课要精调"频率"

"他们是为国家奋斗的人,是站在科研第一线的人。本来以为院士离我们很远,但没想到如此平易近人。"宇航专业 2019 级本科生曹俊维在一堂思政课上的"口述历史"环节中,分享了他两次见到毛二可院士的经历。

"我们平时都听过毛二可院士带团队攻坚克难的故事,但当我向同学们详细讲述突破创新背后的故事时,他们还是被这位耄耋之年依然奋战在科研一线的老人深深打动了。"曹俊维说。"口述历史"是北理工思政课堂上的一个创新举措，由学生站上台，讲述他们眼中的"四史"，以及学校的红色校史、学科专业史等。

为了提升思政课的教学质量，北理工推出了"翻转课堂"、青年教师工作坊、教学练兵、学情调查、教师开放日、集体备课等一系列举措，拉近师生距离，调动学生学习主动性，取得了良好效果。

"孩子们的成长过程是需要一位偶像的，但什么样的人才是真正的偶像呢？"马克思主义学院教师杨才林一直鼓励学生们用新媒体的方式讲述自己偶像的故事。让杨才林印象深刻的是，曾有一名同学说："钱学森是我的偶像。"杨才林反问："他为什么是你的偶像，你如何讲述他的故事？"之后，这名学生自己查找资料，把钱学森从海外归来的经历剪辑成了一段小影片，在全班播放。在杨才林看来，不管是影片、书籍还是课堂，当学生去钻研钱学森、去感受科学大家报国历程时，"学生们便能从科学家的人格魅力中，受到深深的爱国主义教育"。

思政课是一门触及思想的课程，但与学生建立心灵互通、达到心灵共鸣，却并非易事，需要精准"调频"。李永进是讲授《毛泽东思想和中国特色社会主义理论体系概论》的一名青年教师，在他的思政课堂上，却经常会出现飞行器设计、自动控制原理、单片机等理工科专业内容。讲到社会主义建设时期时，他会播放学校1958年"八一建军节献礼"的视频片段；讲到科技创新时，他会讲芯片技术、航天科技；讲到京津冀协同发展时，他会讲大兴机场的建设过程……"理论是不变的，但是案例是可变的"，李永进认为讲好思想理论，首先就要把理论背后的逻辑讲清楚，要针对不同专业的学生，用他们听得懂、听得进的语言表达出来，把授课与学生思想"调频"一致，这才是思政课的关键。

"在思政课堂中引入科学家精神，是引发理工科学生共鸣的最好方式"，在郭丽萍看来，科学家们参与了国家重大需求和世界科技的最前沿领域研究，他们取得的成绩不仅显示了中国的实力，更让理工科学生具有"专业亲近感"，这样的课堂，一方面可以增强学生们的文化自信，另一方面也能培养理工科学生在科研中所需的"吃苦精神"。

理工科学生更需要培养家国情怀，中国精神照耀师生共成长

建党精神、长征精神、"两弹一星"精神、载人航天精神、科学家精神……中国精神到底是什么呢？虚拟仿真思政课体验教学中心长廊的8块屏幕上，正播放

着邓稼先、钱学森、袁隆平等科学巨匠的故事。早在2009年，北理工就已经开始探索将新媒体技术融入思政教育。2021年，北理工获批建设全国高校思政课虚拟仿真体验教学中心。

如今，这里开设了关于《觉醒年代》《人类命运共同体》《脱贫攻坚》《共产党宣言》等虚仿课程。不久前，马克思主义学院90后思政教师吴倩就通过"VR时空隧道"给同学们上了一堂关于"中国精神"的思政课，学生们通过"VR时空隧道"便可以和伟人"对话"。很多学生忍不住感叹"原来思政课还可以这样上"，吴倩也由此被学生们称为"最喜欢的老师"。

作为一名年轻的思政教师，吴倩有时也会面临一些难题。"理工科学生的专业学习任务重，很多人认为学好专业知识才是主要任务，对思政课会有所忽视，有时候还会出现在思政课上写作业的情况。"吴倩说。

"理工科学生更需要培养家国情怀。"思政教育的主要任务就是要引导学生把论文写在祖国大地上，科学家精神和中国精神就是最好的思政教学资源。

如何让学生们更好地理解中国精神？北理工抓住思政课教师这一关键，不断提升教师立德树人的使命感和教书育人的职业认同感，充分发挥教师的积极性、主动性、创造性。在院士讲思政、思政第一课等系列讲座活动中，很多青年思政教师都参与其中，越来越多像吴倩一样的青年教师走进了学生的内心世界。

"我和我的学生在共同成长，中国精神也给予了我无穷的力量。"如今，吴倩的教学越来越得心应手，也有了一套自己的教学方法。她觉得，要实现思政课"教师主导、学生主体"的目标，课程设计一定要和学生们的特点结合起来。在讲述"中国精神"的课上，吴倩设计了参观中国共产党精神谱系VR长廊、戴上VR眼镜体验"重走长征路"、回到智慧教室进行课程总结3个环节。

"如果不是这样一堂思政课，我可能还没有办法理解中国精神的深刻内涵。"让2021级精工书院智能制造与智能车辆精英班学生王清印象很深的是，在讲到"新时代北斗精神"时，吴倩告诉学生，北斗团队中有很多人是90后青年，他们攻坚克难让我们国家拥有了自己的卫星导航系统，新时代的青年就需要肩负起新时代的使命。之后，吴倩在引导学生们绘制自己人生的精神谱系时，王清在笔记本上写道："我希望未来可以投身国家迫切需要人才的领域"。

"我也是一名新时代青年，我的使命是立德树人，中国精神和科学家精神，给了我和学生共同的人生指引。"吴倩说。

（原刊载于《中国青年报》2022年4月19日09版）